少年知识小百科

王　烨　主编

UFO 与外星人之谜

O YU WAI XING REN ZHI MI

    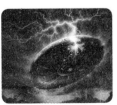

云南大学出版社

图书在版编目（CIP）数据

UFO 与外星人之谜/王烨主编 . —昆明：云南大学
出版社，2010
　　（青少年知识小百科）
　　ISBN 978 - 7 - 5482 - 0327 - 8

Ⅰ. ①U… Ⅱ. ①王… Ⅲ. ①飞碟—青少年读物 ②地外生命—青少年读物
Ⅳ. ①V11 - 49 ②Q693 - 49

中国版本图书馆 CIP 数据核字（2010）第 260091 号

青少年知识小百科
UFO 与外星人之谜

主　　编：王　烨
责任编辑：于　学　邓　扬
装帧设计：林静文化

出版发行：云南大学出版社
电　　话：（0871）5033244　5031071　　（010）51222698
经　　销：全国新华书店
印　　刷：北京旺银永泰印刷有限公司

开　　本：710mm × 1000mm　1/16
字　　数：294 千字
印　　张：15
版　　次：2011 年 3 月第 1 版
印　　次：2011 年 3 月第 1 次印刷
书　　号：ISBN 978 - 7 - 5482 - 0327 - 8
定　　价：29. 80 元

地　　址：云南省昆明市翠湖北路 2 号云南大学英华园内
邮　　编：650091
E - mail：market@ ynup. com

前　言

　　时光如梭、岁月如流、迈步进入 21 世纪。这是一个信息的时代、这是一个知识的世界、这是一个和谐发展的社会。亲爱的青少年读者啊，遨游在地球村，你将发现瑰丽的景象——自然的奥秘、文明的宝藏、宇宙的奇想、神奇的历史、科技的光芒。还有文化和艺术，这些是人类不可缺少的营养。勇于探索的青少年读者啊，来吧，快投入这智慧的海洋！它们将帮助你，为理想插上翅膀。

　　21 世纪科学技术迅猛发展，国际竞争日趋激烈，社会的、信息经济的全球化使创新精神与创造能力成为影响人们生存的首要因素。21 世纪世界各国各地区的竞争，归根结底是人材的竞争，因此培养青少年创新精神，全面提高青少年素质和综合能力，已成为我国基础教育的当务之急。

　　为满足青少年的求知欲，促进青少年知识结构向着更新、更广、更深的方向发展，使青少年对各种知识学习发生浓厚兴趣，我们特组织编写了这套《青少年知识小百科》。它是经过多位专家遴选编纂而成，它不仅权威、科学、规范、经典，而且全面、系统、简洁、实用。《青少年知识小百科》符合中国国情，具有一定前瞻性。

　　知识百科全书是一种全面系统地介绍各门类知识的工具书，是人类科学与思想文化的结晶。它反映时代精神，传承人类文明，作为一个国家或民族文明进步的标志而日益受到世界各国的重视。像法国大学者狄德罗主编的《百科全书》，英国 1768 年的《不列颠百科全书》，以及我国 1986 年出版的《中国大百科全书》等，均是人类科学与文化的巨型知识百科全书，堪称"一所没有围墙的大学"。

　　《青少年知识小百科》吸收前人成果，集百家之长于一身，是针对中国青少年的阅读习惯和认知规律而编著的；是为广大家长和孩子精心奉献的一份知识大餐，急家长之所急，想孩子之所想，将家长的希望与孩子的想法完美体现的一部智慧之书。相信本书会为家长和孩子送上一份喜悦与轻松。

全书500多万字，共分20册，所涉范围包括文化、艺术、文学、社会、历史、军事、体育、未解之谜、天文地理、天地奇谈、名物起源等多个领域，都是广大青少年需要和盼望掌握的知识，内容很具代表性和普遍性，可谓蔚为大观。

本书将具体的知识形象化、趣味化、生动化，知识化、发挥易读，易看的功能，充分展现完整的内容，达到一目了然的效果。内容上人性、哲理兼融，形式上采用编目式编辑。是一部可增扩青少年知识面、启发青少年学习兴趣的百科全书。

本书语言生动，富有哲理，耐人寻味，发人深省，给人启迪，有时甚至一生铭记在心，终生受益匪浅，本书易读、易懂让人爱不释手，阅读这些知识，能够启迪心灵、陶冶情操、培养兴趣、开阔眼界、开发智力，是青少年读物中的最佳版本，它可以同时适用于成人、家长、青少年阅读，是馈赠青少年的最佳礼品，而且也极具收藏价值。

限于编者的知识和文字水平，本书难免有疏漏之处，敬请专家学者和广大读者批评指教，同时，我们也真诚地希望这套系列丛书能够得到广大青少年读者的喜爱！

本书编委会

目　录

第一章　神奇之旅——UFO探秘

第一节　初露端倪——飞碟的发现

UFO是英文"Unidentified Flying Object"的缩写，意思是未查明身份的飞行物体。1947年，美国人阿诺德发现一组编队飞行的不明物体，并把它形象地比喻为"水上打漂的碟子"，从此，"飞碟"一词不胫而走，成为UFO的通俗叫法。其实，"飞碟"一词并不是阿诺德的创造，人类对于不明飞行观察和记载，要追溯到远古时期。

1. 雪鸿泥爪——飞碟的最早记载

人类对于飞碟的最早记载，保存在一张非常古老的埃及莎草纸上，内容是：22年冬季的第3日6时，生命之宫的抄写员看见天上飞来一个火环，无头，长一杆（约5.5米），宽一杆，无声无息，抄写员惊慌失措，俯伏在地……数日之后，天上出现更多的此类事物，光足以蔽日，法老站在军中，与士兵静观奇景，晚餐后，火环向南天升腾。法老焚香祷告，祈求平安，并下令将此事录在生命之宫的史册上，以传后世。

这段文章用古老的象形文字写成，出自埃及莫塞斯三世时期的编年史，距今已3400多年，手稿保存在梵蒂冈图书馆里，真实性不容怀疑。

2. 宗教色彩——《圣经》中的四轮飞车

《圣经》透过以西结的眼光，也描绘了一个不明飞行物体：

随着一阵狂风，一朵包括着闪耀的火的大云飘然而下，它周围有光辉，中间好像闪光的精金，里面走出四个"活物"（类人生命体）来，轮的形状和颜色好像水苍玉，四个轮子都是一个样，好像轮中套轮，轮子可以向四方直行，不必转弯，轮轴高而可畏，四个轮轴周围满是眼睛，"活物"走，轮子也在旁边走；"活物"从地面上升，轮子也上升。后来，"灵"将他举起，他听到了轮子旋转震动的轰轰的声音，他被带到一个叫做"提勒西毕"的地方闷坐了7天。

这段文字，有很多带宗教色彩的描叙，但大体上和现代飞碟案中的关于"宇宙人飞船"、"外星人"、"劫持"等方面的描述一致，甚至更为纯朴、清晰和逼真。

3. 遥远记忆——古罗马时期天空中的飞船

据称是生于公元4世纪的罗马作家奥勃斯昆土，根据李维的《罗马史》和当时的其他资料，编成了一本有关各种异象的书，其中有些可以算是不明飞行物体，下面略举数例：

公元前216年——意大利上空出现形状如船的物体……在阿尔比（罗马以东180罗马里的阿布里亚地区内），也看见一圆盾形物体在天空出现……在加普亚，则天空满是火焰，有人也看见了船状物体……

公元前99年——莫里厄斯与瓦勒里厄斯执政时期，塔尼尼亚多处突然天降火炬状物体，时近日落，一个圆球或圆盾状物体自西往东划过长空。

公元前90年——在斯博勒替恩地区（罗马以北65罗马里的安布利亚区内），一个金色火球在旋转中降落到地面上，然后似乎增大，离开地面，升至高空，光可蔽日，接着转向天空向东部飞去。

文章不加雕琢，无饰无伪，应该是真实可信的。

4. 目击证人——第一个目睹飞碟的人

19世纪末，人类社会的科学技术突飞猛进，不明飞行物开始比较频繁地"光临"地球：

1878年1月24日，美国得克萨斯州得尼逊的一个名叫马丁的农民，看到一个物体在高空飞行，不是鸟，却像是一只碟子，他感到非常奇怪。第二天，《得尼逊先驱报》用"碟形物"报道了他的目睹，这是近代世界上第一次公开报导"飞碟"。

开始发现飞碟大多集中在波斯湾海域：1879年5月15日，"秃鹰号"全体船员看到了两个直径 100 英尺的"巨大光轮"，在波斯湾上空旋转，然后慢慢落入水中。第二年，英国东印度公司的汽轮"派瑞纳"号在同一地区看到类似的光轮。1906 年，一艘英国汽船的全体船员看到的圆形飞行物，比自己乘坐的汽船还要大。

1904 年，有三个不明飞行物从高空降下，靠近美国的"萨普列号"航船，它们排成三角形队列飞行，在船的上方飞了片刻之后，又朝高空升去，消失在遥远的苍穹，大部分船员看到了它。第二次世界大战中指挥过美国太平洋舰队的斯科菲尔德当时是该船的二副，他把目击情况详细汇报给海军部，美国气象局杂志发表了他的报告。

5. 矢志不渝——第一个研究飞碟的人

在历史的长河里，飞碟虽被多次目睹、多次记载，可是，从来就没有人问个为什么？

第一个正视这些奇异飞行物的，是美国科学奇人，查尔斯·福特。

福特没进过高等学府，全靠自学，他凭借坚韧不拔的毅力和敢于怀疑一切的精神，连续出版了四本书，在美国科学界引起了强烈的反响。他的第一本书叫《下了地狱的记录》，他把凡是被严谨的科学否认和不予承认的观点，称之为被打入地狱。他宣言，他的使命就是要把它们解救出来。

福特的著作在美国倾倒了许多知名人士，还成立了"福特研究会"。他们宣言，只信奉福特主义的原则，决不盲目相信那些所谓的"科学结论"。

在他的著作中，记录了数百件飞碟现象，虽然他当时并没有使用"飞碟"这个词。他专章讨论了"雪茄形飞行物"，认为这些鱼雷形的物体，具有超常的威力，它不属于地球，只不过偶然驶入了地球的大气层罢了。他还谈及"圆碟形"的不明飞行物，他记录了 1870 年，一个水手在海上目睹灰色圆盘形飞行物的情景。他还记录了 1908 年，英国运输公司许多雇员共同目睹的"浅黑色的圆形物体"，他们说："这东西比纸鸢大，是有人操纵的，因为它在逆风而行。"

福特对这些"不明飞形物"提出了独特的见解，他认为，这些飞形器可能是火星人派来秘密搜集有关地球情况的。他还说："我相信，有从别的世界来的巨大物体，经常在我们身旁几英里之内飞过，它们丝毫没有同我们接触的企图，就好像定期的货轮驶经许多荒凉的岛屿一样。"最令人吃惊的假设是：人类只不过是外星高级智慧生物的财产，他们不时派人员来地球巡视，并且通过安置在地球上的代理人，指挥着人类的一切行为。

福特于 1932 年去世，他未能看到十几年后的"飞碟狂潮"，但他的许多论点，成了以后反复辩论的主题，他的原则成了坚信飞碟人们的信条：只要还剩下一个"不明飞行物"事件不能解释，谁敢断言它不是事实呢？

第二节　眼见为实——邂逅飞碟

1. 神秘骇客——飞碟频繁出现

法明顿是美国新墨西哥州的一个小镇。1950 年 3 月 17 日，这个素来宁静的小镇突然沸腾起来，在晴朗的空中，一大群像碟子一样的东西静静地悬在那里，流彩熠熠，纹丝不动，但它绝不是云光霞影。

人们惊慌失措了，不知道该把这些不请自来的家伙怎么办，涌上街头翘首仰望的达 5 000 多人，一种不祥的阴影笼罩在每个人的心头。妇女在祈祷，娃娃在哭啼，可怜的格劳市长为了证明自己不是在做梦，大声地数起数来，"我的天呀！至少有 500 个！"

似乎是接到一个命令，悬停的飞碟，形成一个挺美丽的队形，倏然向东而去，抛下这看得目瞪口呆的 5 000 名市民。

1961 年 10 月 6 日，一艘巨大的宇宙飞船飞临委内瑞拉的圣丽塔，它耀眼的光芒照亮了整个城市，全市居民几乎都目睹了这一奇迹。随后它朝马拉开波湖飞去，许多渔民被惊吓得弃船而逃，有的在水中晕厥，丢掉了性命。

1980 年 6 月 14 日午夜，一艘巨大的太空飞行器在苏联加里宁市露面后，往南飞往梁赞，接着又在高尔基市出现，最后没入了杳无人烟的鞑靼草原上空。飞行距离近 900 公里，至少有 1 000 人目睹了这一物体。

2. 肆无忌惮——飞碟横行欧、非两洲

1954 年 9 月，在飞碟研究史上是引人瞩目的。

9 月 17 日 16 时 45 分，一个不明飞行物在罗马上空轻轻滑过，从市中心到 17 公里外的钱皮诺机场，几千人目睹了它的出现。

训练有素的钱皮诺机场的军事指挥部门，密切注视着这个傲慢的东西，它

悠哉游哉，时速仅为 260～280 公里，高度也仅仅只有 1200 米，它似乎在溜达、嬉戏，一会儿坠落 400 米，一会儿又垂直上升。军方说，它就像抽了半截的雪茄，尾部发光的烟迹不就是雪茄头上的烟雾么？随后它向西飘去，时间是 18 时 28 分。

19 时 15 分，它出现在法国克莱蒙费罗一带，一位报告者说：他发现一团紫色的云彩，他以窗外的天线做参照物观察，确认它在动，接着他又用 25 倍的望远镜观看，发现那的确是一个不明飞行物，发光的尾部前面有一片黑暗区。

与此同时，一位工程师、前炮兵观测员和他妻子也目睹了这个物体，这像是支斜挂着的雪茄烟，工程师将车开到视野比较开阔的地段，观察了 6 分钟。

22 时左右，它出现在 220 公里外的商农镇，当时天色已黑，达维德先生正骑着自行车赶路，走到篷德罗时，他突然感到全身不适，伴随着一种触电式的感觉。他只好从车上下来，车灯也神秘地熄了，黑暗笼罩着他。这时，他发现离他不远的前方，站着个黑乎乎的矮家伙，旁边还有个宽 3 米、高 1 米的形状古怪的东西，达维德先生惊倒在地，那黑乎乎的矮人朝他走来，扶着他的肩膀，说了些他听不懂的"声音"，然后回到那奇怪的东西里，飞走了。

达维德向全家人叙说了这段奇遇，当然，他当时并不知道 5 小时前的罗马事件和 3 小时前的克莱蒙费罗事件。

9 月 18 日，这个不明飞行物出现在摩洛哥的卡萨布兰卡，并且在它的后面形成一个极大的低压区，一刻钟后，它到达 3 000 公里外的象牙海岸，在达纳内市上空悬停不动，后来又在苏佛雷镇升天而去，然而 9 月 19 日，它又出现在法国中部。

在这场席卷欧洲、非洲的飞碟热潮中，目击者数以万计。

3. 不期而遇——近年 UFO 再次造访欧洲

事隔 30 多年，UFO 再次造访欧洲，欧洲再次掀起了"飞碟狂潮"。

1990 年 11 月 5 日晚，几百万素有诚实稳重美誉的英国人在观赏烟花大会的同时，也目睹了与烟花争艳的奇怪的飞行物。同一天傍晚，目击 UFO 的电话如潮水般涌入了德国、比利时、法国、意大利的警察局和消防署。

一名英国飞行员在阿尔卑斯山脉上空目击了飞行着的 4 个 UFO 的编队，意大利目击者说：那个飞行物大约有 3～6 个闪光点，专家们认为：那不是陨石爆炸后的碎石，因为它缓慢地向一定的方向飞去；那也不是卫星，因为它在空中静止过 3~4 分钟。

最新资料表明：从 1991 年 4 月底开始，嗡嗡飞驰的圆盘和发光三角体屡次进入比利时。在这个国家，数以万计的人目睹了这些不明飞行物体，比利时全国上下一片躁动不安。与此同时，52 岁的少将布鲁维尔受命负责搜索这些物体，地球上有史以来最大规模的对不明飞行物的搜索，在比利时有组织有计划地展开。比利时皇家空军 15 次出动 F-16 战斗机，另外还有 12 架战斗机处于一级戒备状态，35 名科学家全神贯注地坐在最先进的雷达屏幕前，随时准备迎接那些不请自来的倩影。

4. 奇异压痕——飞碟留在地球上的脚印

1981 年 1 月 8 日，一个飞碟在法国的瓦尔省唐昂普罗旺斯的一条公路旁飘然而下，60 多岁的 M. 尼古拉目睹了这一奇景。

尼古拉先生是个童心未泯的人，况且他与飞碟仅距 80 米，他走了过去，在离飞碟四五米处观察起来。那是一个椭圆形物体，好像是两个半球合扣而成，中间有一条明显的宽带，尼古拉先生风趣地将它比喻成一个倒扣过来的碗，他没有看到天线，也没有看到弦窗或者门之类的东西。没等尼古拉先生欣赏够，它就开始上升，扬起一股尘土，并伴有轻微的嘘嘘声，然后猛然加速，瞬间消逝了。尼古拉先生没有听到马达的隆隆声，没有热浪，没有空气振动，也没有任何不适感，尼古拉先生向有关部门报告了这一奇异的目击。

据法国国家空间研究中心的不明宇宙现象研究组调查，得到以下结论：地面痕迹，在坚硬的地面上有一个接近圆的凹面，直径 2.4 米，圆内还有一小圆，压痕清晰完整，圈内的石头嵌进了泥土，有些石块表面灰黑，似乎被金属磨过。

压痕圈内的杂草枯死，倒向一定的方向；圈外，一个金属鞋底的印痕，隐约可见。

植物分析的结果更为惊人，压痕上的植物色素明显消退，叶绿素 A 减少了 33%，维生素 B 减少了 28%，胡萝卜素减少了 50% 至 70%。很明显的是：离中央越远，植物中的叶绿素就越多，光合作用越好，蔗糖含量也有所减少，老叶子减少了 15%，新叶子减少了 25%。

出事地点没有显示核辐射现象，不过可以确信，这个地方曾受到过一个强电磁场的影响。

5. 影像记录——飞碟的巴西照片

1960 年，一架不明飞行物在巴西降落，詹姆斯·辉佛成功地拍下了它的照片。当时飞碟在 1500 英尺的空中，时速 200 英里。辉佛说，这个飞碟并没有侧滑，而是以 90 度直角右转弯急行，降落在林中。

美国空军对照片全面鉴定后说：这是一张经得起分析的"第二类接触"的照片。

照片所拍摄物体是人造飞行器的可能性很小，也不可能是探空气球，除非包着一层金属外衣；图中物体是一种物质，而不是轻柔飘渺的自然物，因此，它不可能是云彩或风吹过的纸片。

图片中找不到任何欺骗手法，如影像重叠法等，也没有使用药水时不慎留下的痕迹。

该物体有强烈的金属反射性，比四周天空亮得多，拍摄摹拟模型的可能性微乎其微，因为拍摄距离很远，而且拍摄物在 1 500 英尺的高空。

据有关专家统计，像这样经得起分析鉴定的真实可信的照片，在世界范围内，决不少于 40 张。

1987 年 12 月 1 日，英国伊尔库莱市的一位化名为"菲利浦·斯潘塞"的警官成功地拍摄了一张外星人的彩色照片。经过计算机处理和局部放大后，清晰地看到了外星人的真实形象：矮小，头大，手臂细长，眼睛圆而突出，嘴呈一字形凹陷，似乎是没有眉毛和头发……

1988 年 2 月 1 日，柯达公司送来了照片的技术鉴定报告：没有发现双重曝光和底片加工的痕迹。这就是说，它可能是世界上第一张被鉴定为真实可信的外星人彩色照片了。

6. 天外来客——飞碟在古代中国的记载

中国古代虽有"天无二日，民无二主"的说法，但是，在历代正史上，多日多月的记载，却屡见不鲜。

汉武帝建元二年（公元前 139 年）夏四月，"有星如日，夜出。"又，晋元帝太兴元年（公元 318 年）一月，"日夜出，高三丈。"——太阳怎么能够夜晚出来呢？这也许是放射出强烈的橙黄色光的 UFO。

晋愍帝建兴二年（公元 314 年）正月，"有如日陨于地；又有三日相承，出西方而东行。"又，宋太祖德五年（公元 967 年）三月，"五星如连珠聚于奎"，奎，中国二十八宿之一——这是一个飞碟群的真实写照，由东而西，当然就像太阳了。

宋真宗元禧四年（公元 1020 年）四月，"西南方两月重见。"又，宋宁宗庆元二年（公元 1196 年）十月二十日夜，"月初出时……皆见其团圆如望夕，太史奏为上瑞。"——两个月亮，或者二十日夜的圆月，当然就不是月亮，而有可能是飞碟了。

是令人惊异的莫过于以下记载了：

唐僖宗乾符六年（公元 879 年）十一月，"有两日并出而斗，三日乃不见，斗者，离而复合也。"——这大概是两个飞碟互相环绕旋转的记载，"离而复合"，显示出飞碟能分能合的特点。

应该指出的是，我国古代正史中关于星象的记载是严肃的、可信的，否则，欺君之罪，谁担当得起呢？

7. 历史见闻——乘龙与乘槎现象

《史记·封禅书》上有一段乘龙上天的故事："龙垂胡髯，下迎黄帝，黄帝上骑，群臣后宫从上者七十余人。"——龙到底是什么？谁也不知道，许慎《说文解字》上说，它能明能暗，能大能小，能短能长，能登天，能入水，这种描述不很像风靡现代世界的 UFO 吗？那下垂的胡髯，不很像是 UFO 上放下的悬梯么？

我国古代有关飞行物的记载也很早，晋张华《博物志》说：奇肱国的人会造飞车，并且能驾车随风远游。商汤时候，他们驾车随西风来到豫州，汤毁坏了他们的车，不让老百姓看见他们。10 年后，东风起，才又造了个车打发他们回家，他们的国度在玉门关以西 4 万里。——这段传说的奇怪之点在于，汤为什么不让老百姓看？保密 10 年，这同当代人们怀疑美苏政府掩盖飞碟的真像，多么相似！

东晋王嘉《拾遗记》记载，尧时有巨槎浮于西海，槎上有光，夜明昼灭，十二年绕天一周……又叫"贯月槎"、"挂星槎"，《博物志》记载："旧说天河与海通，年年八月见浮槎，去来不失期。"这些既能浮于海，又有"贯月"、"挂星"，往来于银河的"槎"，就是中国最早见到的，或许是想象到的航行于太空的宇宙飞船了。

唐《洞天集》中有一段飞船实物的传说："严遵仙槎，唐置之于麟德殿，长五十余尺，声如铜铁，坚而不蠹，李德裕截细枝尺余，刻为道像，往往飞来复去，广明以来失之，槎亦飞去。"——李德裕是唐武宗时期的宰相，广明是唐僖宗的年号，二者相距30多年。"声如铜铁，坚而不蠹"，表示它既坚韧又不是用金属材料制成，李德裕所截"细枝"，可能是一个受遥控的通讯设备，既然摆在宫殿里，而且说得确凿，这可算是最早的太空船展览了。

8. 群星汇聚——飞碟飞临中国华北

1990年7月7日，江苏省泗洪县太平中学教师胡继云放假回家，和家人在田里锄地。他回忆说："当时，满田野锄地的人很多，有人突然呼叫：'太阳旁边有两颗亮星！'我一看，果真如此，当时是夏令时18点50分。我又发现太阳右上方有一小团黑云，边沿还有很多星星。待云块飘向东方，我和人们数了数，共16颗。此时除了东方天际有几块很小的云朵，整个天空可谓一碧如洗，虽然太阳光还很刺眼，这些星星也发出耀眼的银白色亮光，而且不断变换着位置。

"我认识的星座不多，但知道那些绝不是星座。人们不断向我提问，我说：'这是因为特殊的天气关系，我们才看到了星星；至于位置变动，可能是刚才飘走的云块留下的水汽，致使光线折射给人造成的错觉。'

"然而，接下来的情况使我否定了自己的推论。星星数目不断增加，位置不断变换，而这种变化只限于太阳右上方的一块不大的区域。我无法冷静下来，和人们一样感到困惑、奇怪。后来我们又同时惊呼起来。之所以那样，是因为那景象实在绚丽极了：大白天，西方一个不大的区域里，聚积着一群星星，嵌在湛蓝湛蓝的天幕上，发出耀眼的白光，不停地运动，不断变换成各种图案，特别是日落前后，星光闪耀，背影是蓝天，底下是晚霞，互相映衬，这种景象太迷人了，似乎只有在梦里才能见到！

"星星数目还在变化着：16、18、22、26、28、29、31、32，每隔几分钟数一次，32颗持续时间最长，也不知道是怎么冒出来的。21时左右，数量减少，至消失时，还剩16颗。"

这篇记录，写得生动而翔实，其真实性很高。

与此同时，江苏省徐州、宿迁、泗洪、淮阴、盐城、兴化，安徽省砀山、萧县、宿县、灵璧、泗县、山东省曹县、单县等地也发出报告，当地许多居民也同时目睹这一奇观。这次目击报告的时间及其集中程度，甚为罕见，其真实性也是不容怀疑的。

9. 擦肩而过——飞碟在中国哈密的遭遇

新华社　乌鲁木齐1993年7月2日电（通讯员韩建强）：7月1日晚，新疆航空公司飞行大队一机组，在驾机执行完任务返回乌鲁木齐途经哈密上空时，发现不明飞行物。

新疆航空公司飞行大队2中队原宗祥机组，驾驶2607号飞机执行9304深圳至乌鲁木齐航班任务。飞机进入新疆之后，高度为11000米，22时33分过哈密市，约过了三四分钟，机组发现飞机正前方有一个比星星还亮的光点，正与飞机相对而来，机组立即问乌鲁木齐机场调度："空中有无活动？"回答"没有"，机组立刻警觉起来，这时光点已变成了发亮的光团，后面有扇形的余光，机组立即报告乌鲁木齐机场：发现"不明飞行物"。

"不明飞行物"先是向北转变上升，升到约比飞机高2000至3000米处静止片刻，突然增加光亮，由原来的一个光团分解出两个光团，中间无亮光，几秒钟之后，两个光团又合为一个大光团，亮度很强，并不断增大，下降高度。当与飞机同高度时，光团急速地向飞机直冲过来，亮光照得飞机驾驶舱如同白天，机组立刻紧急下降，当飞机下降到7000多米时，"不明飞行物"在飞机前上方突然停止，然后向左转弯，拖着光弧远去。该飞机于22时20分，在乌鲁木齐机场安全着陆。

第三节　魔高一丈——飞碟的本领

1. 变幻莫测——飞碟的形体

我们把不明飞行物叫"飞碟"，其实并非都是碟形，在众多的目击者眼里，它可方可圆，可长可短，可大可小，可分可合，显示出千奇百怪、变幻莫测的本领。

在巴黎西北65公里的韦尔农镇，两个生意人贝尔纳、米塞莱目睹了一个淡灰色发光物体，那物体就静静地悬停地那儿，显得非常冷峻。它大概在300米上空，如一支巨大的雪茄烟。突然，一个盘子一样的东西从雪茄船上滑出来，发出耀眼的光芒，它快速朝目击者这边冲过来，掠过目击者，消失在西南夜空，紧接着，第二个、第三个、第四个圆盘，一个个从雪茄船中钻出来，与第一个毫无二致。

最后一个圆盘，也就是第五个，隔了许久才迟迟出来。它有些与众不同，呈红色，中间的红光较强，四周显得有些模糊微弱，它从雪茄船中坠落出来，像失事的飞机一样，几乎快跌到塞纳河里，它接着悬停了一会儿，然后左右摇晃起来，蹒跚着，突然以惊人的速度向北冲去，无影无踪了。

这时，母船的灯也熄灭了。夜，仍旧是那么寂静。

第二天，同时有四个素不相识的人向警察局报告，而且昨夜巡逻的警察也看到了这一现象。

莫纳斯镇是撒哈拉沙漠中的一块绿洲，1975 年夏天的一个上午，镇电影院正在放映影片《横渡大西洋》。突然间，电影院内一片漆黑，这该死的停电！观众混乱起来。

突然，一群青年从外面冲进来，高声喊"快来看啊！天上出现怪物啦！"

天上，一个梭形飞行物悬停着，灰不溜秋的，但有金属光泽，忽然，它的尾部喷出一股白烟，紧接着有六个一模一样草帽形状的小飞碟，鱼贯而出，它们一齐向西北飞去了。几分钟后，它们又以惊人的速度赶回来，又朝东南飞去，不多久，它们又赶上母船，从它尾部钻了进去，母船启动了，一瞬间，也无影无踪了。

后来人们才知道，不只是电影院停电，全镇都没电了。即使是从不停电、关乎人命的手术室，也是如此。

另一次事件发生在美国克利夫兰附近，目击者是德温夫妇。当夜，天气很寒冷，却很清朗，四个发光的飞碟组成一个四叶形飞行，每个光团都有自己的椭圆形轨道，同时，它们相会在四叶共同的叶心，然后又各自分头而去，它们均匀、高速，配合得天衣无缝，就如同铍原子中四个电子绕原子核运动时的情形。

这四个发光的飞行物覆盖了相当大的一部分天空。至少有 30 度的范围，后来德温大妇回忆，它们覆盖了天空中大约棒球场大小的范围。

光团发出白色的冷光，和月光很相似，它们始终绕着共同的中心打转，始终同步飞行：相遇，分开，相遇，再分开，往复无穷。后来，这四个飞行物终于合四为一，成了一个整体，毫不笨拙地开始呈直角飞行。然后加速，缩减角度，消失在这夜空中了，这整个过程持续了半个多小时。

2. 动静自如——飞碟的速度

"静若处子，动如脱兔。"人们看到的飞碟就是如此。

据国际航空协会公布：飞机的最高时速为 2 523 公里，洲际导弹的最高时速为 25 200 公里，脱离了地球引力的人造飞行物，时速则可超过 30 000 公里，飞碟的速度是多少呢？

前苏联 UFO 权威齐盖尔教授说，根据雷达记录，飞碟的时速为 0 ~ 72 000 公里，所谓"0"，就是悬停。

"悬停"是它的一大绝技，这类例子举不胜举。它能静静地停在任何高度，无声无息，而且没有任何尾迹，这是人类的任何飞行物都办不到的。直升机能悬停，却左右摇摆，而且要依靠巨大的螺旋桨；飞碟能静静地停在那里，宛如天空中固定生长的物体，冷漠而又严峻。

1960 年，在美国的一个导弹发射试验场，上演了一部"比速度"的活戏剧。当时，德国制造的 V – 2 型导弹刚刚升空，一个飞碟不知从何处冒了出来，它追上时速 1 600 公里的导弹，然后又加快速度，将导弹远远抛在身后，在场的地勤人员测得它的时速，高达 9 000 公里/小时。

早在 1949 年，该试验场导弹试验室主任罗伯特·B. 麦克劳克林就从雷达上目击过不明飞行物，它没有任何声响和尾迹。罗伯特用经纬仪测出来它的时速和高度，时速竟达 43 200 公里，高度为 9 万米。但是，当时人造飞行器所能达到的终极高度为 27 000 米。

苏联著名的天文学家波斯希日博士指出：飞碟只需要几天时间就能飞完地球到土卫六之间的 12.8 亿公里的路程。

更令人惊奇的是它们卓越的加速能力和它们直角拐弯的绝技。

1963 年，撒哈拉沙漠，一队法国技术人员在沙漠中做火箭弹头回收训练，空中突然出现了一个亮点，那是一个巨大的飞碟，5 分钟后，它飞走了。但据地面人员测定，它在 3 秒钟内速度从零加到了每小时 6 000 公里，简直令人不可思议。

1952 年 7 月，美国华盛顿空军指挥中心的雷达屏幕上突然显示有 7 个亮点，它们飞行的方向正是美国的心脏——白宫和国会大厦。人们惊恐万分，地面指挥中心立即命令歼击机起飞拦截，但是，令人无可奈何的是，那 7 个亮点轻易地就将歼击机甩在身后，它们在短短的几秒钟内，时速从 200 公里一下提到 800 公里，最后，一个漂亮的直角拐弯，以 1 200 公里的时速飞走了。

齐盖尔教授说，直角拐弯将产生 3 000 千克的过载，这是目前地球上的任何材料都无法承载的。

3. 强大无比——飞碟的电磁效应

1957 年 11 月 9 日，纽约发生了一次震惊世界的大停电。

那一天，600 列地铁被迫停在漆黑的隧道里，车上六万名旅客如同坠入了无底的深渊。更为恐怖的是，数千人被困在悬空的电梯里，呼天不应，叫地不灵。在路面，没有了街灯，没有了红绿灯，大小汽车前呼后拥，你冲我撞，交通事故接二连三，拉瓜迪亚飞机场勉强起飞了几架飞机，肯尼迪国际机场被迫取消了全部航班。

不夜之城纽约，沉浸在疯狂和混沌的黑暗之中，约翰逊总统命令紧急战备部宣布：全国处于紧急状态。

克莱配电站是负责供给纽约市用电的电站，专家们一致认为：问题就出在那里。但是美国东北部最大的发电公司经理查尔斯·普拉特先生说：我们的线路没有断，发电机组没有毛病，保险也完好无损。爱迪生电业集团的发言人认为：大量的电能莫名其妙地被什么东西吸走了，仿佛整个电流都输入了地狱，我们无法作出解释。

事后调查证明：11 月 9 日，正当一个火红的圆球体向低空下降时，各个电器和电网的电压开始减弱。汉考克机场的几位工作人员看到了不明飞行物，航空局官员沃尔什在空中也看到了它。他说：那是一个巨大的物体，是个通红的火球，飞行教官韦尔登·罗斯说：那个物体使地面看上去像着了火，它直径有 30 米，罗斯还说：那个物体悬停的地方就是克莱配电站上空。

《动力》月刊事后载文说：11 月 9 日下午，亚当—贝克 2 号机运转正常，这时好像有一股异常强大的电流突然流入，一台继电器爆炸，一条线路被炸断，这本来是件小事，稍加检修便可恢复。可是仅过 4 秒钟，噩梦开始了，整个加拿大—美国电网陷入了瘫痪，停电波及 8 个州，克莱配电站和圣洛朗河上的电子设施遭到彻底破坏。

事实证明，不明飞行物能通过某种受控制的电磁波来干扰电路，使汽车灭火，引擎停转，无线电通讯受扰，飞机导航仪失灵。仅纽约一地，类似的大停电还发生于 1969 年、1975 年和 1979 年，1975 年的一次停电长达 25 个小时。

在意大利、墨西哥、巴西以及许多军事基地，类似的事件不断发生，总之，只要有飞碟光临，电路干扰随之而来。

4. 拿手本领——飞碟的能力

看过《西游记》的朋友，一定会对书中妖怪的神奇法术记忆犹新。尤其是"定身法"，大喝一声"定"，对手就当场僵立，一动也不动，飞碟上的外星人，就具有这种神奇的本领。

莫里斯·M先生世世代代是瓦朗索里的农场主。1965年7月1日，他像往常那样起得很早，开着拖拉机到田里耕地。不知不觉太阳升高了，莫里斯先生感到有些累了，他便坐下来，准备抽根烟稍事休息。

一阵奇怪的好像钢锯锯金属的声音传了过来，莫里斯先生循声望去：80米外的熏衣草地里，一个古怪的东西停在那里。莫里斯先生以为是架直升飞机，后来又觉得像一辆多菲纳牌轿车。他猫着腰偷偷靠拢过去，发现那东西根本就是从未见过的。它是一个形状古怪的椭圆体，像一只巨大的蜘蛛趴在那里，里面还有两个小矮人。莫里斯突然有一股冲动，朝那物体走去。那两个小矮人的面目也清晰可辨了：他们脑袋特别大，嘴像个小洞，脸形与普通人完全不同，很丑陋。当距离仅5~6米时，一个小矮人从右侧盒子里拿出一根管子，对准了莫里斯先生。

这时候，莫里斯先生感到全身僵硬，动弹不得，如同瘫痪一样，一动不动地站在那里。两个小矮人又咕噜了几分钟，就敏捷地飘入了飞行器。

莫里斯这时才感到前所未有的恐惧，他仍被牢牢地固定在原地，想动动不了，想喊发不出声音，他害怕自己会死在那里。幸运的是，半小时后他便可以活动了。回到家中，从第四天开始他一直24小时都可以熟睡，并且两只手轻轻颤抖，这种嗜睡症状一直延续了好几个月。

使人或生物体瘫痪，正是飞碟或不明生物的拿手本领。

1963年10月一个夜晚，在阿根廷的特兰斯卡斯市，三只凶恶的狗和几十只家禽在庭院中被不明飞行物的耀眼光线照得完全瘫痪达40分钟，光线的颜色由红色变成藕荷色，其中一只狗吓得要跳出铁丝栅栏，其他几只卧在地上哀号。

事实证明：飞碟的本领是多方面的。他们常常行雷运电，发雾发光，能使人昏迷，也能置人于死地。而人类对他们发动的最凶险的攻击，他们也可将之化为虚无。

1968年7月25日，一个椭圆形扁平的五色飞碟在阿根廷奥拉瓦里亚机场上降落，步兵团四名士兵连忙赶往该地，恰好有三个外星人从飞碟中出来。士兵们向他们喊："不投降，格杀勿论。"外星人丝毫不予理睬，士兵向他们开火了，然而子弹对于外星人毫无作用，飞碟更是安然无恙。这时外星人拿出一个发光球体，射出几束光，士兵们马上被击倒在地，等士兵恢复神智时，飞碟早就飞走了。

5.至今成谜——美军手中的UFO

迄今为止，人类曾经见过500多万次UFO出现的场景。能够证实UFO现象存在的数千页文件也已经解密。然而，很多与UFO事件有关的内容对公众来说仍然是非常神秘的东西。

美国中央情报局、联邦调查局、国土安全部、军事情报局、美国宇航局和北美防空司令部等机构解密的文件显示，UFO与世界各国的军事、科学和研究政策有着种种关系。

事实证明，上述联邦机构有大量与UFO相关的详细资料。他们不仅知道UFO的存在，而且正在尝试开发与UFO同样的技术。许多美国官方的科学家对UFO现象故作视而不见就是想避开公众的注意力，为进行秘密试验创造一种理想的环境。实际上，虽然有一部分高度机密的文件已经解密，但是仍有很大一部分还封存在美国政府的绝密档案中。

下面的内容就节选自一份尚未解密的UFO文件，是美国著名UFO研究专家里奥纳德·斯普林菲尔德从一位匿名的消息人士手里得到的。这位消息人士与里奥纳德熟识已久，但是为了避免因为这份文件惹上官司，他坚持要求匿名。文件是对一架"飞碟"残骸进行检查的初步报告，报告完成的时间是1947年7月16日，由美国空军司令特文宁上将签署。

1947年7月19日的美国总统令曾提到，驻得克萨斯福特沃兹的美国空第八军军部曾对这架飞碟和可能出现的第二架飞碟的残骸进行过初步的调查。美国空军喷气推进引擎实验室和西奥多·冯·卡尔曼博士领导的空军研究中心也提供了一些补充资料。参与调查的各方认为，美国空军和陆军单位发现的这个物体不可能是美国制造的装备，原因如下：这个物体是个圆碟形的平台，和美国现用的所有装备的设计都不象；上面没有任何推进系统，通风或排气管，也没有飞机引擎。美国陆军的福特布里斯秘密实验场和白沙秘密实验场都有德国科学家在那里工作，他们在调查后也认为这不是德国的秘密武器。有一种可能，这个物体是前苏联制造的。但是，多数人怀疑这个物体也不是前苏联造出来的，因为上面没有任何标识、序号或用西里尔字母写的使用说明。

在对不明物体内部进行检查后，他们找到了一个像原子发动机的隔间，并认为这个物体有一部分实际是推进单位，里面有一个功能像热交换器一样的反应堆，它像人类造的原子弹一样释放出能量。这个物体的前端是一个飞行隔间，呈圆形，上半截像炮塔。不明物体上没有遮蓬、没有天窗也没有其他光学投影，这证明了一种观点，即这个物体是遥控的。

第四节 超凡想像——UFO飞碟、外星人假说

什么是UFO？1947年6月24日，美国企业家阿诺德在华盛顿州雷尼尔山上空，驾着自用飞机飞行。当时天气晴朗，阿诺德突然发现在北方有九个白色碟状的不明飞行物体，连接成锁链状，飞行高度约为3 600公尺，由北往南飞。物体的直径约有20公尺，飞行时速高达2 700公里，速度相当惊人。阿诺德说，他根本追不上那些物体，它们可能来自外层空间。这些碟状的不明飞行物，阿诺德称它们为"飞碟"。这个消息发布后，在美国造成极大的轰动，因此在美国每年的6月24日被定为"飞碟纪念日"。这些来路不明或其他未能确认的飞行物体，也就是不能用科学的方法或自然的现象来确认的，人们就称为"幽浮"（UFO）。其实"飞碟"是指外星人驾驶的"宇宙航行器"，目前人类对外星人仍存怀疑态度，因此"幽浮"就包括"飞碟"，但是"飞碟"并不等于"幽浮"。

虽然在这个目击幽浮事件以前，类似这种碟形飞行物已有一些报导，只是未被重视。此事发生后，美国各地重视这种目击事件，发现的报导不断出来，因此空军为调查事件真相，在1947年提出"蓝皮书计划"，前后继续22年，共调查12 600多个目击事件，其中约600件的报告无法使用科学的方法或自然现象来说明，也就是所谓幽浮事件，其余均可用已知的物体或现象来解释，譬如飞机、气球、云彩、流星、人造卫星、飞鸟、光线反射、雷球和中国台湾地区民俗活动——天灯等等。由此可知幽浮目击事件有95%可能是误认，甚至伪造。

根据有关不明飞行物体的调查报告，飞碟出现的现象，由于飞碟种类的不同，可以归纳成六项不同的特性：

（1）平均速度极快，来无影去无踪或突然出现、突然消失。

（2）产生电磁力可以打碎空气，出现时能够无声、无阻碍地移动。

（3）四周有强烈的电磁场，会使汽车熄火、罗盘乱跳、收音机播音中断、电视受干扰以及电力系统失灵等现象。

（4）会产生各种红、橙、黄、绿、紫等色的亮光变换。

（5）没有惯性反应，可以呈连续性任何角度的折线形前进或后退移动。

（6）具有反重力，可以无动力状态停留空中、或快速垂直上升而消失。

蓝皮书计划的调查工作，将所有的数据和档案划分机密等级，被送到美国国家档案管理局储存，机密性较低的档案已陆续被解密而公开，但是仍然有一些"绝对机密"的档案至今仍被隐藏着。根据蓝皮书计划提出的报告，有数百件未被研究，并且许多正式报告未被纳入，纵然被纳入，对报告的处理也不恰当，甚至常被篡改。由此可知蓝皮书计划可能是美国空军用来降低大众的"幽浮"热、甚至可能是掩饰当局秘密研究飞碟的障眼法。

享誉全球的幽浮权威——海尼克博士，曾任白宫委员会幽浮听证会与联合国幽浮相关现象会议的发言人，1948年起为美国空军幽浮研究顾问，审查所有幽浮及相似的第一手报告，他主张必要慎重对待幽浮事件，因此和空军处得不好，军方在1989年把蓝皮书计划放弃。海氏再三强调，一些幽浮事件"有值得探索的地方"。

虽然飞碟的名称是在美国产生的，但是美国官方至今仍然否定飞碟的存在。其实，美国有几个秘密的基地，在专门研究有关幽浮的特殊科技。例如在拉斯维加斯北方的51区经常可以看到不明飞行物出现。尤其近年研发成功的隐形飞机科技水平已经超越正常军机发展的领域，这些科技可能来自对飞碟的研究成果，因为有些飞碟就有这种隐形的特性。

不过有些国家，譬如巴西、波多黎各、格林那达等中南美洲的国家，都握有足够的证据，已确认有飞碟的存在。前苏联在未解体以前是不能公开谈论幽浮的，解体后已引起研究热潮，并且有太空人说出经常在大空和外星人接触的经验。其他各国经常有幽浮目击的报导，例如欧洲的阿尔卑斯山区屡有发现不明飞行物体、百慕大三角的机舰失踪事件及英国发现的不明现象——麦田圈等，都可能与幽浮有关。

若要谈及幽浮发现的历史，全世界最早的正式记录是我国公元前1914年夏朝廑帝：

"十日并出"，记载在《古今图书集成》。古代神话"后羿射日"就是根据这则记载演变而来的。这里的"十日"，或许并非神话所说的十个太阳，根据飞碟学的看法，应该是十个像太阳那么大而会发光的飞行物体一起出现。其后在夏帝桀及商帝辛时，同样有"三日并出"及"二日并出"的记载；在西汉昭帝时，记载"有流星大如月，众星皆随西行"等等，这些日、月及星等，可能就是现代人有所知悉的"幽浮"。迄今，我国正史中的幽浮纪录约有一千件。另有一些坊间流通的书画，也有这类记载，就如清末民初上海"申报"出版的画刊《点石斋画报》，有一则"赤焰腾空"，记述某晚在南京（金陵）天空出现一团火球，图文并茂。因此若要研究幽浮史，应从我国正史中的史籍开始。

中国台湾地区的第一张幽浮照片是在1967年6月28日晚8时25分，由蔡章鸿在台北圆山天文台，利用天文望远镜拍摄的。当时仅拍摄到三分之二的影像，于1996年才被公布。因年久已生黑斑，经计算机的处理后，呈现完整的幽浮照片，可以明显地看出幽浮呈碟状圆盘，下盘部分呈深黑色，是不发光的，故幽浮下方的天空呈一片漆黑，幽浮的其他部分则呈惨白色，显示均是发光态，在幽浮的上方空间呈灰白色，可见光度很强。由这张照片证实了当时台北市许多市民的目击报告，发现幽浮发射强烈的橘红色光线，远距离看起来成雪茄形。这个发光的不明飞行物体，以其外形、构造、颜色、发光等的特性，可以确认是超越人类所认知科学范围的幽浮。

另外南美那斯卡的大型地面画像与图形、埃及金字塔、复活节岛石像及玛雅文化的金字塔等种种神秘遗迹，都可能是外星人遗留的。并且在圣经旧约和佛教原始经典里可以用现代人的看法，体会到一些是幽浮的记载，可知外星人的飞碟，从古至今经常在地球出现。

最近美国航空暨太空总署宣布：从一枚约16 000年前坠落地球的火星陨石上，发现30亿年前火星上可能有类似细菌的单细胞生物存在的证据。另外天文学家也在其他不同的星系至少发现三个以上的行星存在，因此宇宙是否有高智能的外星人存在？

1960年前苏联莫斯科大学天文学教授伟利安那宁诺曾说过，整个宇宙约有1亿颗以上的星球住着有智能理性的生命体。美国的天文学家德雷克研究出有名的德雷克方程式，推算出本银河系有智能生命的星球总数目约有30万至百万个存在，又根据美国著名的康奈尔大学太空生物学家沙冈博士的估算，在银河系内，应有100万个类似地球文明的星球存在。

宇宙从大霹雳诞生开始，至今约有150亿年历史，而地球仅于46亿年前生成，人类约在10万年前才为地球的主人，其有智能的文明史仅数千年而已，与宇宙年龄比较，就如电光石火般的短暂而已。依据宇宙的年龄来看，当然会有其他星球居住着文明远超越我们的宇宙智能人。

既然在银河系存在这么多有类似地球文明的星球，按理当然会有高智能外星人存在，问题是这些外星人是否有可能驾驶飞碟到达地球呢？从天文学的角度来看，大阳系除了地球外，没有其他星球有高智能生命的迹象。最接近我们大阳系的恒星——半人马星座的比邻星与地球的距离有 4.3 光年，依照大空火箭的航行速度，也需要 4 万年才能到达。在我们的知识范畴内，宇宙中其他恒星系的星球，或许很难有外星人驾驶飞碟到达地球。

美国科学界从 20 世纪 50 年代起就进行"外星智能搜寻计划"，利用超大型无线电波望远镜，例如波位于多黎各的 305 公尺直径的天线，接收外层空间的电波，但是迄今仍然未接到任何外层空间来的智能讯号。在目前的宇宙时空架构和科学知织范畴内，仍然无法解释来去无踪的飞碟，或者提供一种强而有力的飞碟理论，因此至今科学界一提到飞碟就要发问："它们是在那里的?"这是目前幽浮研究者最感头痛的问题。为解决这个问题，幽浮专家从时间和空间研究：

（1）时间问题：

根据狭义相对论，并已经证实高速运动中的物体，其时间的历程会延迟。因此若飞碟以接近光速的速度飞行，从远在 410 光年外的昴宿星到达地球仅需约 6 年半而已；从远在 230 万光年外的仙女座星，也仅要约 15 年即可到达地球。若外星人的科技已发展出这种速度的飞碟，这是可能的清况之一。但是根据物理学定律，物体的速度达到光速时，质量会变成无限大，所需加于物体的力也就无限大；在理论上而言，这是无法产生的，因此这种时间延迟效应的现象并不会这么显著，况且从静止加速至接近光速，或由接近光速减速至静止，均需有相当的时间和距离，不可能一蹴即成。至于所谓经时光隧道回到从前、虫洞、超光速等，产生的时光倒流现象，会发生"弑父的谬论"，即回到父亲未成年的时期，倘若将父亲杀死，那么由父母所生的自己是否还能于现在继续生存的问题，违背物理学公理——"因果律"，因此不能成立。

（2）空间的问题：

现代物理学中有一些科学家认为，宇宙的空间或许只是人们所认知的三度空间而已（时间固定为一次元、三度空间就是三次元空间，合称四次元时空）。目前的这些物理理论，还有好几个正在研究的理论，它的空间都超过三次元。例如"玻色子弦论"的时空有 26 次元、"超重力理论"有 11 次元的时空及"双克氏理论"有 5 次元的时空。

另外一个叫做"超弦理论"，其立论基础在宇宙的时空架构是 9 次元空间和 1 次元时间，合称"10 次元时空"，是目前最受科学家瞩目的一个理论。超弦理论是根据"弦论"和"超对称性"两个理论结合的一种最新的物理理论。根据"弦论"的立论基础在宇宙的时空架构是 9 度空间加 1 度时间的 10 度时空。由于

10度时空的宇宙以目前我们的认知程度还不能接受，科学家将10度时空的架构分成我们生活其中的4度时空和其他小到基本粒子那么小的6度空间，当然，这些我们看不到。因此，人类的所有知识全部被局限在四度时空的范围内，以致无法突破科学的瓶颈。

超弦理论另有一个特性就是超对称性，依据这个特性，9次元空间应是整体对称的，对每一维空间而言，均具有同等权值的对称性。因此，宇宙应仍以等权的九次元空间存在，即宇宙至今仍然维持完整的10次元时空架构。我们所知道的宇宙是3次元空间加上1次元时间，合称4次元时空的架构。假使我们以生活于其间的3次元空间订为一重宇宙的空间，9次元空间可以分成3个3次元空间，而时间不会各自分段，把时间当成事件前后的同一共通性的计量标准，因此大宇宙的10次元时空就有三重宇宙的时空架构。如果以这种三重宇宙的时空架构，来探讨一些目前科学上没有办法解释的问题，例如太阳微中子失踪、宇宙伽玛射线的来源、宇宙有10倍以上观测不到的黑暗物质等问题，当然飞碟的来处可以解释为在其他重宇宙空间的黑暗星球，即我们用望远镜观测不到的超3度空间的星球，其星球上的外星人驾驶飞碟，偶而飞入我们的空间到达地球。

根据世界各地人们的目击报告，所绘制的形状，经统计研究显示，外星人的形貌依身高大小由3公尺至50公分分为：巨人、高个子、普通身长者、矮人及侏儒5种；另有不同的外貌分出：全身披毛的矮人、绿色皮肤的人和全身长毛的巨人3种；共有8大类，再细分有近百种不同的形貌。

1970年在巴西圣保罗举行的中南美洲宇宙现象研究会议中，专家所发表的飞碟型态有13大类：鸡蛋型、球型、碟型、圆圈型、雪茄型、茶杯型、飞拐型、土星型、半圆型、陀螺型、圆顶型、椭圆型和铁饼型再细分为132种。这些飞碟中，有超大型的太空母船，来回于星球和地球之间。飞碟降落地球后不易升空。到达地球上空时，它放出小型飞碟；达成任务后，它随即收回小型飞碟返航。

既然有这么多外星人和飞碟的种类，可知外星人不仅来自一个或少数的星球，而是来自许多不同的星球。倘若外星人自古以来一直居住在地球，以其高超的智能和科技文明，时至今日，如不是已统治全世界，至少也已建立了世界上最强盛的国家。然而事实并非如此，由于太空运载不易，外星人到达地球的人数不多。又以科学观点而言，由于生物生存环境的因素，如重力大小、空气成分、气温高低、食物供给、病菌抵抗力等等，外星人与地球的差异有些可能很大，因此无法长期居住，在他们的身体还没受到伤害前，必须离开，因此仅能留下遗迹和事迹。

外星人驾驶飞碟到达地球的目的为何？目前有六种说法：

（1）促进文明。外星人暗中导引人类朝向发展更文明的未来及推展宇宙文化，例如古埃及、玛雅等古文明，可能是外星人遗留的文明。近年来应用第四类接触，也就是经由灵媒传达一些外星来的新思潮，被称为新纪元（newage）思想。

（2）地球寻根。外星人曾是地球人，在生活环境变异不能适应时离开，遗留许多辉煌的古文明遗迹，例如古埃及、玛雅的金字塔，南美的那斯卡巨大图形等，现在想再回到地球探访那些古文明的遗迹。

（3）观光旅行。外星人生活水平极高，科技相当发达，可以到宇宙各处旅游，当然会到达宇宙中这一颗美丽而适合生物生存的蓝色行星——地球。

（4）监视警戒。人类通常好战，因此外星人监视人类使用毁灭性核子武器，并防止产生公害，导致地球灭亡及影响到宇宙的和平。

（5）调查资源。外星人曾杀害许多牲畜，甚至诱拐人类作医学试验，也长期探勘地球的各项资源，经常采取植物、岩石及水样，以寻求其行星上所缺乏的信息或资源。

（6）侵略征服。地球是宇宙中极珍贵的行星，在外星人因自然环境无法继续居住原星球或人口过度膨胀需要外移时，可能以地球为移居的目标。因此秘密侦察地球上的军事机密、地理环境及人文数据等，为将来武力侵略征服地球做计划。

上述六种说法，众说纷纭。以科学观点而言，外星人投入巨大，航行遥远的距离到达地球，来者不善，必有目的，很可能侵略征服地球当做殖民地，甚至消灭人类后当做移居地。人类必须提高警觉，防止外星人的侵犯。

古往今来，许多人目击了UFO，但对它的研究却没什么太大的进展。因此很多人对这一现象很困惑或者根本不相信存在UFO。我们认为飞碟这一现象是真实存在的，它不是什么伪科学，只是由于科学技术的限制，暂时还不能完全认识它。

1. 无限遐想——"宇宙空间说"

太阳只不过是银河系里2 000亿颗恒星中的一颗，而银河系之中还有着数目惊人的河外星系。宇宙的遥远和无限是难以想象的，因此关于它的奥秘要用"无穷"来形容。地球人类的眼光还没有越出太阳系，可以认为，UFO实体来自宇宙的某一个地方。地球人莫不也是有自己的宇宙飞船吗？UFO在人的视觉中是个物质的东西，可是，它可以转瞬消失，这时它的一大特点。有的时候，人的眼睛可以看见UFO，而雷达却捕捉不到，摄像机也拍摄不到。有些案例表明，UFO能使人失去时间概念，或使人用意念的力量使汤匙弯曲。从大宇宙的角度来看，一切现象都有其解释。

2. 地下文明——"地球空洞说"

据悉，美国的人造卫星查里7号到北极圈进行拍摄后，在底片上竟然发现北极地带开了一个孔。这是不是通往地球内部的入口？另外，地球物理学家一般都认为，地球的重量有6兆吨的百万倍，假如地球内部是实体，那重量将不止于此，因而引发了"地球空洞说"。一些石油勘探队员都在地下发现过大隧道和体形巨大的地下人。我们可以设想，地球人分为地表人和地内人，地下王国的地底人必定掌握着高于地表人的科学技术，这样，他们——地表人的同星人，乘坐地表人尚不能制造的飞碟遨游宇宙空间，就成为顺理成章的事了。

3. 凭空想象——"四维空间说"

有些人认为，UFO来自于第四维。那种有如幽灵的飞行器消失是一瞬间的事，而且人造卫星电子跟踪系统网络在开机时根本就盯不住，可以认为，UFO的乘员在玩弄时空手法。一种技术上的手段可以形成某些局部的空间曲度，这种局部的弯曲空间再在与之接触的空间中扩展。完成这一步后，另一空间的人就可到我们这个空间来了。

正如各种目击报告中所说的那样，具体有形的生物突然之间便会从一个UFO近旁的地面上出现，而非明显地从一道门里跑出来。对于这些情况，上面的说法不失为一种解释。

4. 主观臆想——"杂居说"

"杂居说"观点认为，外星人就在我们中间生活、工作！研究者们用一种令人称奇的新式辐射照相机拍摄的一些照片中，发现有一些人的头周围被一种淡绿色晕圈环绕，可能是由他们大脑发出的射线造成的。然而，当试图查询带晕圈的人时，却发现这些人完全消失了，甚至找不到他们曾经存在的迹象。外星人就藏在我们中间，而我们却不知道他们将要做什么，但没有证据表明外星人会伤害我们。

5. 返璞寻踪——"人类始祖说"

"人类始祖说"认为：人类的祖先就是外星人。大约在几万年以前，一批有着高度智慧和科技知识的外星人来到地球，他们发现地球的环境十分适宜其居住，但是，由于他们没有带充足的设施来应付地球的地心吸引力，所以便改变初衷，决定创造一种新的人种——由外星人跟地球猿人结合而产生的。他们以雌性猿人作为对象，设法使她们受孕，结果便产生了今天的人类。

6. 超然另类——"平行世界说"

我们所看到的宇宙（即总星系）不可能形成于四维宇宙范围内，也就是说，我们周围的世界不只是在长、宽、高、时间这几维空间中形成的。宇宙可能是由上下毗邻的两个世界构成的，它们之间的联系虽然很小，却几乎是相互透明的，这两个物质世界通常是相互影响很小的"形影"世界。在这两个叠层式世界形成时，将它们"复合"为一体的相互作用力极大，各种物质高度混杂在一起，进而形成统一的世界。后来，宇宙发生膨胀，这时，物质密度下降，引力衰减，从而形成两个实际上互为独立的世界。换言之，完全可能在同一时空内存在一个与我们毗邻的隐形平行世界，确切地说，它可能同我们的世界相像，也可能同我们的世界截然不同。可能物理、化学定律相同，但现实条件却不同。这两个世界早在 200～150 亿年前就"各霸一方"了。因此，飞碟有可能就是从那另一个世界来的。可能是在某种特殊条件下偶然闯入的，更有可能是他们早已经掌握了在两个世界中旅行的知识，并经常来往于两个世界之间，他们的科技水平远远超出我们人类之上。

"幽浮"在地球上空飞行了数千年，地球人始终没有认真去观察过它，没有人了解这些东西。直到第二次世界大战后，人类进入安定与科技蓬勃发展的时期，也出现了大量的"幽浮"记实报导，引起人们深切的关注，因而对"幽浮"正式进行观察和研究。

1947 年 6 月 24 日美国企业家阿诺德先生在华盛顿州驾机飞行时，看到一排银白色圆盘状物体掠空而过，于是喊出"飞碟"两字，激活了人类对"幽浮"探索的热潮，也开创了地球人对"幽浮"的研究。此后"幽浮"的研究成了一股令人关注的热潮与话题，世界各国纷纷成立了研究组织，为了满足人类的好奇心，大家都想借现代科技的文明，来重新诠释并揭开幽浮神秘的面纱。

7. 深水谜踪——海底基地说

加拿大的让·帕拉尚等人首先提出这种假设。

研究人员认为，几万年前，大西洋上原先有个高度文明的大西国，后来因战争和洪水，大西国沉沦洋底，大西国人——玛雅人随之转入洋底生活，在那里建立永久的基地，但有时也乘 UFO 冒出海面，遨游空间。所以 UFO 出没这片海域，造成各种奇异的现象。

第一次记载是 1902 年，一艘英国货船在几内亚海域发现一个巨大的浮动怪物，它直径 10 米，长 70 米。当货船准备靠近它时，它无声无息地潜入水下消失了。

1973 年，北约组织和挪威的数十艘军舰在威思克斯纳湾发现了一个被称为"幽灵潜水艇"的怪物，这么多军舰竟然捉它不住，各种先进的攻击武器对它也毫无效果。当那怪物浮出水面时，几十条军舰上的无线电通讯、雷达和声纳等仪器全部失灵，它消失时一切才恢复正常。

1990 年 3 月下旬的一天，在斯里兰卡的马他拉港以南 32 公里的海面上，一条 60 米长的油轮"客姆·塞"号又进入水中，掀起异常猛烈的巨浪。这巨大的怪物，足有油轮 5 倍大小，它放射的银光束，犹如从海底射出来，让人十分难受。船员们因恐惧，像孩子一样蹲在甲板上。船上的仪器全部失灵，罗盘仪的指针滴溜溜来回转，想求援，但无线电话不能使用。这 UFO 在油轮周围转了 15 分钟，然后静止了 1 分钟，接着瞬间发出眼花缭乱的光消失在海里，可掀起的凄凉的巨浪使油轮陷入了危险的颠簸中，严重地损坏了油轮。UFO 一消失，仪器立即恢复了正常。当局接到报告后，飞机和船只急忙赶到现场，但什么也没有发现。

神秘的百慕大三角区更是 UFO 经常出没的地方。迄今为止，有 100 多架飞机和大量船只在此失踪，最近的 20 年里，大约也有 1 000 多人丧生。而且大多数情况下，找不到人的遗体和机舰的残骸。

1963 年，美国海军在百慕大附近的波多黎各群岛进行了代号为"黄蜂"的演习。一艘潜水艇突然离开队伍去追赶一不明物体，开始，人们还以为是预定的演习项目。但是，很快人们就发觉不对劲了，潜艇的时速才 80 公里，那物体时速达 280 公里，而且它经常潜到 8 000 米深的水下，这一切都是人类无法达到的。美国海军军舰追逐了 4 天 4 夜，行程 500 海里，最后不得不放弃。据说，这一物体仍在这一海域游弋。美国有 13 个海军机构保存着这一目击记录。

1966 年 9 月，在美国迈阿密海域发生了一件奇事。探宝者马丁·梅拉克在一次潜水过程中，发现了一个形如火箭的东西停在那里，一动不动。梅拉克立即向军队作了汇报。海军派出潜水员，很快找到了那个物体，并且将它带回了美国海军研究室。可是，经过专家研究分析，美国最优秀的科学家也说不出是什么玩意儿，附近的军事基地当然没有发射类似的导弹。

红海、波斯湾、日本海、雷斯角海域以及中国的南海都是飞碟经常出没、事故频频发生的区域。西班牙的飞碟专家安东尼奥·里维拉在《这些神秘的飞行物》中指出：如果我们假设天外来客能在大气中飞行，又能在深水中航行的话，那么，地球上浩瀚无垠的海洋中就可能有 UFO 的基地。

第五节　不速之客——UFO 飞碟之谜

1. 太空偶遇——25 位宇航员遭遇 UFO

自 1972 年 12 月美国"阿波罗 17 号"飞船返回地球、美国结束"阿波罗"登月计划后，30 多年来，美国、苏联从未再进行过任何载人登月任务。一种观点认为，这是因为所有 25 名飞往月球的美国宇航员都曾在月球上发现过不明飞行物，对外星强大科技的"畏惧"，促使美国宇航局放弃了载人登月任务。

1973 年，NASA 第一次公开了登月任务的一些结果。在一份秘密声明中，NASA 称，所有 25 名参与"阿波罗"登月任务的宇航员都曾在月球上空遭遇过不明飞行物 UFO。美国前登月计划负责人韦赫·冯布朗生前称，数次"阿波罗"登月任务都遭到某种地外神秘力量的监控。1979 年，美国宇航局前通讯主任莫里斯·查特连称，宇航员在月球上空和不明飞行物相遇是一件"平常事"。

2. 阴谋论点——"恐惧"使美苏 30 多年没有再登月

一种阴谋论观点认为，人类所有"载人登月任务"在 30 多年前突然中止，是出于对在月球上存在的外星力量的恐惧。阴谋论者认为，月球是外星智能生物研究地球的最好平台，它距离地球不算太远，并且月球的一面永远面对地球，这意味着外星生物可以安全地栖身在月球的另一面。UFO专家称，月球黑暗的另一面有好几个外星生物基地，今年，日本天文学家就在月球表面拍摄到了好几个500米到1000米长的黑色物体，它们以Z字形的运行轨迹快速穿过月球表面。

3. 有根有据——美国宇航局档案证明月球"空心说"

苏联科学家亚历山大·柴巴可夫和米凯·瓦辛甚至认为月球是"空心"的，他们认为月球是经过某种智慧生物改造的星体。美国宇航局一份解密档案显示，月球在某种程度上可能真是"空心"的：1970年4月，"阿波罗"13号飞船服务舱里的液氧贮箱突然过热导致爆炸，接着一截15吨重的火箭金属部分坠向了月球表面，设置在月球上的地震仪记录到了长达3小时的震荡余波。如果月球是实心的，这种声音只能持续一分钟左右。

4. 利益使然——稀有金属引发各国重燃探月热情

尽管月球上存在许多谜团，然而月球上同时也存在许多贵重的稀有金属，让人类很难抑制探索月球的欲望。月球上充满了钨、钛、铝、镁和其他地球上罕见的稀有金属。此外，月球上还富含氦3同位素，这在地球上是非常稀少的物质，氦3同位素是未来能源工业的完美元素，科学家称，在氦反应堆的帮助下，人类甚至能够进行星际旅行。因此不难解释在沉寂了30多年后，世界各国终于在长远利益和科学前景的驱使下，再次燃起了探索月球的热情。

5. 预言推测——2029年4月13日小行星"吻"地球

美国天文学家最近宣称，一颗直径为400米的小行星将在近20年后的某天，有可能与地球表面相擦，从而危及地球上的所有生命。世界上许多国家的天文学家经过观察后认为，这个被称为"阿波非斯"的天体确实如美国天文学家所称，将于2029年4月13日，与地球擦肩而过，它与地球之间的距离仅为地球与月球之间距离的1/10，而欧洲、非洲和亚洲西部则是"阿波非斯"最有可能的碰撞处。

现在，各国的天文学家都在详细记录这颗行星的运行轨道和它与地球接近的进度，以判断它是否存在撞击地球的几率。记录显示，"阿波非斯"将在2007年至2012年之间，开始进入接近太阳的轨道区。而一旦"阿波非斯"进入这一轨道区域，天文学家将无法正常观察它的行踪和动态。

为此，世界天文学家最近共同商议，准备策划一个自由航天任务，在2013年或者2014年之前，为"阿波非斯"装上一个无线电发射机。天文学家便可以更加准确有效地跟踪观察这颗小行星，从而作出更加精确的判断。美国航天局专家还计划，在适当的时候发送一枚核能火箭，破坏"阿波非斯"或者大幅度地改变它的运行轨道。

6. 惊人内幕——美国隐瞒10起飞碟坠毁事件

据英国《每日快报》报道，UFO是否存在至今仍是个谜，而英国国会上议院UFO研究组织顾问蒂莫西·古德近年著书披露，实际上，UFO的秘密已经被美国政府掩盖了60年。

惊爆：飞碟坠毁至少有10起

1947年7月8日在美国新墨西哥州罗斯维尔发生的飞碟坠毁事件，是历史上最著名的飞碟疑团之一，美国军方在寻获一个坠毁的不明飞行物后几小时，就向媒体发表短暂声明，声称他们找到的是一个气象气球。

而据古德新书《必须知道》披露，罗斯维尔事件只是被美国政府掩盖的至少10起飞碟坠毁事件之一而已。

据古德称，大多数飞碟目击和坠毁事故都发生在20世纪40年代和50年代　人类科学家开始发明出原子弹的时候。

古德说："毫无疑问，地球上核时代的到来，使得先进发达的外星生物加强了对地球的监督。"

证实：误触按钮打开舱门

新书披露，1950年，美国记者弗兰克·斯库利就采访了一起飞碟坠毁事故，据称目睹坠毁飞碟的美国军方情报人员描述，那架坠毁飞碟的直径足有100英尺，"有巨大的金属环，它们绕着中央的机舱旋转，飞碟机身上没有任何铆钉、螺钉或焊接过的痕迹。"

当时有人将一根长杆通过飞碟残骸表面的一个破洞伸了进去，结果触动了一个按钮，飞碟舱门打了开来，调查人员在里面发现了 16 具只有 1 米高的外星生物尸体。

回忆：父亲将照片带回家

另一名 UFO 研究专家、美国土木工程教授詹姆斯·哈德也宣称，他有足够证据相信美军掩盖了 1941 年发生在新墨西哥州附近索诺兰沙漠上的另一起飞碟坠毁事件。

哈德曾经访谈过一名美国海军情报办公室官员的儿子，这名海军情报官员曾帮助寻获了这架坠毁飞碟，并将一些飞碟照片带回给自己的家人看。

据那名海军情报官的儿子披露，尽管当时他只有 10 岁，但仍然清楚记得照片上 1 米多高的外星人尸体，正被他父亲的一名朋友抓住手腕拖出飞碟残骸。

作证：亲见外星人尸体

新书披露，1953 年，一架飞碟坠毁在了美国亚里桑那州金曼市附近。

1974 年，UFO 研究专家雷蒙德·福勒说服一名前美国空军工程师签下了一份宣誓证词，披露了那次飞碟坠毁事件的内幕。这名军方工程师在证词中用了一个弗里茨·威诺的假名，但古德称，他的真名是亚瑟·斯坦瑟尔。

根据斯坦瑟尔的坦白，坠毁飞碟上的外星人大约 1.2 米高，有两只眼睛、两只耳朵、一个小圆嘴，它穿着银色的金属服装，带着一个同样材料做成的金属帽。

内幕：美兵用枪逼走目击者

新书披露，1965 年 12 月 9 日，宾夕法尼亚州凯克斯堡有数百人目睹了一起 UFO 坠毁事件。当 UFO 坠毁后，当地消防员罗曼斯基奉命前去灭火，他看到那个神秘的 UFO 颜色像青铜、上面没有任何窗户、门或接缝，但 UFO 表面却刻有类似古埃及象形文字般的记号。但随后几名美国军人就赶到现场，用枪逼走了所有目击者。

这不是美国政府掩盖的最后一起飞碟事故。美国航空现象研究组织专家海克说，1974 年 5 月 17 日，科特兰空军基地的监控设备突然扫描到了一处巨大的电磁能发射场。后来追踪到了一个直径 60 英尺的圆形金属物。当海克获知内幕后，一名空军官员警告他：必须忘掉他所听到的一切。

7. 崭露头角——美国喀斯特事件导致"飞碟"由此成名

寻找外星人

当人类将目光投向遥远的星空，心中不禁发出疑问：地球之外的世界究竟是什么样子？人类虽然已把脚步迈向茫茫宇宙，但宇宙实在是太大了，而如此之大的空间里，真的只有人类自己在执著地寻找伙伴吗？

全球发现UFO

2004年，墨西哥空军公布了一盘同年3月5日在坎佩切州东海岸拍摄的录像。从画面上可以看到白色亮点三五结队飞行，速度极快，转弯角度也非常小，并对执勤飞机跟踪了几分钟才离开。

UFO又称"飞碟"

1947年6月24日，美国商人坎尼斯·阿诺德驾飞机飞过华盛顿喀斯喀特山脉时，突然发现9个白色碟状神秘飞行物体，"飞碟"由此行名。其实，早在二战期间，英美和德国都有飞行员声称发现过圆形发光物体。但直到阿诺德的报告之后，不明飞行物才更多地进入人们视野。

最初，很多心理学家认为这只是人们的幻觉。目击者们开始拿出证据证明UFO确实存在，于是大量照片和录像带出现了。在众多证据中，有的纯属恶作剧。如一张1963年的UFO照片，人们用电脑对它分析后，发现这个不明飞行物不过是被吊在照相机前的太空船模型。

不过，大多数人还是诚实地提供了照片。但人们常会把大气中光的折射、特殊的云层、彗星、流星甚至风筝、气球和飞机当成UFO。

8. 雾里看花——我国发生的五起UFO事件

1990年10月31日傍晚的上海，宝山电视台员工秦进无意中发现天上有一条光带在移动，他用摄像机拍下了这个不明飞行物。同一时间，普陀区教育学院的王国伟老师也拍下同一物体，这个不明飞行物呈 U 字形分权。该事件因没有任何解释而不了了之。

1999 年 12 月 3 日，有人又在上海拍下类似录像。随后，北京的目击事件也接踵而至。在北京昌平，一个叫同文明的目击者声称天天都能看到不明飞行物，北京 UFO 协会立即赶去调查。黄昏时分，调查者果然在西山方向发现一个神奇亮点及分权不明飞行物。但经研究，调查者认为这只是夕阳照射到飞机上产生的现象。

1998 年 10 月 3 日，一位叫韩建伟的铁路职工和家人在昆明筇竹寺公园游玩时，突然发现昆明上空停着一个发光体，他立即用家用摄像机拍了下来。随后，更奇怪的事情发生了，这个发光体瞬间分裂成 9 个小的物体，并组成一个规则的菱形，随后消失在雾气中。

2001 年 2 月下旬，一个叫博志伟的目击者在云南泸沽湖畔拍摄到一个球形不明飞行物悬浮在低空，每天晚上 6 点钟出现，半夜消失，连续出现了 6 天。出现时附近通信设备均受干扰，消失前球体还会发生裂变。

两起发生在云南的不明飞行物事件到现在仍没有合理解释。

9. 隔若两世——外星智慧生命

美国空军研究 UFO 现象的著名"蓝皮书"计划结束时承认，有约 700 份不明飞行物报告无法用现有知识解释。那么，地球之外是否有拥有高度文明的外星智慧生命呢？浩瀚的宇宙中，恒星数以万亿计，它们中间的行星上，演化出高等生命的可能性是很大的。当然，生命的起源是个十分复杂和偶然的过程，有生命也并不意味着一定有文明存在。在银河系中可能有多少具有文明的星球呢？射电天文学家德雷克提出著名的"德雷克公式"，对外星高等生命产生的概率进行分析，估算出银河系中具有文明的星球大约有 10 万个。而天文学家海西·马根认为有约 50 万个，著名天文学家卡尔·萨根则估计银河系中大概有 100 万个具有文明的星球。在这个巨大的空间中，也许宇宙中某个地方的另一群智慧生命也在寻找着我们。

遥远的距离

很多科学家认为以人类目前所能拥有的航行速度，进行星际航行是不可能的。但也有人认为，外星人很可能掌握了超越光速、超越地球水平的科技，他们有可能实现星际航行并来到地球。

2002年10月31日，两位目击者在我国新疆维吾尔自治区伊宁市西北夜空中，拍到一个奇怪的发光体在自转，并放射出七彩光芒，时而呈圆形，时而为六棱形，时而移动，时而悬停。有人认为它是织女星，但也有人认为它是天外来客。

天文学家艾伦·海尼克是美国"蓝皮书"计划的顾问，他区别3种近距离见到的不明飞行物，在一定范围内目击UFO被称为第一类接触，第二类接触则是指UFO对环境产生的影响。

1994年11月30日3时，我国贵州省贵阳市北部的都溪林场雷雨交加，突然一个巨大火球从天空飞下。后来人们发现林场里有长达数公里的林带被毁坏，林场附近车辆厂也遭到严重破坏，小火车都被摔出铁轨。科学家排除了台风、龙卷风等自然力量的破坏，专家最后的结论是一种超常自然现象。

如果火球真的存在并引发灾难，那么这次事件可以看作一次典型的第二类接触。但第一、二类接触都无法让我们确定UFO与外星人之间是否真有某种联系。

10. 悬而未解——罗斯威尔事件

所谓第三类接触，就是不明飞行物附近出现人形生物，并与人类面对面接触。

1947年7月4日夜，距罗斯威尔西北120公里的农场主人麦克·布雷泽听到一声巨响，第二天他发现在农场约400平方米的范围散布着许多特殊碎片。据当时媒体报道，7月8日，人们发现一架金属碟形物残骸，直径约9米，并发现几具尸体。7月9日，罗斯威尔《每日纪事报》称军方寻获坠毁飞碟，但第二天却又称坠落的是一个气象球。"罗斯威尔事件"成为一桩悬案。

1995年，该事件再度引起全世界关注。是年8月，英国制片商雷伊·桑迪利推出所谓军方人员提供的"解剖外星人"录像带。录像带在44个国家电视台放映，解剖室中放着一具裸露的外星人尸体，身材不高，有6个手指，2名"医生"正实施解剖手术。然而，录像带最终被证明是美国两位影视制作人炮制出的惊天骗局。

2003年6月，11箱"罗斯威尔事件"文件终获解密，但该事件仍无法得到圆满解释。

11. 离经叛道——凤凰山事件

凤凰山下是山合屯林业局所属红旗林场，从1994年5月29日开始，人们看到南坡停有一不明物体，还有人看到不明物体在附近飞行。

6月7日，林场职工孟照国和侄女婿李红海爬上南坡山顶，他们看到一架巨大的问号样白色机器。6月9日，工会主席带领30多人进山察看，行至半山腰时，孟照国用望远镜向南坡张望，突然昏厥过去，而此后不明物体也失去踪影。

调查者在不明物体停留地发现树枝有烧焦痕迹，附近岩石崩裂，颜色异常，更有一条长达二三百米的岩石带被明显翻动过。而最离奇的是孟照国后来的描述，他说当时突然倒地是因为他看到山坡上有外星人手举烟盒状物发出强光，他就是被这道白光打倒的。当同伴把他抬到一小棚时，他看到一个外星人，他吓坏了。此后他和外星人有过几次接触，甚至被带到飞碟上。

近百年来，世界各地不断有人宣称被外星人劫持过，他们的叙述有着相似模式，如失忆、做噩梦。精神专家发现他们曾经受严重心理创伤。

此外还有所谓第四类接触，就是有人称能与外星人进行心灵感应。而专家认为这些故事过于荒诞，没有参考价值。

12. 苦觅无果——第五类接触

1977年美国先后发射"旅行者"1号和2号宇宙飞船，作为人类和外星人之间的信使，它们将在2015年前将有关信息送回地球。

人们还找到另一种通讯方式：电磁波。1974年11月16日，在波多黎各落成的阿雷西博射电望远镜向武仙座球状星团M13发出第一封"地球电报"。而早在1960年，天文学家弗兰克·德雷克就领导开展了奥兹玛计划，即最早的外星智能生命搜索计划，虽然没有检测到任何地外源信号，但它最终导致"SETI计划"的实施。目前"SETI计划"执行的是凤凰计划，用射电望远镜对1 000多个目标进行探测，但还没有收到回复。

"SETI在家"计划从1999年4月开始进行，任何人只要到SETI网站下载一个小程序，就可以帮助科学家寻找地外生命，目前有数百万网民为该计划无偿工作。

2002年，德、美两个网民发现一组神秘信号。从2003年2月开始，神秘信号被阿雷西博射电望远镜捕捉到3次，信号是从距地球约1 000光年的双鱼座和白羊座之间的某处发出的，但该位置方圆100光年内没有明显星体，目前科学家仍在寻找。

外星人是否真的存在？天文学家卡尔·萨根给了我们最好的回答：宇宙比任何人所能想像的大得多，如果只有我们，那不是太浪费空间了吗？

13. 曲径探幽——中国披露 UFO 档案

最近接连发生的 UFO "目击事件"，颇为引人注目，但让人遗憾的是那些都是探照灯之类的物体在搞怪。经对周边地区各个因素的分析，科学家对最近出现的 "疑似 UFO" 得出结论：由于雨气或湿度较重的云层聚集，如果地面的发光源照射到空中，很有可能在云层中散射出圆形的发光体。

正如每个质疑背后定有一个科学的解释，UFO 这个不解的世界之谜除了让世人惊叹外留给我们更多的是对它的探索与研究。中国 UFO 研究会第三届理事长孙式立教授讲述了他们研究 UFO 的历程和尤为引人关注的三大事件。

"大到宇宙，小到原子核"。这是孙式立教授对研究 UFO 涉及范围广所打得的一个生动的比喻，这也说明了 UFO 问题的研究并不是单纯孤立的研究，是上至天文、宇航、气象、大气物理下至地质、地理等多方面多领域的研究。事实已证明我国对 UFO 的深领域研究彻底打破了 UFO 研究是西方特有的风景线一说。

孙式立教授说："我们时刻关注有关 UFO 的最新动态，对大量的目击事件进行分析调查做出科学的解释，至今仍具有较高的科学研究价值的、被列入我们 UFO 研究重点的有三大事件——都溪林场事件、凤凰山林场事件、河北肥乡农民事件。"

惊世"空中怪车"突袭贵阳北郊

1994 年 12 月 1 日凌晨 3 时许，贵阳市北郊 18 公里处的都溪林场附近的职工居民被犹如从天而隆的火车开动时轰隆隆的响声惊醒，风速很急，并有发出红色和绿色强光的不明物体呼啸而过，当时据值夜班巡逻的保卫人员说看到低空中有两个移动着的火球。

几分钟过后，都溪林场马家塘林区方圆 400 多亩的松树林被成片成片地拦腰截断，在一条断续长约 3 公里、宽 150 米至 300 米的带状四片区域里只留下 1.5 米至 4 米高的树桩并且折断的树干与树冠大多都向西倾倒，长两公里的四个林区的一人高的粗大树干整整齐齐地排列在林场上。有的断树之间又有多棵安然无恙，个别几棵被连根拔起，还有周围的一些小树有被擦伤的痕迹。

这些被折断的树木直径大多为20～30厘米，高度都在20米左右。和都溪林场相距5公里的都拉营贵州铁道部车辆厂也同时遭到严重破坏，车辆厂区棚顶的玻璃钢瓦被吸走，厂区砖砌围墙被推倒，地磅房的钢管柱被切断或压弯。重50吨重的火车车厢位移了20余米远，但其地势并不是下坡，反而是略微有些上坡趋势。除了在车辆厂执行夜间巡逻任务的厂区保卫人员被风卷起到数米空中移动20多米落下且无任何损伤外，没有其他任何的人畜伤亡，高压输电线、电话电缆线等均完好无恙。

都溪林场事件引起科学界的高度重视，中国科学院等单位的专家学者专程赴现场考察，详细观察了林木折断的方位及断茬情况，并利用了现代化的先进仪器如卫星定位仪测定了被毁的具体位置及面积。对于贵州车辆厂被破坏的重点地方及物件进行了时频、弱刺及 γ 射线的测试，对都溪林场实地进行监测分析。

当时有一部分人认为是龙卷风造成的。但孙式力解释说，龙卷风是冷暖空气交汇，温差急剧变化而形成的气柱，中间呈负压，吸力特强。如果是龙卷风，由于吸力强将会有70%的树木（常规来讲）会被连根拔起，但并未有这种现象出现，所以龙卷风的推测也是没有根据的。

"用 UFO 的现象来研究都溪林场事件有一定的科学意义，因为 UFO 现象并不是只作为孤立的现象而单独存在的。"孙式立教授说。

都溪林场事件发生前后均有不明飞行物现身，是巧合还是存在必然的联系，整个事件扑朔迷离。

在都溪林场事件发生前后曾有旁证证明见到过有不明飞行物的出现。

在 1995 年的 2 月 9 日，贵阳机场的中心雷达上发现有不明物体的移动，随后在从广州飞往贵阳的中原航空公司波音 737 第 2946 航班万米高空飞行途中，有一不明飞行物追随，它形状由梭形变成圆形，颜色由黄色变为红色，它距飞机的距离大约有一公里左右，最后在贵阳东北 70 公里处消失。

据当时的气象分析这并不属于天气现象，经证明当时这架飞机周围有其他的飞机，而且也不属于军用。与此同时，海外传来信息，意大利也发现不明飞行物体。这些事件的发生和都溪林场发生的事件是否有联系，都有待于今后的研究。

14. 又闻惊雷——美国重启 UFO 调查

2007 年 1 月 12 日，一个由 24 名退伍飞行员和政府官员组成的国际小组齐聚华盛顿，召开新闻发布会。这个国际小组呼吁，鉴于最近关于飞碟、发光球体以及其他奇异现象的报道继续出现，美国政府应当重新启动 UFO 调查，以作安全防御之备。

小组成员来自七个国家，包括部分前军方高级军官，他们都表示自己亲眼见过 UFO 或者曾亲身介入有关不明飞行物的调查。

"我们希望美国政府停止坚持这样的说法：UFO 现象可以得到常规的解释。"美国亚利桑那州前州长费弗·希明顿在新闻发布会上说。希明顿自称 1997 年曾亲眼见到 UFO 越过亚利桑那州的凤凰城上方，当时有数百名当地居民都表示看到了 UFO。

CIA 曾压制 UFO 调查

这一要求调查 UFO 事件的国际小组中包括法国空军的一位退役飞行员，他表示，1994 年他驾驶飞机从尼斯飞往伦敦时曾发现巨大的飞碟，而另一位伊朗飞行员表示，1976 年，他曾向一个不明飞行物开枪射击，但没有打中。

美国联邦航空局的前官员约翰·卡拉汉说，1987 年他曾参与调查在阿拉斯加上空发现的一个不明飞行物，当时有许多人汇报在阿拉斯加上空看到巨大的发光球体掠过上空，体积大约是喷气式飞机的四倍。但是这一调查后来遭到美国中央情报局的压制而不了了之。

里根和卡特都称见过 UFO

1947 年至 1969 年，美国空军展开了一项名为"蓝皮书计划"的 UFO 事件调查，在对 12618 份 UFO 报告进行研究后，于 1969 年作出结论称，这些事件没有对美国造成任何威胁，也没有证据表明外星人的存在。从此，美国终结了对 UFO 事件的调查。尽管之后的近 40 年中，世界各地包括美国不断传来有人目睹 UFO 的消息，但是美国政府坚持认为没有将调查 UFO 再次列入日程的必要。

2009 年 10 月份，民主党候选人丹尼斯·库科奇在一次电视辩论中谈到自己曾见过 UFO，令 UFO 这一话题再次成为媒体和公众热议的话题。

美国前总统里根以及卡特都曾声称见过 UFO。

尽管许多持怀疑态度的人表示所谓 UFO 不过是飞机、卫星或者进入大气层的流星。不过，英国国防部的一个调查小组曾发布报告称，5% 的不明飞行物事件无法得到解释。

15. 绝密文件——英国皇家空军战斗机追踪 UFO 七小时

英国《观察家报》披露，早在 20 世纪 50 年代，英国皇家空军曾受 UFO 事件的严重困扰，甚至出动战斗机追踪 UFO。这起事件引起美军的高度关注并予以记录，有关"绝密文件"日前得以解密。

7 小时追踪 UFO 一无所获

据新解密的美军文件显示，这起"飞碟"事件发生在冷战时期的 1956 年 8 月 13 日，地点是英国东部的莱肯尼斯。当日，英国皇家空军和当地警方接到无数个居民打来的电话，称在莱肯尼斯的天空中到处飞满了发着亮光的不明飞行物。莱肯尼斯的英国皇家空军接到电话后，立即派出十多架战斗机冲上天空，在军事雷达屏幕上，英国战斗机飞行员成功地捕捉到了这些不明飞行物的痕迹，并花了至少 7 小时的时间试图追踪并击落这些不明飞行物。

据美军解密文件显示，当时在英国空军雷达屏幕上显示的不明飞行物大约有"12 个到 15 个左右"，为了追上这些不明飞行物，英军战斗机飞越了至少 50 英里的距离。其中一个不明飞行物被记载为"飞行时速超过 4 000 英里"。这简直是一个让人震惊的速度，解密文件写道："雷达屏幕专家相信，这决不是什么雷达机械故障造成的幻象，而是天空中的确有某种极高速飞行的不明物体在移动。"

文件披露，英国空军飞行员在雷达屏幕上注视到，发出白光的不明飞行物以令人难以相信的速度穿越着英国的上空。有时候这些物体会组成奇怪的编队飞行，有时候这些物体会来一个突然的急转弯，以目前科学所知的动力学观点来看，这种高速飞行下的急转弯是人类的水平根本无法达到的。

文件披露，其中一个不明飞行物被一架英军战斗机雷达跟踪了长达 26 英里，它在空中盘旋了足有 5 分钟，就在英军战斗机快赶上的时候，这个不明飞行物突然消失了。

美国军方对此极为重视

位于华盛顿的美国空军司令部后来也得知了这起英国"飞碟事件"，立即向英国空军发出了一份电报，表达了"高度兴趣和关心"。这份电报还询问这起英国飞碟事件是否跟一周后发生在波罗的海博恩荷姆丹岛上的另一起飞碟事件有某种关联。

对于英国莱肯尼斯"飞碟事件"，一些研究者认为在 1956 年 8 月 13 日左右，气象学家们曾汇报过那些天流星现象曾不同寻常地活跃。而流星在穿越天空时留下的踪迹，在雷达屏幕上看来和高速飞行的不明飞行物相当近似。

此外，大气异常现象也被考虑为另一个可能的原因。

UFO 曾引发新冷战安全恐慌

莱肯尼斯飞碟事件引起了新一度的冷战安全恐慌。因为在 1956 年，英国皇家空军莱肯尼斯军事基地——也就是英国空军战斗机追踪飞碟的地方，事实上正是冷战期间的军事前哨，莱肯尼斯军事基地不仅配置着当时最先进的美国 U－2 间谍侦察机，而且还是一个核弹头储存区。

不明飞行物研究专家戴夫·克拉克在美国国家档案馆查找资料时却意外发现了一个新的文件目录，提到美军关于莱肯尼斯飞碟事件还藏着更多的秘密文件，目前克拉克已向美国军方提出申请，要求解密更多的秘密档案。尽管克拉克也曾请求英国军方出示相关文件，但英国军方称，有关莱肯尼斯的飞碟文件在该事件发生 5 年后被一场意外大火全部烧毁了。

如果肯尼迪没有被暗杀，他将会向世界人民公布一个惊天秘密。他之所以被暗杀，就是因为有人不愿公布这秘密。那么，这个秘密究竟是什么呢？这可能是一个关于外星人的秘密。1947 年美国政府在新墨西哥州的沙漠中发现了坠毁的 UFO 残骸，并把它带回去进行研究。美国政府一直保守着这个秘密，不让世人知道。可是总有一天，一切会真相大白的。

新墨西哥州罗斯威尔，一直是美国西部沙漠的安静小镇，直到 1947 年 7 月 2 日，有人说听到奇怪的声音，看到飞行物体撞毁，现场有四个人躺在地上，全都是三到四尺高，随后军队控制了整个地区，把残骸和那些人集中，但在记者听证会上宣称那只是气象探测气象探测气球！但是许多人说那只是在掩盖外行飞行物体坠毁的事实，那么那天晚上到底发生了什么事？当时布拉佐一个人在农场，他听到比平常还大声的雷声，当时他没有在意，第二天才去看看那里的情况。当他来到那个地方的时候，这里已经成了一个遍布金属碎片的地方。

布拉佐决定让有关部门知道这件事情。就来到了新墨西哥州罗斯威尔，当时当地的警长是乔治杜格，他通知了当地的军事基地空军第八中队的第 509 炸弹小组，不但封锁了这块地方，而且将消息全部封锁，并要挟布拉佐的家人："不只我们会没命而已，到时候全家人都会完蛋。"这也就成为罗斯威尔事件神秘之谜之处了。

随着军方的要挟，直属于第八空军中队第509小组的指挥官拉米在几小时之后对外宣称那只不过是一个气象探测汽球。

美国空军对外声称这些是空气探测器的碎片，这是一个非常差劲的主意，但是之所以这样做是为了对付那些媒体的好奇心。

也许布拉佐真的发现了汽球，但问题是这无法解释其他的现象，这无法对残骸作出解释。后来马歇尔的儿子告诉大家一个惊人的故事：

他记得他小时候玩那些残骸的事，马歇尔带了一些残骸回家给老婆小孩看，他们从来没有看过这样的东西，在那些残骸中发现有像文字一样的东西，他记得当时看上去像是象形文字，但并非真的是，他又觉得比较像几何图形。

故事的中心仍然集中在布拉佐身上，当时布拉佐几乎可说是农场上的"通辑犯"，军方很害怕他把看到的全部都说出来，把他紧紧看守，但他终于趁士兵不备临时逃跑出来，找到一位在KGFL电台的朋友罗伯，向他全盘说出事情原委，电台计划播出对布拉佐的访问，但接到了好几通军方打来的电话，命令他们一定要停止播出这一段访问的录音，有人对罗伯说："如果你们想保有电台的执照，就要停止播出，而且你们只有24个小时时间考虑。"

那么美国军方是否向布拉佐施压要他保持沉默呢？如果这样，他到底不能说什么呢？在那个基地，他几乎是个犯人，他被关在一个房间，外面有人看守，虽然不是监狱，但也差不多了。同年七月七日晚上，军方的人带布拉佐到媒体面前，他对大家发表了一个和他在七月六日所讲的完全不同的故事："我在农田里发现的是一个气象探测气球……"那么他被拘禁时到底发生了什么事情呢？为什么改变了说词呢？也许布拉佐想说出来的跟后来殡仪业者丹尼斯所说的是一样震惊的故事呢？

在1947年，丹尼斯在殡仪馆工作。在小镇里上通常灵车也被用来当救护车，所以说丹尼斯有机会载运受伤的士兵回基地，当到医院的时候，他得以在救护车后面见到一些残骸，从而也就因此惹上了麻烦，丹尼斯被警告，如果他回去把这事告诉任何一个人的话，他就会被杀害！可是丹尼斯跟这场意外的麻烦还没有终止，他后来从在基地医院工作的女友那边知道了很多事情，她是一个年轻的对宗教极为虔诚的女孩，她曾经告诉丹尼斯她走进一个检查室，当她走过那个大厅，去拿一些补给品，当她走进去的时候，有两个医生站在那里，站在门口的一个医生拦住说："你留在这边，我们需要你！"丹尼斯的女友告诉他说他们在为三个外星人作检查，她说其中两个受伤很严重，她说她惹了一个大麻烦，然后着急地回军营去，第二天丹尼斯再去见他的女友，被告之她已经被调走了，这也成了他们最后一面，从此再也没有见过！那么他的女友到底被调到哪里去了呢？她到底发生了什么事情呢？她是否见到过警长所说的人体？

直到1997年美国军方还辩称那些所谓的外星人其实是做飞行弹跳试用的假人，这种解释不知能否为大众所接受。

也许事情总会有一天得到解释，但直至几十后的今天，罗斯威尔事件仍然是UFO史上一个不解之谜！

16. 秘密档案——UFO 事件

美国人研究 UFO 到底到何种程度，有没有隐藏外星人遗骸及其飞行物，有没有找到外星人，则一直是一个令人着迷的秘密。8 月初，美国国家安全局出人意料地在该局的网站上把 UFO 档案解密，供有兴趣人士随意查阅，一时之间 UFO 热在美国再度涌现，人们希望揭开地球以外是否存在另一种生命之谜。

UFO 越查越神秘

这次公开的 UFO 档案之所以引人注意是因为其中间接披露了一些军事和情报秘密。国家安全局的侦察监听站当年也参与了侦察 UFO 的计划。20 世纪 50 年代末期，该局在全球设有 4 000 多个侦察站，60 年代数目大增，到 1969 年越战高峰时期，侦察站之多也达到高峰，超过 7 000 个。

这些侦察站据说曾收到过相信是从飞碟发出的信号，但美国集中各情报机关密码专家的智慧，也无法破译。中情局的密码专家认为这是前苏联军方故弄玄虚，在试探美国的反应能力。

在旧金山以北的霍科罗克牧场和华盛顿附近的文特山农场，实际上是国家安全局在美国境内的主要侦察监听站。文特山农场特设 UFO 监测站，最重要的任务便是预防 UFO 突袭白宫。

1957 年 10 月 4 日，苏联成功地发射了世界上第一颗人造卫星，美国的恐惧感随之增加，苏联已经具备了研制飞碟的能力。

但苏联是否有飞碟计划，外人不得而知，美军则需要经常防范"苏制UFO"的侵犯。那时美国高层很多人都相信，苏联有能力制造无人驾驶飞碟，这种飞碟装有精密侦察仪器，可在高空搜集情报。有美国情报人员甚至指出，如果飞碟携载核弹或氢弹，美国随时都有被毁灭的可能。

1962年10月古巴导弹危机后，美国仍不断对古巴进行侦察，防止苏联秘密运导弹到古巴。大约在1969年，美国间谍飞机侦察到古巴哈瓦那附近一空军基地有类似飞碟的怪物，于是展开秘密侦查。

当年担此重任的中情局间谍之一，是后来成为巴拿马总统的诺列加。

诺列加的确神通广大，他派手下秘密进入古巴侦查，终于发现了所谓的苏制飞碟只是一堆残旧的米格－15战斗机机翼，由于摆放位置很特别，正好构成飞碟形状，令美国起了疑心。美国接获诺列加报告后终于放下心来。这起惊弓之鸟事件，实属情报丑闻，在此之前，美国一直没有披露过。

美国飞碟计划

美国最轰动的UFO事件，1947年发生在新墨西哥州罗斯威尔小镇附近，有人目睹飞碟从天而降，传说外星人被俘虏，旋即死亡，尸体被解剖。

UFO迷一直想查明真相，美国政府以事件涉及军事机密为由，拒绝透露详情，直至不久前，所谓收藏外星人尸体的内华达州"51区"空军基地曝光，军方才承认抓获外星人并非真实，只是试验一种飞行器时发生故障，引致外界误解。但这种飞行器到底是什么，又成了另一个谜。

据说当年美国是试验新型飞机和飞船，后者是飞碟形状，遥控操纵，用以担任极度危险的轰炸任务，例如投掷原子弹，以减轻参加这类行动军人的心理压力。当年驾驶B－29轰炸机向广岛投掷原子弹的蒂贝特上校，后来建议改用全自动化方式投弹——如果今后必须再次使用原子弹的话。

军方当时在新墨西哥州阿拉默果尔多空军基地试验"飞碟"，美国第一颗原子弹，即是在该基地的沙漠进行试验。"飞碟"计划出师不利，第一次试验即告失败，最失败之处是航向偏差，飞过民居而曝光，镇上居民见飞碟而大感惊讶，军方于是编织了一个似是而非的外星人故事，以掩饰军事试验真相。

20世纪50年代末，美国拥有第一代可携载核弹头的洲际导弹"宇宙神"，飞碟计划早已寿终正寝。但UFO仍不断出现，其神秘一面迄今仍未完全解开。

美国空军UFO教科书课程

我们都知道，虽然美国空军不承认UFO和其他无法解释的现象，美国空军学院却有关于UFO的课程，用来训练飞行员。下面就是从教科书中摘出来解释UFO的内容：由"蓝皮书"计划收集到的UFO报告，有6%被列为"无法解释"，如果我们硬要"解释"此现象，首先必须列出可能的解释，这种程序很危险，对真实事件的真正解释，并不包括在原始假设利面，有了此种警惕，我们采纳亚里桑那大学的麦克唐纳博士的一组假设：

（1）恶作剧、虚构、欺骗。

（2）幻觉、集体歇斯底里症、传闻。

（3）高度地球上的技术。

（4）常见的已知物理现象的误传。

（5）罕见的已知物理现象。

（6）罕见的已知心理现象。

（7）外星球访客。

（8）救世与玄秘事件的前兆。

让我们考察一下过去几十年来（指1947年以后）所发生的UFO报告，以及这八点假设的关系。

（1）恶作剧、虚构、欺骗：

无疑地，有些UFO报告是有人在玩闪光灯、塑胶蜡烛或是开玩笑者所做出来的恶作剧、虚构和欺骗。然而恶作剧只占UFO报告的很小百分比而已，大部份的报告是由可靠的目击者提出，显然它不是虚构、欺骗的事情。

（2）幻觉、集体歇斯底里症、传闻：

有些UFO报告所发生的地点，常由于公众对第一个报告的加油添醋而失去价值，有些报告不过是当时的灵感，然而，很多人在不同观测地点所提出来的集体报告、军方人员提出的报告、飞行员、警察、科学家以及别的可靠目击者提出的报告，不像是幻觉、集体歇斯底里症和传闻的结果。心理学家和社会学家也无法分辨哪些UFO报告是此种例子。

（3）高度发达的地球上的技术（指试验型航具、人造卫星、秘密武器）：

着名太空科学家克拉克曾注意到仟一个相当高度的技术都很超乎逻辑，因此某些地球上的高科技可能产生UFO一些报告。但是当人类已进入伟大的科技时代中，UFO的报告和以往的并没多少改变，因此UFO在全球地区的出现，不像是地球科技高度发展的产物。

（4）常见的己知物理现象的误传（特指气象、天文、光学上的物理现象）：

从大多数UFO报告中，可以看出有些是能列入这一类的。飞机着陆的灯光、空中闪光、气象气球、陨石、金星与木星运行、低云层产生的探照灯折射、以及镜头的闪光，都有可能性。在马可维兹博士的著作《UFO的物理与形上物理现象》中，他讨论到UFO在现行物理定律上的可接受性。他讨论到一个基本定律：每个动作定有相等而相反的反作用。

宇宙中每一质点以一种正比于其质量以及反比于其距离平方的吸引力互相吸引。动量与质能可能互换。没有任何物体在自由空间中，能以光速 c 移动。

由物体中能得到的最大能量的计算可根据爱因斯坦的著名公式 $E = mc^2$。这些定律使得物学家能解释并掌握许多实际的现象，也可以用来评估 UFO 的报告。但是大部份 UFO 报告不符合这些定律，因此易被我们看成是误传的普通现象，然而，我们须承认，任何物理定律都会因新证据的发现而改变。

（5）罕见的已知物理现象（特指罕见的大气放电效应、云层现象、自然界或科技上的电浆）：

要以罕见的已知物理现象来解释 UFO 报告，是相当危险的，而且令人难以置信。拿扁状云解释某些 UFO 报告的方式，曾被使用过，但是要用海市蜃楼、球状光、大气层对流或者雷达讯号的反常传播来解释，那就欠缺学理性，有些 UFO 报告可以用这些现象解释，但是无法对它做实际的确证，而且还有很多现象仍旧无法验明和定名。

（6）罕见的已知心理现象：

心理学家首先被请来解释一些现象，但此种资料很少，我们起码允许他们来做一些可能的解释。

（7）外星球访客：

康顿博士在《UFO 之科学研究》中，指出外星球访客应是人类历史上最缺乏科学依据的假说，不管有多少 UFO 报告提到太空航具和外星人，它们仍旧令人怀疑。数位科学家总结说，外星球访客的可能性，以目前科学知识来说，相当的微小。国家航空太空总署的一个小组也称，以目前的知识，最多人接受的 UFO 解释，就是外星球智慧生物来访的假设。

（8）救世与玄秘事件的前兆：有人相信 UFO 的任务是拯救人类，此种说法的论据并不充分。

对上述假设的讨论，有些可能的结论，可以明显看出，没有一项简单的假设能解释 UFO 报告。前四个假设比较合理，而且也解释了许多 UFO 报告。然而，其证据尚欠充分。假设（8）与科学的分析毫无牵连，所以要做进一步讨论。（5）、（6）、（7）是比较科学的，也提供了一些新的可能性，综上所述，假设（5）与（6）必须做进一步研究。目前，尚没有充份证据来确证或反驳假设七。

美将领神秘日记揭开"地心飞碟基地"之谜

地心有飞碟基地，这听起来简直是天方夜谭。然而曾是美国海军少将的拜尔德却在不久前公开了他驾机探访地心飞碟基地的神奇经历，使外星人和飞碟再次成为美国人谈论的热门话题。

拜尔德的日记说，他曾于1947年2月率领一支探险队，从北极进入地球内部，并发现了一个庞大的飞碟基地和地面上已绝种的动植物，在这个基地里还居住着拥有高科技的"超人"。但这一信息却一直被美国政府长期封锁着。

拜尔德飞行日记所载，探险队驻扎在北极地区某一基地内。1947年2月19日，一切准备就绪后，他们朝北方进行飞行探测。圆形六分仪和指南针均经过再三检验，无线电通讯也正常。

他们到达飞行高度707米时，东风带来轻微的震动，下降到518米时，飞机又趋于稳定，但尾风增强，后又产生震动，爬升到610米则又一切平稳。这时，他们看到地面上覆盖着无尽的冰雪，呈现出微黄色的光泽，但奇怪地分散成直线状，还略微透出微红色和紫色。

拜尔德除将此奇景立即电告基地外，又环绕飞行两圈。这时，他发现指南针和六分仪不停地旋转抖动，无法测出飞行方向，接着，看到地面不再有冰雪，远方出现了山脉。那些山脉的范围并不大，但绝不是幻觉。此时已飞行29分钟。

爬升至900米时，拜尔德的飞机遭遇到强烈震动。继续朝北飞越这些山脉后，他竟然看到了绿意盎然的山谷，山谷中有小溪流过，左边的山坡上分布着茂密的森林。此时罗盘又开始旋转，并在两点之间来回摆动。于是他下降至427米，向左急转，以便仔细观察这个山谷。他看到青苔或稠密的青草覆盖着的地面，但这里的光线却非常奇特，因为并没有看到阳光。

他还看见了似乎是大象的动物，再下降至305米，通过望远镜他吃惊地发现了地球上本该已经绝种的猛犸。他继而又看到绿色的起伏山丘，外面的温度为27℃，各种定位仪器恢复正常，无线电通讯却失灵了。

地面更趋于平坦，拜尔德发现竟然有城市存在，而空中的飞行器似乎具有奇特的浮力。在舱门上端和右侧出现碟形发光飞行器，上面有无法形容的符号。结果，拜尔德的飞机被一股无形的力量所吸住，无法加以控制。

更不可思议的事情随即发生，无线电发出的哗哗声中竟然传出带着北欧语言或德语音调的英语："欢迎将军的光临"，并告诉他不必担心，7分钟之后将安全降落。

接着，飞机的引擎停止运转，飞机在轻微地震动中平安着陆，好像是由看不见的升降机支撑着。几位金发碧眼、皮肤白晰、体形高大的人出现了，这些人并没有携带任何武器。而这座城市闪闪发光，有规律地发出彩虹般的色彩。

拜尔德和无线电通信员受到热忱的款待，他们登上了没有轮子的平台车，急速奔向灿烂的城市。城市似乎是用水晶修筑而成。随后，他们走进一巨大的建筑物里，饮用风味绝佳的热饮料。10 分钟后，拜尔德暂时离开通信员，进入一架升降机，向下运转数分钟，后来升降机的门朝上无声地开启，他走过充满玫瑰红色的走廊，光线似乎是从墙壁上放射出来的。

他在一扇巨大的门前停下，门上有奇特的文字。在进入该房间之后所发生的事情更具有震撼性。拜尔德一再使用"前所未有"、"不可思议"、"难以形容"等词汇来描述他亲眼看到的华丽精致的房间，那些人的声音既悦耳又热忱，他们告诉将军，因他具有高贵的素质，并在"地表"世界有一定的知名度，所以让他入境。

那些人还告诉他，这个地下世界名为"阿里亚尼"，自从美军在日本广岛投下两颗原子弹以后，他们才开始关注外面的世界，并在那个危机四伏的时代，派遣许多飞行器到地表展开调查。他们表示，地下世界的科技和文化要比地上世界进步数千年，原先他们并没有干涉地上世界的战争的想法，但因为不愿再见到人类使用原子武器，因此派出密使访问超级大国，可未受重视。这次借邀请将军参观的机会，传达地上世界可能会走向自我毁灭的信息。那些人抱怨说，他们派出的人在地上世界受到了不友好的待遇，而飞行器也常遭战机恶意攻击。人类文明之花惨造蹂躏，黑暗的幕罩已经降临，全世界将陷入极度的不安之中。黑暗时代将出现，但新世界将从废墟中再生，地下世界的人类会协助地上世界的人类重建家园。

拜尔德在结束会晤后，沿原路返回，与满脸狐疑的通信员会合。在两架飞行器的引导下，他们升至 823 米，然后平安返回基地。临行之前无线电传来德语"再见"的声音，27 分钟后着陆。

1947 年 2 月，拜尔德出席美国国防部的参谋会议，所有的陈述均有详细的记录，并且向杜鲁门总统做了汇报。会议历时 6 小时 40 分钟，他还接受了最高安全部门及医疗小组的调查，后被有关方面告知严守机密。拜尔德身为军人，只能服从命令。但他仍在 1965 年 12 月 24 日的日记中写道："那块土地在北极，那个基地是一个巨大的谜。"

飞碟研究专家们认为，飞碟的来源大致可分为三类：外太空、内太空、未来的人形生物通过时光隧道"来访"。而所谓的内太空即指地球本身，从地心至大气层均有可能。人类出现在地球这个蓝色行星上，至少已有 300 万年的历史，但对地球本身到底了解多少呢？

苏联宇航员讲述目击 UFO 在太空中爆炸经过

前苏联宇航员、曾两次获得前苏联英雄称号的弗拉季米尔－科瓦列诺克日前表示不排除有地球外文明的存在。

这位曾在太空中工作 217 天的宇航员在莫斯科举行的记者招待会上称："我在'礼炮'空间站上工作时，曾通过舷窗看到一个手指大小的物体，令我惊奇的是，这个物体是按照轨道飞行的。"

科瓦列诺克指出，之后他叫来了另一名宇航员维克托－萨维内赫。科瓦列诺克说："在宇宙中很难确定这个物体的大小和飞行速度，因此我不能准确地说出它有多大，于是萨维内赫马上准备对其拍照，而就在这时这个物体突然爆炸，之后出现了一片烟雾。它分成了互相连接的两个部分，我立即将此事向地球进行了汇报。"

这名宇航员表示，很遗憾并没有拍下来这个现象。科瓦列诺克表示，当时前苏联的报纸和杂志刊登了很多关于上述现象的文章，但这大多数都是批评性的文章，否认有地球外文明存在。

科瓦列诺克指出，这可能就是飞碟（不明飞行物），但是这绝对不是骗局，要知道有两个人看到了这个现象。科瓦列诺克表示，他返回地球后得知，就在他发现不明飞行物当天，地面监控中心探测了大量的电磁波。

迄今为止，据说世界各地有成千上万的人目睹过不明飞行物。国内外的报刊、电台或电视台也不断报道有关 UFO 光临地球的事件。有的是许多人同时目睹的，也有的人以照片或摄像为证据。

数千份英国国防部 UFO 绝密文件曝光

据英国《独立报》22 日报道，根据英国《信息自由法》，数千份英国国防部"UFO 部"保存的绝密文件日前终于解密，这些绝密 UFO 文件堪称是英国自己的《X 档案》，它们详细记载了由英国皇家空军飞行员、英国航空公司飞行员、英国高级警官等报告的不明飞行物事件。

解密报告显示，英国国防部"UFO 部"的官员对不明飞行物的报告内容分在"可信度等级"里，他们认为军人的目击报告要比其他人的报告更可信。

此外，一旦 UFO 目击者如果被证实当时喝过酒，那么他们的报告可信度将立即大打折扣。1977 年 9 月 2 日到 5 日间，有好几人汇报称，他们在德比附近看到"喷出蒸气的白光"，解密文件上写道："有 4 名目击者被证实曾在当地旅馆中喝过酒，因此他们的目击报告毫不可信。"

然而英国 UFO 迷们深信，英国政府还有更多敏感的 UFO 文件并没有向外界透露，英国政府显然有意掩盖外星智能生物曾访问地球的任何证据。

解密档案目击记录：比旋风直升机大 4 倍

一份写于 1977 年 7 月的报告援引英国诺森伯兰郡伯尔默皇家空军基地上尉沃德的话称，他看到"在大海上空悬挂着一些明亮的不明物体，其中最近的一个物体发着亮光、呈圆形、体型比旋风直升机还大 4 倍"。在同一时刻，一个英军雷达站也在同一地点上空侦测到了这些不明飞行物。

葡萄牙战机紧急升空

1976 年 7 月，一架英国航空公司的"三星"客机从葡萄牙返回国内途中，机长报告说，他看到在法罗北部 18 英里处地区的上空，出现了"4 个不明飞行物，两个圆形，发出耀目的白光，另 2 个则呈雪茄形状"。接到报告后，数架葡萄牙战斗机立即从里斯本升空展开调查。

英国警官亲述报告

1977 年 4 月 8 日，西约克郡警方负责人库柏描述称，当他在莱斯特迪克地区一辆警车中值勤时突然遭遇不明飞行物。库柏道："天上有一道明亮的银光。它穿过了费兰德大街和汉布利顿大街交汇处一些住房的屋顶！最后突然之间消失了。"

四十年前 UFO 降落美国法官勒令美国宇航局公开档案

"凯克斯堡事件"是堪与"罗斯威尔事件"齐名的神秘飞碟事件。然而，四十多年过去了，当年参加这一事件调查的牵头机构——美国宇航局仍对此三缄其口。为此，华盛顿地区法官勒令美国宇航局必须抓紧时间找回据称"失踪"的绝密档案，公开这起事件的真相。

法官勒令 NASA：必须找回"失踪的" UFO 档案

据英国《卫报》报道，华盛顿特区法官埃米特·苏利文日前勒令美国宇航局，必须抓紧时间找回并交出四十余年前在凯克斯堡发生神秘 UFO 事件的调查档案。此前，美国宇航局公共事务联络官史蒂夫·麦康纳尔宣称，整整两箱子的凯克斯堡UFO事件调查档案"丢失了"。苏利文不接受美国宇航局的这一说辞："美国宇航局在这事上一直是铜墙铁壁，可我现在就是要求它做早就应该做的事。这其实是老实人、爱国者的胜利，因为这么多年来，当局一直告诉这些亲眼看到怪事发生的人：是你们搞错了，根本没有发生过什么UFO事件！"

家住凯克斯堡的民间UFO调查员斯坦恩·戈登兴奋地说："毫无疑问，政府完全掌握了凯克斯堡事件的真相，可它就是拒绝告诉公众！"

有目共睹的奇事：UFO意外降落宾州小镇

这起事件发生在1965年12月9日下午15时，加拿大、美国密歇根州、俄亥俄州和宾夕法尼亚州的众多目击者看到，一团"巨大的火球"从天际划过。

这团"巨大的火球"最终在宾州小镇凯克斯堡外的树林中降落，随后腾起一团蓝烟。当好奇的当地人试图赶去察看时，全副武装的陆军和空军士兵很快赶到，封锁了现场，严禁任何人靠近。

当晚，宾州当地多家媒体派记者到现场调查事件的真相，但无一例外地遭到了军方的阻止，数百名记者和看热闹的当地人不得不在警戒线外守候，希望能看到军方究竟找到了什么。随着夜色渐深，不少看热闹的人离开了，什么也没有看到。几个好奇心特别强的当地人试图抄近道进入树林子，但还是被士兵赶了回来。不过，午夜时分，他们终于看到了奇怪的一幕：一辆军队的大平板车载着柏油雨布覆盖的神秘物体飞快地驶离现场。

第二天出版的早报《宾州论坛评论》头版头条就是"不明飞行物坠落凯克斯堡，军队封锁整个地区"。但同城的晚报的头条却变成了"搜索行动没有发现任何物体"，而美国官方众口一词地说：12月9日晚的凯克斯堡神秘飞行物坠毁事件调查没有发现任何东西。

事件的目击者、美国著名的爵士音乐家杰里·贝特兹不久前公开表示，事发当时，他就在当地，所以也和大家一起赶去看热闹，但抵近现场时却遭士兵拿枪瞄准他和他的朋友们，当他们不得不离开时，恰好看到那辆军队的平板车载着一个外形如钟状的神秘物体飞速离开。宾州一位知名商人最近也作证说，当时还是少年的他和一群小朋友本打算偷偷溜进现场看神秘的坠落物，但同样被军人阻止了。军队的态度如此之严厉，以至于他和小伙伴们都觉得当兵的真想杀了他们。因此，他四十多年来一直非常困惑：如果真是彗星坠落，或者正常的天文现象，那么全副武装的士兵何须如此紧张？究竟是谁下令武装士兵包围了事件现场？

令人恐怖的怪事：现场的唯一目击者死得离奇

在事件发生后的许多年里，当地人几乎天天都在讨论这桩怪事。他们中有的人勇敢地站出来讲述当年的情景，有的人因为讲述这件事而遭攻击和嘲笑，有的人迄今都不愿意提及此事，还有的人则神秘地死去了，其中包括第一个赶到现场的记者。

1990年，空军的一名宪兵在接受美国《不解神秘事件》栏目采访时透露说，他便是当年守护过凯克斯堡神秘怪物的警卫之一：那是1965年12月10日凌晨，凯克斯堡神秘物体运抵哥伦布市的洛克伯尼空军基地。那个神秘的物体在洛克伯尼空军基地呆的时间不长，在基地内的一幢房间内打包密封后被转移到附近的怀特－彼得逊空军基地，从此不知所终。这名宪兵在接受采访后不久，一向身体健壮的他"因心脏病突发"意外死在驾车上病途中。

空军宪兵并非因这起事件神秘死去的第一人。凯克斯堡当地WHJB电台的记者兼新闻编辑约翰·莫菲是第一个抵达现场目睹了神秘物体的唯一目击者，也是后来因这一事件神秘死去的第一人。据他的前妻伯尼·米斯兰格回忆，莫菲第一个抵达UFO降落现场，拍了许多卷照片，多数胶卷被随后赶来的宪兵没收，但其中一卷因为隐藏得当而幸免被搜。WHJG台长马贝尔·马扎许多年后描述他所看到的照片说："天挺黑的，四周有许多树，我不知道他当时离现场究竟有多远，但我能清楚看到其中一张照片有钟状的怪物。那是我唯一一次看到UFO的真面目。"

在接下来的几个星期里，莫菲一直致力于揭秘这一事件，并且着手录制一则名为《树林里的怪物》的记实报道，里面包含他的亲历和目击者报。就在记实报道即将播出前两天，两名身穿黑色西服、自称是政府官员的男子找到了莫菲。他们要求与莫菲到电台密室"谈点事"。这次会面持续了三十分钟。据WHJB的前员工琳达回忆说，那两人没收了莫菲的录音带，也没有人知道莫菲当时拍的照片都到哪里去了。

在这两名男子拜访莫菲一周后，删节版的报道节目终于播出，但里面没有提到任何的UFO相关话题。更奇怪的是，莫菲从此性格大变，完全中止了对UFO的调查，拒绝与任何人再谈这事，也没有说明为什么。

1969年，莫菲被一辆没有任何牌照的小轿车撞死，警方断定，这是一起"交通逃逸事件"，这起案件迄今没有告破。

美国宇航局奇怪改口：是前苏联的坠毁卫星

从那之后的40多年间，凯克斯堡事件多次被各方提及，但美国官方一直拒绝就此事件做进一步的解释。

2003年，在美国科技界颇有影响力的科幻频道重新就此事件展开大规模的调查。该频道派出的三个科学家小组对凯克斯堡UFO坠落或者降落地点进行了全方位的勘测，结果发现那里的土地没有撞击的大坑或者其他撞击的痕迹，这说明当时的UFO是"控制降落而非坠毁"，这与众多目击者看到的"UFO缓缓划过天际"不谋而合。

2005年12月，也就是凯克斯堡40周年纪念日前，美国宇航局意外发表声明称，他们当年确实在凯克斯堡发现过一些金属残骸，但那是重新进入大气层的"前苏联卫星残片"。至于为什么美国宇航局四十年后才开口承认凯克斯堡确实有空中坠毁物时，美国宇航局发言人解释说，是"档案放错地方"了。

今年年初，多个新闻机构和民间人士根据《信息公开法案》要求美国宇航局公开当年此事件的绝密档案。美国宇航局极不情愿地公布了约40页的文件，但大家发现这显然不是完整的档案，最重要的内容不翼而飞。当他们要求做出解释时，美国宇航局表示："我们不管UFO的事，所以我们只是让专家看看当时究竟找到了什么，是什么东西，当专家们调查结束后，断定它是苏联卫星残骸之后，这事也就完结了。非常不幸的是，许多与此相关的文件后来放错地方，再也找不着了。"

然而，美国宇航局负责空间残骸的首席科学家尼古拉·L.约翰逊不久前协助美国科幻频道的调查记者雷斯利·凯恩查了1965年太空残骸的跟踪档案，结果并没有发现任何俄罗斯卫星残骸坠入美国的记录，当天也没有任何人造天体残骸重返大气层的记录。

在这种情况下，美国宇航局于今年10月26日答应将重新查查档案资料，但态度并不积极，结果引起华盛顿特区法官的强烈不满，于是勒令美国宇航局抓紧时间找回"失踪"的档案。

事实上，自从凯克斯堡事件发生后，各方对坠毁的神秘物体有不同的猜测：有说它是陨石的，有说是美国的秘密军事飞行器，有说是外国卫星残骸的，但随着时间的推移，各种迹象越来越多出现，越来越有证据表明，这个神秘的事件应该与"天外来客"有关，美国政府为保守地外先进技术的秘密，因此才隐瞒真相这么多年。

真相究竟如何？这就看法官到底能不能将美国宇航局的真实档案给逼出来了。

新闻相关：罗斯威尔事件

1947年，在美国新墨西哥州的小镇罗斯威尔，有人首次宣称看见了不明飞行物，"不明飞行物"一词随之传遍全球。该事件被西方认为是人类发现飞碟的开始。

罗斯威尔是位于美国新墨西哥州东南部的一个小镇。1947年7月初的一个清晨，牧场的一位看管人布雷泽尔偶然发现，在罗斯威尔附近的地上散落着一些奇异的、闪闪发光的东西。他将拣到的东西交给了美国军方。同年8月，美国军方就此事散发了一个关于"飞碟着陆"的新闻稿，当地的报纸《罗斯威尔每日记录》以《空军于罗斯威尔牧场捕获飞碟》这一显著的标题作了报道。然而，就在报道后的第二天，军方又发表了一项声明，声称那"天外来客"实际上只是气象气球。在这一声明以后，关于飞碟的报道一度沉寂下来。这就是不明飞行物史上最著名的"罗斯威尔事件"。直到20世纪80年代初这件事又开始日益引起人们的广泛注意，罗斯韦尔逐渐成为飞碟迷们关注的一个焦点。

1994年，为了澄清对"罗斯韦尔事件"的种种误传，美国军方公布了一份长达1000页的报告。报告透露，军方最初声称的气象气球实际是被用来探测原苏联核试验的秘密仪器。但据一项民意测验调查，被调查的美国公众中有70%的人对此持怀疑态度，他们坚持认为政府所知道的远不止这些。

17. 无独有偶——中国UFO事件

1995年12月至1996年3月，短短4个月间，中国台湾上空出现7次不明飞行物事件，此种记录是前所未有的。

台湾最资深且最权威的"中华飞碟学研究会"对此现象，做了资料收集和深入调查，认为虽无直接证据可资证明幽浮频频出现，和台海局势紧张有关系，但是此现象值得大众思考。

在此先报导四个月间的幽浮事件。

事件一：1995年12月，巨型飞碟缓缓升空。

地点：七堵

84年12月初左右，选举活动展开之后的第三、四天，当天有些治安状况，基隆市警察局保安大队出动保安警力，对全市区待命服勤，警员杨镇通负责驾驶镇暴车辆，在七堵拖吊场服完晚间勤役之后，他即载着三分局警备队人员返回分局。

他将镇暴车辆驶出七堵拖吊场，等候小队长返回市区之际，当时约为22时20分左右，亲眼目睹前方监理站方向约半公里处上空，有一具清晰的飞碟，缓缓垂直上升，飞碟体型巨大，为一架大圆盘造型，橙色，下方有五具灯，在暗夜中分外耀眼。

杨员表示，他从来不去看有关"幽浮"的报导，看到了该景象之后第一个反应是惊吓、不可思议，因受平日受训的直觉反应，立即蹲下来观察。他蹲着看这个庞然大物垂直缓缓上升至云端，约5分钟之久才消失，没有任何声音，寂静的夜晚只见5个灯一闪一闪的，他不敢相信是真的，不断地以手揉眼睛，只觉得太神奇了。

事件二：1996年1月5日，五十人目睹异状。

地点：苏花公路

1996年1月5日晚上6时30分，苏花公路151公里处，载运矿石的卡车司机江明宗，无意间发现海面上突然发出强烈光芒，仔细一看，强光从一飘浮在距海面约50到100公尺的物体上发出，呈静止状态。却又在不到一秒钟的时间内消失在空中，怀疑所见就是一般所说的飞碟。

江明宗说，当时一起驾车的司机和路过旅客约四五十人，都停车来观看，亮光共有8盏，呈Z字形，起初司机以为是货轮，但越看越不对劲，因为轮船的灯光没有那么亮。突然间，强光似乎直逼而来，一对驾驶箱型车的夫妇，误以为会撞过来，急忙启动油门，疾驶而去。而在场司机大感惊讶，彼此以对讲机连络，不敢下车查看。

转瞬间，八盏不明亮光熄了七盏，只剩头部一盏。从上方可以清楚看出，发光物体是一圆形的庞然大物。依司机估计，以他们载运煤渣的经验，圆型物体的体积，约有四万吨货轮那么大，颜色似乎是灰色。

当只剩一盏亮光时，不明物体即发出低沉的隆隆声，时间不到一分钟，之后，亮光往四周探照一周，似乎晃动了一下，就在不到一秒钟的时间内往天空飞去，倏忽不见。司机们有措手不及的感觉，从发现不明飞行物到飞离视线，前后共约10分钟。

事件三：1996年1月12日，知本山上空出现疑似飞碟。

地点：台东

1996年1月12日晚间6时30分至7时间，在知本山上空发现疑似飞碟出现，由于见到的民众不少，议论纷纷，但是台东军方指"飞碟"应该是军方直升机在上述空域探测的误认。

不过"中华飞碟学研究会"理事长何显荣，根据发现的民众提出的资料研判，认为直升机探测造成的情形可能性不高，因为幽浮出现时并没有响声。他已要求拍到照片的民众提供资料研判。

事件四：1996年2月1—3日，圆盘状发光物体。

地点：马祖

1996年2月1日晚间6时50分左右，在东引岛开计程车的林祥云指出，他驾车经过东引岛发电厂附近时，往天王澳口方向看到一个圆盘状的发光物体，下方还有类似投影灯形状的灯光，带淡黄色，停留不到5分钟，这个物体便往上飞升，随即灯光熄灭消失无踪，从运动及发光方式来看，不像是飞机。

林祥云说，他看到不明飞行物体后，和朋友聊天时发现，其他居民及驻军也在同一时间都看到幽浮，可证明不是他看走眼。随即在同月2日、6日晚间6时50分到7时10分间，又在同一地点发现相同的不明飞行物体，最长一次曾停留7至8分钟。3日凌晨也有居民在东引岛南澳口外，看到类似的不明飞行物体，左右飞来飞去，几分钟后消失。

据了解，军民四度目击不明飞行物体，军方人员曾呈报上级单位，并通知东引岛雷达站注意，事后了解军方雷达站在不明飞行物体出现时，没有发现异状。

事件五：1996年2月，塔台人员遇到异象。

地点：中正机场

1996年2月2日晚间6点5分，天快要黑的时候，中正机场塔台一名男性管制员，突然看到中正机场西北方海平面上，约5000米的方位有发光体，立即用望远镜观察，见到2个发光盘状的不明飞行物体，由左向右缓缓移动，从不规则形状到呈现左右2个三角形状。经向进场塔台雷达管制员询问，雷达上并未出现这些飞行物。

随后，在监看过程中，两个光点在移动中，曾经穿入云层，等再出云时，光点增加为5个。而且是前二后三的组合排列，此异象反复持续了近1小时之久，到7点完全消失。据航管员表示，他们虽然不敢肯定看到的就是大家所说的飞碟，但他们可以确定，以光点移动速度的快慢与方式来看，绝对不是一般的飞行器、照明弹或飞行气球可以做到。对于能看到此种难得一见的异象，他们都感兴奋。

这位塔台人员进一步指出，当5个"不明物体"向东南缓缓移动时，长荣航空公司一架正在航道上飞行的离场航机外籍机长也发现光点，并用无线电呼问究竟是何物体，但塔台萤光幕上看不见任何光亮东西。航管也表示未接到任何的通告，桃园空军基地也只证实，当晚有夜航训练。

中正塔台副台长周光灿也在当时目睹。他说，这些不明物体就像飞机关了灯飞行一样，向东南缓缓移动，当天云层很低，感觉就像在云中忽隐忽现，很难估计距离，看起来是在缓缓水平移动，持续约 1 小时，不过发出的光曾一度熄灭，但随即亮起，由左往右做水平的移动。

周光灿表示，不明光亮物体状如一般餐盘大小，最先是 2 个穿入云层，后再度出现时却又变成 5 个，两个在前三个在后，直到 6 时 55 分才消失在黑夜中。以他多年的航管经验，也很难对这个现象作判断。

就在塔台发现的同时，进场台接到当时由嘉义正飞向松山的大华班机 9568 班次的萧姓机师报告，表示他在后龙上空看到外海有两对隔得很远，形状怪异且呈重叠状的亮光物体，挂在天上，没有移动，机上乘客和航管人员及其他正在附近空域的机师都看到。

大华航空萧姓机师表示，以前在军中飞 F104 战斗机时，就曾目睹不明飞行物体，转任民航后，因为航机速度较慢，看到的次数更多，每次形态都不同，还有发出七彩光芒的，两周前某个晚上才在北部上空看到一个像是"三个头"的光体瞬间飞过。

他回忆说，当时天色已黑，又逢尖峰时刻，飞机在 5 000 米天上，很多飞机等待进场，他在后龙看到这两对很亮呈橘黄色，很怪异的不明飞行物就挂在天上，他打开无线电问其他飞机机师有没有看到，有人说他看到了，但认为是照明弹。他认为根本不可能是照明弹，因为它就挂在天上不动，照明弹也打不了那么高，和其他机师用无线电通话后，"它"就熄灭，不一会儿又亮起来，此时飞机在新竹埔顶上空盘旋等待进场。后来到林口，仍然看得到，前后的时间很久。

萧姓机师降落松山后，听航管说有 7 个不明物体，塔台很多人也看到，因此，他更确信不疑。

事件六：1996 年 3 月，不明物体干扰飞行。

地点：中正机场

1996 年 3 月 10 日下午 5 时 6 分，华航 017 次班机满载 294 名旅客由夏威夷经东京，预计傍晚 5 时 20 分降落桃园中正机场。在中正机场外海 9 海域上空，正依台北进场台航管人员指示，由 3 千米降至 2 千米，机长龚家齐突然听见驾驶舱内的"避让雷达"响起一声声告警讯号，随即从雷达幕上看见一个不明飞行物，在 017 班机的左侧 2 海里至 5 海里处，也就是在 017 班机与机场之间的海域。

副驾驶卢本贤立刻向航管人员查证这个飞行物，但航管人员回报表示，管制雷达上并未发现017班机周围10海里内有任何飞机，但附近有军方舰艇，可能是舰艇发出的雷达讯号。

由于017班机正在穿云下降，紧盯着避让雷达的机长龚家齐，又发现不明飞行物出现在驾驶舱正前方2至5海里，且随时可能发生碰撞。龚家齐当即采取向左紧急闪避措施，这个飞行物瞬间即滑至017班机右侧与后方。虽然副驾驶卢本贤与航管单位查证过程，航管人员认为可能是军方军舰，但正、副驾驶认为不像是军方舰艇的通讯回迹。

017班机被这个不明飞行物干扰约5分钟后，才于傍晚5时18分安然降落中正机场。事后，大多数旅客与后舱空勤组员只表示，班机在下降过程确实有异常的晃动，但不知道是被不明飞行物干扰。正、副驾驶下机后，面对媒体询问时不太愿意叙述细节，只是以略带玩笑的口吻说"应该是UFO"。

事件七：1996年3月，发光物体时停时行。

地点：台中县市

1996年3月15日晚间8点多，一位住在台中县神冈乡社南村的林太太，打电话给联合报台中办事处，说在台中县警察局社口派出所前方天空，有一个发亮物体在缓慢移动，当地不少居民都跑出来看，大家议论纷纷。

记者立即打电话查问，蔡姓值班警员说他看到的发光物体有两团，一团在派出所前方上空，有六个发蓝、橙、红光，基座呈椭圆形，移动速度很慢，一个小时后才消失；另一团则在台中港方向，飞得较高，也有数个光点，但较不清晰，飞行速度较快，不多时就消失。

另有一位住在梧栖镇的黄姓镇民也表示，他在8点40多分，在台中火力发电厂方向上空，也看到一个比星星还大的不明飞行物，上面有红光、下面有绿光，往西边飞去，有时会停伫不动，有时飞得很快，约10多分就消失。

附属事件：1995年12月，雷达发现不明物体。

地点：中国大陆东北

1995年12月4日，一架中国北方航空公司的飞机，由哈尔滨飞往北京途中，约下午5点45分左右，首先从雷达上发现有不明物体行踪。中国民航管理局西北航管中心报告，该班机机长表示，一架圆形白色的幽浮往他的航道飞来，每分钟飞行速度约15公里。他说，接着幽浮变为绿色，紧跟着他的航道飞行。

当时另有一架民航客机从雷达上发现幽浮行踪，同时也有另两架飞机的机长肉眼观察到该幽浮，颜色或为红色，或为黄色。航管中心的报告也指出，1994年约在同时也发现有幽浮的行踪。

中国 UFO 历史档案

在中国，UFO研究是一幅横亘古今的历史长卷，现在我们可以确信的是，中国是世界上最早记录不明飞行物现象的国家之一。除民间传说外，大量有关不明飞行物的记载散见在各种古籍中。

苏东坡曾经遭遇 UFO？

早在三四千年前，我国就有"飞车"的传说，以后又有"赤龙"、"车轮"、"瓮"、"盂"等酷似现代目击者对此种现象的描述或比喻。

除了民间的传说外，在古籍中也有大量的记载，如《庄子》、《拾遗篇》、《梦溪笔谈》、《御撰通鉴纲目》、《二十四史》、《山海经》等。此外在许多地方志中，对这类奇闻异象有极为丰富的实录，在湖北松滋县志中更记录了类似所谓"第三类接触"的事例。宋代大诗人苏东坡曾在一首诗中描绘了他的亲身经历，诗云："……江心似有炬火明，飞焰照山栖鸟惊……"

苏东坡在往杭州赴任途中，曾夜游镇江的金山寺。当时月黑星稀，忽然江中亮起一团火来。这一奇遇使苏东坡深感迷惑，于是在《游金山寺》一诗中记载了此情景，"是时江月初生魄，二更月落天深黑。江心似有炬火明，飞焰照山栖鸟惊。怅然归卧心莫识，非鬼非人竟何物？"

宋代科学家沈括是常用"地学说"来解释UFO现象的。他曾在《梦溪笔谈》卷二十一中记载不明发光物事件，"卢中甫家吴中，尝未明而起，墙柱之下，有光熠然，就视之，似水而动，急以油纸扇抱之，其物在扇中浑晃，正如水印，而光焰灿然，以火烛之，则了无一物。又魏国大主家亦常见此物。李团练评尝与予言，与中甫所见无少异，不知何异也。"清光绪十七年（1891年）名画家吴友如画的《赤焰腾空》明代就出现了对于"螺旋状飞行器"的描述据中国科学院云南天文台研究员张周生介绍，乾隆年间广东"潮州府志"记载，明神宗万历五年（1577年）十二月初三夜，尾星旋转如轮，焰照天，逾时乃灭。

此记录为典型的古代螺旋状飞行器的记载，这些记录对一些人把螺旋状飞行器仅看做是现代才有，甚至于把此种现象推论为是人造卫星火箭残骸下落的解释的强有力的否定证据，今日人们所见的螺旋状飞行器形状在古人的记录中是"尾星旋转如轮"，而类似的记载还有许多。

清代画家的《赤焰腾空》被认为是一篇详细生动的UFO目击报告

清代画家吴友如晚年作品，有一《赤焰腾空》图，画面是南京朱雀桥上行人如云，皆在仰目天空，争相观看一团团熠熠火焰。画家在画面上方题记写道："九月二十八日，晚间八点钟时，金陵（今南京市）城南，偶忽见火毯（即球）一团，自西向东，形如巨卵，色红而无光，飘荡半空，其行甚缓。维时浮云蔽空，天色昏暗。举头仰视，甚觉分明，立朱雀桥上，翘首踮足者不下数百人。约一炊许渐远渐减。有谓流星过境者，然星之驰也，瞬息即杳。此球自近而远，自有而无，甚属濡滞，则非星驰可知。有谓儿童放天灯者，是夜风暴向北吹，此球转向东去，则非天登又可知。众口纷纷，穷于推测。有一叟云，是物初起时微觉有声，非静听不觉也，系由南门外腾越而来者。嘻，异矣！"

《赤焰腾空》图可谓一详细生动之目击报告。火球掠过南京城的时间、地点、目击人数、火球大小、颜色、发光强度、飞行速度皆有明确记述，然而各种猜测又不得其解。此画约作于光绪十八年（1892年），在一百多年前，世人尚无飞碟和UFO之说法，画家显然未能意识到，这幅《赤焰腾空》图，竟成为今人研究UFO的一则珍贵历史资料。

特别是在最近几年，媒体的追击使更多的UFO不解之谜呈现在公众面前近年来，中国内地经常出现UFO目击事件，对此人们议论纷纷，各执己见。

1994年11月30日，贵阳北郊都溪林场长达三公里的树林，一夜间突然全部在同一高度被折断，目击者形容当时天空出现强光，并听到如火车行走的隆隆巨响。

1995年7月26日，辽宁省阜新市12人称目睹脸盆大小、带云雾状光环的不明飞行物体在市内上空移动。同日，广西西部4个县天空发现不明飞行物，直径两米左右，整个形状很像弯月捧太阳，并带扇形光环。

1995年10月4日，中国东北地区上空4架飞机的驾驶员通报称，在天空同一位置发现不明飞行物体，呈白色椭圆形，有说不明飞行物会由白变绿色，有说呈红色及黄色。

1996年8月25日，厦门上空出现两个环状发光不明飞行物体，被船员用摄录机拍下。

1996年10月9日，石家庄机场上空9 600米处，南方航空波音757客机由北京飞武汉途中，被一不明物撞击，驾驶舱前方的双层挡风玻璃被撞，飞机返回北京机场安全着陆。

此间，除了都溪林场事件之外，1997年广州发现所谓的"不明飞行物体"，给人留下深刻印象。

1997年12月23日，广州发现不明飞行物体。有多人报称目睹一个状似碟形的发光物体，由暨南大学上空向五山地区移动，持续飘行近一小时才消失。综合各目击者所述资料，该不明飞行物体首先在23日晚上7时45分被发现，最后在8时40分左右消失，其外形扁平椭圆，通体透明、发白光，飞行物上部还依稀可看到一排窗口，据形容它的宽度与一座楼宇相若。广州发现UFO引起市民议论纷纷，虽然有人言之凿凿，但有人则怀疑是军队在试验新型战机，亦有人指可能只是娱乐场所发出的探射灯或激光（镭射）引起误会。

就读于广东华南理工大学建筑工程系三年级的男生罗某声称，他曾亲睹该不明飞行物体呈白色偏黄，初时见到还以为是圣诞灯饰，后来才怀疑是UFO，慢慢由暨南大学上空向东圃方向移动后消失。当晚，广州《羊城晚报》先后接到多名目击者的电话，描述发现UFO的情形。首先有华南农业大学学生海东致电广州的报社，报称正目睹天空上有一发光体，四周有红光，怀疑是不明飞行物。

同年10月至12月，北京郊区上空有人报称先后9次发现天空有螺旋状发光不明飞行物体，呈淡黄色，中心有一亮星状核闪烁，外围有雾状、光晕。

2002年中国多个地方报告出现了"不明飞行物"

距今较近的一次，发生在2002年。据《江南时报》报道，2002年6月30日晚上，中国多个地方出现了所谓"不明飞行物"。驻渝某航空兵部队一飞行员在驾机飞行时竟发现一飞行物与他平行飞行；当时不少机场官兵仰首观望到了这一突然而至的"天外来客"。

6月30日晚，大足机场。驻渝某航空兵部队组织夜间飞行。22时10分左右，一飞行员驾机返航至机场上空600米高度时，突然发现同高度右边400米左右有一个亮着黄色灯的飞行物与他平行飞行。

当他转弯飞回时，该飞行物又紧随至他的左边平行飞行。当时这名飞行员马上向地面指挥员报告："旁边是否有别的飞机飞行？"指挥员回答："没有。"该飞行员额头上沁出冷汗：难道旁边有"敌机"？

为防止意外，飞行员马上驾机降落。15分钟后，该飞行员仍然为此惊诧时，一幅奇异的景观出现了。目睹全过程的飞行大队的韩教导员事后惊奇地告诉记者：这一幕平时只有在科幻电影中才能看到，机场上空突然出现亮光，亮光刚开始时，像探照灯般向下照射，非常明亮，然后亮光逐渐变淡，最后像一片白云逐渐消失，整个过程共持续了8分多钟。机场官兵们仰首观望到了这一突然而至的"天外来客"。

18. 天外传奇——人类飞碟发现60载

自从发现飞碟以来，各种各样的飞碟充斥电影、电视和出版业。它们被推测是麦田怪圈和"屠牛案"的原凶，它们还成为少数人的狂热信仰。作为对政府行为的推测，包括真实与想像的，此神秘物体还催生了政府部门的阴谋理论家。

"其压倒一切的证据是一些UFO被外星人的飞船所灵活控制。"不明飞行物研究员斯坦顿·弗里德曼说。弗里德曼进一步强调说，此物体代表宇宙"水门事件"，没有充足的论据来反驳这些结论和飞碟，全球政府的掩饰是千年难遇的最大的故事，"我对令人信服的怀疑论者并不太担心。"弗里德曼说，"这些想寻找科学证据的人令人深信不已。"

当然，在飞碟之前，外星人和UFO早就有传闻了。UFO已经"出现"了好几个世纪，被认为是精灵、天使、龙、幻影飞船和鬼怪飞船。1938年，奥森·韦尔斯的广播剧《世界战争》制造了大量臆想。在第二次世界大战时期，列队飞行员经常报告说看见了球状灯光尾随他们的飞机。因此，他们将其取名为"喷火战斗机乐队"，还被他们认为是德国的秘密武器。战争结束后不久，欧洲上空发现了鬼怪火箭。1946年，仅瑞典就报告至少看到了1 000起鬼怪火箭。

然而，飞碟从来没有像现在这样更具时代精神。2002年，一项民意测验发现，7个美国人中就有1人声称看见过UFO或知道有人碰到了外星人。美国最近的一项调查发现，一半的美国人认为媒体是在向公众制造"我们首次遭遇外星人"的气氛。每年，全球报告看到了成千上万的UFO。但权威部门和媒体报告的数字很难测量，甚至最死硬的不明飞行物研究家也不得不承认，大多数看到的UFO可以用飞船、海市蜃楼般的气球、降雪和地形云来解释。

一个可靠的来源是美国空军的"蓝皮书"，收集了1952—1970年中所报道的15 000起UFO事件，集20年飞碟研究。1997年，一群信徒集体自杀，认为他们被飞碟拐走了灵魂。长期存在的UFO信徒组织有雅瑟留协会和国际雷尔运动，后者由前法国作家雷尔·克劳德·沃里红于1974年成立。雷尔声称一个叫艾罗哈的外星人与上帝竞相进行D. A实验，而他自己声称是耶稣的亲戚，设法吸引追随者。同雷尔一样，艾里克·范·丹尼克也声称外星宇航员到访过地球，错误地充当了上帝。

继阿诺德看到飞碟之后，1947年7月，罗斯威尔当地媒体声称罗斯威尔空军基地修复了一个撞碎的飞碟。他们解释说，此撞击是一场气象气球遇难。之后，此事件几乎被人们遗忘了。直到20世纪70年代，有人声称目击了这个气球当时正在一个外星人飞船上，大家才想起此事。

罗斯威尔事件成了美国政府秘密揭开外星技术并与外星人开展合作的基石。美国空军一直否认这一事实，可它千真万确地出现在《罗斯威尔报告》上。新墨西哥的《事实与科幻》详细描写了这一争论情况。在1948和1949年，新墨西哥上空看到了奇异的绿色火球爆发。许多人担心这是来自苏联的导弹。然而，由美国空军组织的会议得出结论是，它们不过是不同寻常的流星。

20世纪50年代有人声称接触了外星人，并乘过他们的飞船。其中最著名的接触者是乔治·亚当斯基，详细描述其在1952年11月20日于加州沙漠上碰到一个名叫"奥斯"的外星人的经过。这些友好的外星人提出了科学进步的建议，并给人类作出了精神指引。此主题在当时的许多飞碟电影中都有，如1951年的《地球停转日》。在英国，有报告说安东尼奥·维那斯·博斯被一个女外星人俘获并强奸了。

业余UFO组织和俱乐部开始突然出现。在美国，两大最重要的组织是于1952年成立的空中现象研究组织和1956年成立的空中现象国家调查委员会。后者由UFO作家唐纳德·肯何领导，主张UFO是地外飞船。

许多人还断言，美国空军努力掩盖UFO的秘密。具有讽刺性的是，许多中央情报局的人员都是空中现象国家调查委员会成员，包括中将罗斯科·希伦科特，担任该部门领导直到1962年。

雷德尔斯写了50本有关UFO和异常事件的书

接触者大多被科学UFO调查人员所忽视，直到贝蒂等人报告说在1961年9月19日的夜晚看到了一个UFO跟随他们的汽车，此事件才引起调查人员的重视。他们声称，等他们回到家时，根本不记得一路上的行程。在此假设下，他们二人被外星人绑架，做了秘密的身体检查。当约翰·富勒将此事发表在1966年的《被中断的旅行》上时，他们的遭遇传遍全球。

在1969年，美国科罗拉多州大学UFO项目出版了对美国空军"蓝皮书"计划收集的UFO事件的研究结论——即知名的《康顿报告》。这份长达2 400页、重9磅的报告宣称："UFO研究没有科学价值，UFO问题不应再予重视。"但是，《康顿报告》也承认，有5%的UFO报告无法、或者暂时不能得到合理的解释。因此美国空军终止了"蓝皮书"计划。但不明飞行物研究家总是把《康顿报告》

当成是一种掩盖。

尽管有康顿的解释，但 UFO 仍旧吸引着公众，UFO 事件依旧层出不穷。到 20 世纪 70 年代，诱拐事件报告明显增多。史蒂文·斯皮尔伯格 1977 年拍摄的影片《第三类接触》被一些不明飞行物研究家认为是美国政府支持项目的一部分，目的在于让公众产生外星人友好的想法。此电影的影响如此之大，以至于导致英国国会上议院在 1979 年进行了长达三四小时的争论。但最后结论是 UFO 不是外星人的战舰，对国家安全没有威胁。

80 年代情况大变。罗斯威尔事件描绘了罗斯威尔撞击情况的大部分掩盖事实，为日益爆发的有关飞碟和外星人的奇异故事打开了大门。威特雷·斯瑞伯报道了诱拐经历，包括肛门探测器的检查，成了畅销书《恳谈：1987 年的真实故事》的原始素材。之后，布迪·霍金、大卫·雅各布斯和约翰·马克加强了这一主意，称数百万人被经常性地诱拐。

在政府的"参与"下，外星人诱拐和罗斯威尔事件摧生的系列电视剧《X档案》（1993～2002）和电影《独立日》（1996）等空前火爆。在这一时期，前政府的告密者参与进来了。在 1995 年，电影《解剖外星人》公开上映。其伦敦制片商称他是从一位美国老摄影师手中获得了它的原形素材。人们期望这是真实记录外星人的解剖过程，但看过之后，大多数人认为像是被愚弄了。

在 2000 年，阿尔佛雷德·韦伯的著作《外星政治：十年接触产生的外星政治》获得了许多支持者，他们觉得 UFO 存在不需科学证明。他们表示，有足够证据可以表明 UFO 是地外飞来的飞船。他们的目的是强迫美国和其他政府揭露他们保持了 60 多年的外星人事件的真相。

英国公开 X 档案显示英军轰炸机曾遭 UFO 跟踪

世上到底是否真有外星人？英国政府公开的一批"X 档案"，成为了不少人的话题。这批档案来自英国政府真实版"黑超特警组"DI55，一个隶属国防部但直至近年才被英国政府公开承认存在的神秘情报部门，专责调查 UFO 事件。

这次公开的文件，包括了 7 000 起国防部接手调查的 UFO 报告。在被公开的"X 档案"中，最受瞩目的个案之一，是 1977 年英国皇家空军一架轰炸机在大西洋上空疑被不明物体跟踪的事件。据观看过有关档案文件的《观察家报》记者透露，当时一架火神式轰炸机在比斯基湾约 4.3 万英尺上空飞行，"一件物体"毫无预警地突然从 6.5 公里外逼近轰炸机，并射出"类似飞机降落灯的强光"。该物体其后紧跟轰炸机的飞行路线，突然间"强光熄灭，取而代之的是橙色的白热光，它的右下角则露出一点点耀眼的绿色光点"。机组人员后称该物体以极高速度，以45度角爬升后飞走消失。

轰炸机机组人员随即用雷达朝该物体消失的方向监测了45分钟。当局分析雷达资料显示，神秘物体消失的方向，传回了强大的干扰频率。另一份于同日送到国防部的文件则显示，机组人员对于目击事件都"不能作出合乎逻辑的解释"。但档案并没说明最终调查结果，以及有关雷达资料的下落。

据英国媒体报道称，第一批档案将于2008年春季与公众见面，而160份档案全部公开预计需要3年时间。这些绝密档案资料详细记录了英国军方、警方以及平民多年来报告的UFO事件，以及对这些不明飞行物的描述和分析报告。

英国国防部自1950年成立UFO项目以来，收到1万多份关于UFO的报告。这些报告一直被国防部存档保管，普通民众无缘一睹其庐山真面目，这也给UFO档案蒙上了一层神秘色彩。直到2005年，由于《信息自由法案》的实施，才使UFO档案逐渐得以公开。自2005年开始，英国媒体每年都例行性地报道上一年度的部分UFO目击报告。如2005年2月公布了80起，2007年8月公布了97起。英国国防部则在自己的网站上，迄今一共发布了1998年至2007年共计9个年度的UFO报告。

英国公众对自2005年以来国防部公布的部分UFO报告心存不满，认为这些资料语焉不详，有敷衍的嫌疑。所以在国防部承诺全面公开UFO档案后，不少人满怀期待，希望能从公布的UFO档案中淘到更多感兴趣的信息。

在UFO档案将要全面公布的情况下，始终对UFO现象抱怀疑态度的英国科学界，在态度上也有了些变化。英国媒体称，"一些科学组织开始了改变对外星文明之类说法所持有的厌恶态度"，就连曾在20世纪90年代初负责英国防部UFO项目的尼克·波普也说，他本人最初对UFO持怀疑态度，在接触一些绝密档案和进行一系列UFO事件调查后，他的想法开始转变。科学界与官方看法上的改变，无疑为揭开UFO之谜提供了有利条件。从国际上看，英国公开UFO档案首先会对其他国家的UFO档案的公开产生推动作用。

19. 超前思维——神秘数字：142857

它不是什么密码也不是统一发票兑奖号码！

它发现于埃及金字塔内！

它是一组神奇数字！

它证明一星期有七天！且礼拜天需要放假！

它自我累加一次就由它的六个数字依顺序轮值一次！

到第七天它们就放假由 999 999 去代班！

数字越加越大，每超过一星期轮回，每个数字需要分身一次！

你不需要计算机，只要知道它的分身方法，就可以知道继续累计的答案！

它还有更神奇的地方等待你去发掘！

也许它就是宇宙的密码！

如果您发现了它的真正神奇秘密……

请与大家分享！

$142857 * 1 = 142857$（原数字）

$142857 * 2 = 285714$（轮值）

$142857 * 3 = 428571$（轮值）

$142857 * 4 = 571428$（轮值）

$142857 * 5 = 714285$（轮值）

$142857 * 6 = 857142$（轮值）

$142857 * 7 = 999999$（放假由 9 代班）

$142857 * 8 = 1142856$（7 分身）

$142857 * 9 = 1285713$（4 分身）

$142857 * 10 = 1428570$（1 分身）

$142857 * 11 = 1571427$（8 分身）

$142857 * 12 = 1714284$（5 分身）

$142857 * 13 = 1857141$（2 分身）

$142857 * 14 = 1999998$（9 也需要分身变大）

继续累算下去……依此类推！

20. 未雨绸缪——当人类从地球上消失

艾伦·威斯曼访谈录

设想一下，如果人类不再是一个个鲜活的生命，而成为历史回忆中的名词，世界将会怎样？这或许是一个检验人类对环境影响的新主意。

你是地球上最后一个人，再没有同类伴你左右——或许很多人都曾幻想过这样的场景。如果这个幻想成现实，甚至包括你在内，所有人都从这个星球上突然消失，情况会怎样呢？这个幻想现在成了《无人世界》这本新书的立足点。本书的作者是科学作家艾伦·威斯曼，目前他受聘于美国亚利桑那大学，任新闻学副教授。在这个架空的思维实验中，威斯曼并未对人类为何消失得无影无踪进行严密阐释。他只是简单假定了人类突然消失这个前提，而后描绘了随着时间的演进，在几年、几十年，甚至几个世纪内，地球上最有可能发生的事情。

根据威斯曼的说法，地球上大部分的基础设施将立即开始走向崩塌。没有了道路清洁工和养路工的维护，几个月内，那些气派的马路和高速公路就会龟裂变形。随后的几十年里，许多住宅和写字楼将会倒塌，但一些不起眼的小家什却拥有极强的抗腐蚀能力，比如那些不锈钢厨具，如果恰好被埋在杂草丛生的厨房废墟中，可以保存数千年之久；而一些普通的塑料制品可能在数十万年内都毫发无损，直到微生物通过进化，能够分解这类物品为止。

《科学美国人》的编辑史蒂夫·米尔斯基近日采访了威斯曼，试图探明他撰写这本书的缘由，以及我们可从他的研究中汲取何种教训。以下内容是这次访谈的部分摘录：

"如果人类从地球上消失了，曼哈顿壮观的街景也不会存在太久。美国亚利桑那大学副教授威斯曼在他的新书里就描绘了这样的情景：人类消失之后，高楼林立的纽约将逐渐变成枝繁叶茂的森林。

"当人类已成往事，我们所创造的那些物质文明，将面临怎样的命运呢？大自然会把所有的痕迹统统抹去吗？有没有可以留存永久的事物呢？大自然的力量会再一次将纽约拉回到17世纪初的丛林状态吗？

"我曾与纽约的市政工程师和养护人员聊过，话题很有趣——纽约凭什么与大自然对抗。结果我发现，那些看似金碧辉煌、规模宏大、永存不朽的纪念碑式建筑，实际上脆弱不堪。它们拥有的一切功能，乃至它们的生存，全都是拜人类所赐。'曼哈顿'在印第安人的语言中，原指遍布丘陵的岛屿。现在的曼哈顿已经变得平坦多了，到处是纵横交错的街道。过去的曼哈顿岛周围流淌着40多条河，还有许多泉眼。而如今，虽然这一地区降雨量和以前差不多，但地表水却明显减少了。这些水都到哪儿去了呢？全都藏在地下。一部分由排污系统排走了，但排污系统远不如自然排水有效，大量地下水暗流汹涌，四处寻找出口。就算是阳光明媚的大晴天，为了保证地铁畅通，排水系统每天都要从地下隧道排走1 300万加仑（约合5万立方米）的水，否则恐怕这里很快就变成水乡泽国了。"

"地下水会腐蚀铁轨，为此曼哈顿在多处都建有水泵室。在水泵室里，你可以亲眼目睹室外潮水般涌来的地下水，而水泵室下方就安装着抽水的水泵，这些水泵是依靠电力驱动的。目前，我们使用的大部分电力来自于核能和火力发电。这些发电设施很多都装有自动防故障系统，无人监测时，会自动拉闸以保证电厂状态不致失控。人类一旦消失，首当其冲的问题就是电力中断导致水泵罢工，地下水便开始蓄积到地铁隧道中。短短48小时，纽约市的地下水就能汇成洪流，有些地方甚至会溢出地面。排水系统失效，下水道很快就会被不计其数的塑料袋等杂物堵塞。公园里那些无人清理的枯枝败叶，这时也会加入到堵塞物的行列，成为塑料袋的帮凶。

"这时地下会出现什么状况呢？大面积的腐蚀。想想莱辛顿大道下的地铁线吧，你在这儿候车时，也许会注意那些用于支撑天花板的钢柱，上面可是真正的街道。但这些貌似坚固的钢柱，很快就会被腐蚀，最终断裂。数十年后，上方的街道也会垮塌，一些街道变成了河道，就像蛮荒时代的曼哈顿那样。

"曼哈顿的许多建筑地基都打得很牢，不过就算是那些全钢结构的地基，工程师在设计时，也没有考虑会长时间浸泡在水中。这些建筑最终倒塌就成了必然。另外，由于气候变化，极端天气越来越频繁，我们还要面对更加狂暴的飓风，它会不时地出现在北美大陆东海岸。一座建筑倒塌产生的多米诺骨牌效应，会造成周围很多建筑倒塌，产生大片空地。而倒塌所掀起的风尘，会带来植物种子。这些种子就在空地和龟裂的人行道上生根发芽。它们在落叶层中本来就可以顺利生根，而来自混凝土粉末中的石灰，为它们营造了更适合生长的弱酸性环境。城市自此开始发展它自己的小生态系统。夏暑冬寒，不断交替。每年春天，在温差的影响下，街道上都会出现新的裂口。这些裂口在水体冻融作用的影响下，变得越来越宽，种子完全可以在这里生长发芽，而这一切转瞬即可发生。"

地球这幅壮美的画卷中没有了人类的身影，这颗蓝色星球的生态系统会发生怎样的变化呢？威斯曼认为，通过观察目前地球上一些原始区域的生态状况，我们可以从中窥见这样一个假定的世界。

"为了能看看人类离去之后的世界会变成什么样，我到了一些人迹罕至的地方考察，其中包括欧洲的最后一片原始森林。想象一下，当你还是一个懵懂无知的少年，聆听着大人讲述格林童话，眼前会不会浮现出这样一幅画面：黑暗阴郁的森林里，不时传来几声野狼的咆哮；老树的枝杈上，布满了密密麻麻的苔藓。没错，位于波兰和白俄罗斯交界处的这片森林，就是这样一个地方。公元14世纪初，一位立陶宛公爵（后来的波兰国王）将这里设为禁猎区，而后，俄国沙皇又将这里作为皇家狩猎场。二战后，它成了一个国家公园。在这里，你可以看到很多罕见的巨大树木。那些高150英尺、直径10英尺的橡树和白蜡树，树皮已经长得足够厚了，连啄木鸟都把这里当作储藏松果的仓库。在这片神奇的原始森林里，这只是一些司空见惯的现象而已。除野狼和麋鹿之外，这里还是欧洲本土野牛的故乡——现在这类野生种群已经所剩无几了。

"我还曾拜访过位于韩国和朝鲜交界处的非军事区。这片大约150英里长、2.5英里宽的狭长地带，却拥有两支彼此对峙的军事力量。在这两支军队之间的地带，不经意中形成了一个野生动物乐园——如果不是这一地带的特殊性，不少物种可能已经灭绝。这里，你会听到士兵们通过扬声器向对方喊话的声音，看到不停挥动着的宣传标语——但就在这剑拔弩张的氛围中，映入你眼帘的竟然还有悠闲越冬的鹤群。

"为了真正了解无人世界，我意识到还应该熟悉人类进化之前的世界面貌。为此我来到了人类起源地非洲，这是目前世界上仅剩的还有大型动物自由漫步的陆地。其实，在其他大陆及许多岛屿上，以前都曾有过很多大型动物。比如美洲大陆的巨型树懒，甚至比猛犸象还要巨大；再比如原始海狸，它拥有熊一般的体魄。是什么把这些动物从地球的版图上彻底抹去了呢？这个问题到现在仍存在争论，但许多证据都将矛头指向了'我们'。在每块大陆上，从人类进驻开始，动物灭绝的噩梦就持续不断地发生。不过，非洲例外，这是一块人与动物共同进化的大陆，这里的动物甚至还学会了如何逃避人类的捕杀。

"没有了人类，北美洲可能会在短期内成为巨型鹿的栖息地。大片的森林将重新横贯大陆。最终，那里将进化出更大的食草动物。相应地，更大的肉食动物也将出现。"

仔细考量一下无人的地球，这本身是有实际好处的。威斯曼认为，他的研究方法为审视我们面临的环境问题开启了另外一扇门。

"我并不是暗示大家，要为人类的突然消失而忧心忡忡，或担心外星人的致命射线随时会夺去所有人的生命。我们应该把人类消失这个假设作为一个切入点，来审视我们的地球。如果我们读到一本书，详细记述了人类一手造成的环境问题，预言了未来我们可能面对的灾难，心中都免不了涌起这样的念头：噢，天哪，这回怕是难逃一死了！难道世界末日真的在向我们招手吗？恐惧和沮丧常会萦绕在我们心头。相反，我这本书开门见山地谈到了世界末日，透过假设来体察世界，相信读者会消除不必要的担心。不管何种原因，首先预想人类完全消失，现在就让我们以旁观者的视角看看会发生些什么。这是减少我们恐惧感和焦虑感的好方法。观察无人世界中发生的林林总总，我们可以从另一个角度来审视，当下世界在往何处发展。

"比如，思量一下我们的创造物何时才会消失得无影无踪。包括杀虫剂和一些工业用化合物在内的有机污染物都非常难以分解。还有大量塑料，它在我们生活中扮演了重要角色。而在二战之前，这一切几乎都还未诞生。人类对地球的掌控能力越来越强，面对其他物种在这方面不成比例的失衡情况，你可能会想，我们不会有什么乐观的未来了。我在该书的末尾提出了一种观点：人类要想作为当前生态系统的一分子继续留下来，就要更多地注重保持生态平衡。

"可怕的核废料和污染物，这些都是拜人类所赐，其中有些甚至等到地球寿终正寝时都不会消失。但我在无人世界中看到的并不全是这些，还有那些人类创造的灿烂的文明成果。当我谈及有关人类消失的话题时，一些人会有这样的反应：人类的消失难道不是一种令人悲痛的损失么？那些彪炳史册的艺术作品、精美绝伦的雕刻、凝结了人类智慧与想象的建筑，这些文明成果在人类消失后命运会如何呢？在它们身上是否会留下我们的气息，表明人类曾经存在过呢？还有一些人起初认为没有人类的世界会更加美好，但转念一想，他们也认为人类的消失并不是什么愉快的事情。为了使地球恢复到更加健康的状态而让人类全部消失，在我看来，这简直就是一种因噎废食的举动。"

21. 浮想联翩——"外星人"ET对地球知多少

还记得美国大片《第三类接触》吗？当地球上的科学上渐渐熟练于寻找外星恒星和周边行星时，有没有想过外星人或许也正在回望和研究着地球？最近，一个天文学家小组的研究解答了这样的问题，即假如ET利用地球上天文学家开发的观测技术，能够看到些地球的什么。相关论文将发表在2008年4月的《天体物理学杂志》上。

根据分析，外星人对地球的认识应该包括地球表面分为陆地和海洋，此外，"他们"也可能会对地球气候的动力学系统有一些了解。参与研究的MIT物理学和行星科学副教授斯若森格表示，"或许外星人正在关注我们，并试图研究地球的旋转速率和日长。"

森格和西班牙卡纳利天文物理研究所的同事以及美国佛罗里达大学的伊瑞克·福德一道，深入研究了如果利用未来更加强大的望远镜，地球和外星天文学家们将能够获取遥远的有生命行星的哪些信息。

事实上，天文学家的许多外星行星发现都不是通过观测行星本身得到的，而是通过研究确定行星对其围绕恒星施加的影响。即使利用目前最先进的望远镜，人类也只能直接看到外星行星的单一光点，除亮度和颜色外没有任何细节。不过，未来的一些照相机或望远镜有望能够得到几百万像素的图像。

　　林格表示，"我们研究的目的就是要看看人类未来能从这些有限的数据中获得多少信息。"研究结果表明，即使只有一个行星光点，也可能根据它随时间的变化提取和收集出大量的信息。

　　研究人员发现，他们分析数据的方式可以适用于拥有陆地、液态表面以及大气云层的任何行星，而不论它们分别是由何种物质构成的。比如，土星的卫星泰坦上拥有的液态甲烷或者一些炽热星球上的熔融硅酸盐海洋，在巨大的空间中并无太大差别。不过，该方法有一个约束条件，就是云层不能将行星整个覆盖起来，因此，对于类似泰坦和金星的行星而言，新的分析方法可能并不适合。

　　通过分析地球气象卫星数据，研究人员掌握了新方法的关键之处：尽管行星云层会每日变化，但总会有一种相对恒定的行星整体模式，比如陆地的干旱和多雨区域。当行星光点周期性地出现亮度增加，或者在特定区域会有规律地被云团覆盖，天文学家就能够探测到该行星重复的模式，从而计算出行星的自转周期（日长）。而一旦行星的日长被确定，该周期内的任何波动或改变都能揭示该行星的气候变化模式，这主要是通过对比云团实际位置与通常位置的差异。

　　森格表示，尽管目前还没有任何正在运转的望远镜能够满足最新提出的方法，但 NASA 于 2009 年启动的开普勒望远镜有望能够发现数十乃至数百个类地行星。而到那时，更多的先进空间望远镜比如美国宇航局的类地行星"发现者"号将能够进一步跟进研究这些行星的自转、气候以及大气的组成。

《真理报》披露奇闻：外星人曾阻止了核爆炸？

　　据《真理报》报道，自 1986 年 4 月 26 日乌克兰切尔诺贝利核电站大爆炸以来，时间已经过去了 16 年。该次大爆炸造成欧洲 30 多万人受放射性伤害死亡。在引起热能爆炸的第四核反应堆里，共有 180 多吨浓缩铀存在，在第四反应堆发生热能爆炸后那种极端的环境中，不发生核爆炸的几率微乎其微，到底是什么因素挽救了人类，阻止了核爆炸发生？《真理报》经过对当年爆炸目击者的大量采访，日前宣称，在切尔诺贝利核电站大爆炸期间，许多人目睹一个飞碟悬浮在核电站的上空，是外星人阻止了切尔诺贝利核电站的核爆炸！

工作失误造成热能爆炸

　　据说，发生这起核事故的根本原因是核电站工作人员在进行一项实验时，相互之间没有沟通好。当时，工作人员打算对第四核反应堆进行一次检修，在将该反应堆关闭时，核工厂管理部门决定做一个实验，研究当反应堆关闭、蒸气不再向涡轮发电机传送能量时，涡轮的惯性旋转能否产生新的电能。然而，基辅能量公司并不清楚这个实验，一名能量公司官员命令反应堆工作组立刻启动第四核反应堆。而此时尚不知情的涡轮发电机工作组却已经关闭了涡轮机。反应堆产生的蒸汽是供给涡轮机的，在关掉涡轮机时，一般自动保护系统会自动关掉反应推。但是，涡轮发电机工作组在做该实验之前已先切断了自动保护系统。这样反应堆不断工作产生蒸汽，却没有宣泄的出口，引发了热能爆炸。

核电站上空惊现飞碟？

《真理报》记者通过对当年切尔诺贝利核电站大爆炸现场幸存者和附近居民的采访，了解到了另一个让人瞠目结舌、不为专家们所知的说法——在当年的爆炸现场，许多当地居民看到了一艘类似飞碟的太空船盘旋在第四核反应堆的上空达6小时之久，目击者多达数百人。

救援人员之一米克海·瓦里斯基对记者道："爆炸发生后，我和我的救援小组成员们立即赶到切尔诺贝利核电站，那时还是凌晨，我们惊讶地看到一个巨大的红色火球状的东西慢慢地悬浮在核电站上空中，它的直径有6到8米宽。该物体飞到离切尔诺贝利核电站上空300米处，接着我们看到两道深红色的光从该物体中垂直射向第四反应堆，3分钟后，深红色光芒突然内敛，该物体快速向西北方向逸去。"目击者们认为，正是该飞碟通过一种不为人类所知的方法减弱了极端状态下浓缩铀的不稳定性，阻止了核爆炸的发生。

外星人更关心地球环境？

1989年9月16日，第四核反应堆再次泄漏，大量核放射物进入大气层。几小时后，当地医生格斯皮娜再次看到一个不明飞行物出现在切尔诺贝利核电站上空。格斯皮娜对记者称，该飞行物的整体颜色呈琥珀色，她能清楚地看清它的顶部和底部的窗口。1990年10月，《切尔诺贝利回声报》刊登了一篇新闻和一幅照片，一位名叫那夫兰的摄影师在切尔诺贝利核电站的建筑里拍照，除了拍下了建筑里面巨大的机器，他还拍下了第四反应堆所在建筑的屋顶，包括上面一个巨大的洞。

对于《真理报》的说法，目前欧洲科学家尚未有任何评论。但从《真理报》的描述看来，外星人似乎更关心地球的环境气候，多过关心人类的命运。

22. 断想疑惑——18 年前神秘天体撞地球

是小行星、人造飞船还是外星人飞船？

1991 年底，一个神秘天体向地球飞来，最终与地球擦肩而过。"地球如何避免被小行星撞击"顿时成为最热门的天文话题。在这个神秘天体顿入深深的太空之前，天文学家们既惊讶又不安。他们把它命名为"1991VG"，可是，究竟是一颗小行星，还是外星人飞船，直到今天依然是谜。

发现不明飞行物，英国天文学家提出三种假设。

"1991VG"是美国天文学家吉姆·斯科蒂于 1991 年 11 月 6 日发现的，它最初被认为是一个".EO"，也就是近地物体，极有可能是一颗小行星。太空中类似的小行星有许多，它们周期性飞临地球，由于对地球不会构成威胁，所以，除了天文工作者，大多数公众对这些小行星的行踪根本不关心。

3 年过去了，"1991VG"已经被人们遗忘，至少媒体不再提它了。可是，1995 年 4 月，一位知名天文学家兼作家发表了一篇文章，不仅再次引发了围绕"1991VG"的争论，还把这次争论推向了一个新高度。

这位天文学家名叫邓肯·斯蒂尔，目前在英国索尔福德大学任职。他大胆地指出，那个不明飞行物不只是"人造物体"，事实上还有可能是宇宙其他星球派来的飞船！

斯蒂尔："我们可以在掌握的并不完整的材料的基础上，提出这个不明飞行物究竟是什么的种种可能。"斯蒂尔随后提出三种可能："第一，'1991VG'是一颗天然的小行星；第二，它是一艘人造飞船（一个废弃的火箭助推器或早期发射到太阳轨道的探测器）；第三，可能是外星人飞船。"

是否为人类发射的失踪飞船？

这位天文学家通过研究早期的发射记录发现，当时发射的飞船数量非常少，显然无法找到充分的证据证明"1991VG"就是当时发射的飞船。他提到了 7 个在 1958 年和 1960 年间发射的无人探测飞船，包括"开拓者"探测器 1、3、4 和 5 号，"月球"探测器 1、2 和 3 号。但是，他指出这些探测器通常都是很小的物体，其中有的已经返回地球，另外，"月球"2 号已经在月球上坠毁。

随着研究的深入，斯蒂尔排除了"1991VG"是 1974 年 10 月发射的"月球"

探测器的可能性，因为它当时成功地登陆在月球上。当然，太空中还有1974年12月发到太阳轨道的"太阳神"1号以及1975年6月向金星发射的"金星"9号探测器。但斯蒂尔说，除非有外力影响了这两个探测器及其助推器的飞行轨道，否则它们也不可能变成"1991VG"。从发射时间上分析，"1991VG"也不可能是载人的"阿波罗"号系列的助推器，因为它们的发射时间在1968年10月和1972年12月之间。斯蒂尔因此得出他的结论：所有已知的人类发射的探测器都不可能是"1991VG"。

可以排除小行星的可能性，神秘物体的运行轨道被怀疑是被控制的？

斯蒂尔把他的研究重点转到了"自然天体"方面："1991VG"会不会是一个"自然天体"，如小行星。但是，很快他就排除了这种可能性。根据他的推理，该物体的"眨眼"现象——该物体会发出规则的闪光，很明显与旋转的人造卫星相似。同时，他也说明，如果是自然天体的话，由于受到近地轨道地心引力的影响，"1991VG"最终会进入一个不稳定的轨道。但事实是，"1991VG"的轨道相当稳定，这样，斯蒂尔相当自信地断言，"1991VG"是一个"新的天外来客"，可能不是小行星。

斯蒂尔表示，如果这个飞行物真的是外星人的东西，那么，一个实质性问题是：当它经过地球时，它是受到外星人控制，还是只是简单地沿着轨道飞行？换句话说，它是被外星人操控的，还是被遗弃的？

斯蒂尔总结说，应该继续在天空寻找其他可疑的飞行物。显然，斯蒂尔将矛头对准了天文学上最有名的理论之一——"费米悖论"：1950年的一天，诺贝尔奖获得者、物理学家恩里科·费米和另外三位物理学家共进午餐，在饭桌上，费米突然冒出一句："他们都在哪儿呢？"其他人马上意识到费米还在思考着刚才有关飞船和外星人的争论。后来，费米的这句话成了著名的"费米悖论"。"费米悖论"隐含着这样的意思：理论上讲，人类能用100万年时间飞往银河系的各个星球，那么，外星人只要比人类早进化100万年，现在就应该来地球了。为什么他们还没来？他们究竟在哪里？

这个悖论之所以具有说服力，是因为它是基于银河系的两个事实：一、银河系非常古老，已有约100亿年的年龄；二、银河系的直径只有大约10万光年。所以，即使外星人只以光速的千分之一在太空旅行，他们也只需1亿年左右时间就可横穿宇宙——这个时间远远短于宇宙的年龄。如果真存在外星人的话，按道理他们早该到了。

可是，许多天文学家表示，虽然斯蒂尔的分析听起来很有道理，但他的结论仍值得推敲。可以预料，支持和反对斯蒂尔观点的双方还将就"1991VG究竟是什么的话题"继续争论下去，任何一方要让另一方信服，都必须摆足够的"硬证据"。

神秘小行星发现始末

"1991VG"在被发现时，大约距离地球200万英里，并以极快的速度飞向地球。斯科蒂在亚利桑那州美国基特峰国家天文台用小型的"太空观察"天文望远镜追踪这一不明飞行物，并把它形容为一个"快速移动的星体"。继续观察发现，这个物体好像不是小行星，至少从它的运行方式上看不像小行星。例如，它喜欢"眨眼睛"：每隔7分半钟，就会从3倍亮度开始变暗，然后再度变亮。这样的现象更像一颗人造卫星。这不禁让一些天文学家猜测："1991VG"或许是飘荡在星际太空的废弃的火箭助推器，甚至有可能是20世纪60年代末70年代初美国登陆月球所使用的"阿波罗"号的火箭助推器。

这个物体继续向地球靠近，位于智利拉西拉的欧洲南方天文台的天文学家开始用60英寸的望远镜跟踪它的行踪。这时，媒体已经意识到"有些事情"正在发生，天文台于是开始定期向新闻界发布消息。

欧洲南方天文台的观测小组对"眨眼"的时间进行了精确计算，确认这一现象与在反光旋转的人造卫星上观察到的光的闪动情形类似。

这个神秘的物体于1991年12月5日飞到距离地球最近的地点，当时距月球5万英里，距地球大约29万英里。接着，它开始辞别地球。天文学家估计，这个物体的直径大约在33到62英尺之间，比小行星小，更像一个废弃的火箭助推器，或太空飞船的残片。这个物体实在太小了，只能用直径2.9英寸的"太空观察"望远镜进行观察，而且只能看到一个小光点。

4个月后，也就是在1992年4月27日，它与地球的距离已经很遥远了，但仍在一个确定轨道上绕太阳运行。美国基特峰国家天文台再次发现了"1991VG"，这时使用的是更大的望远镜。这也是地球上的天文学家最后一次报告发现这个神秘物体。

23. 古国文明——4 200 年前制造的彩电

科学家们发现古埃及3 000多年前金字塔的壁画上面，竟然画了外星人的太空船模样。这个金字塔的发掘人伊沙杜拉博士指出，太空船的形状犹如一个倒转的碟，这证明了3 000多年前外星人已经跟古埃及人有了接触。

在古埃及的金字塔建筑群中，规模最大的一座是距今约4 600年前，在开罗近郊吉萨建造的古王国时期等四王朝法老胡夫，古希腊人称之为奇阿普斯的金字塔，它内部结构极为复杂和神奇，并饰以雕刻、绘画等艺术品。由于墓室和甬道里十分黑暗，这些精致的艺术作品需要光亮才可能进行雕刻、绘画，应是在利用火炬照明或者是在油灯下才能完成。当时如果真的是使用火炬或油灯，就必然留下一些"用火"的痕这。可是，现代科学家对墓室和甬道里积存了4 600多年之久的灰尘进行了全面仔细的科学化验和分析，结果证明：灰尘里没有任何黑烟和烟油的微粒，没有发现一丝一毫使用过火炬或油灯的痕迹。由此可见，古埃及艺术家在胡夫金字塔地下墓室和甬道里雕刻、绘制壁画时，根本不是使用火炬或油灯来照明，而很可能是利用某种特殊的蓄电池或者其他能够发光亮的电气装置。令考古学家和历史学家们惊奇的是：距今4600多年前的古埃及人真的知道现代电灯之谜的秘密吗？

一位著名的考古学家威夏劳·勒加博士宣布：他在埃及尼罗河畔一座从未有人发掘的古墓中竟然发现一台完好无损的类似彩色电视机的仪器。这台仪器与时下流行的彩电有较大区别，它只有一条线路，只能接收一个电视台的节目。它有4个三角形的荧光屏，屏的四周都镀了黄金，它的机件是目前最先进的金钛制造的。质地极为坚固，该机已不能工作，虽然经历4 200年，它的太阳能电池作为动力仍能正常操作。

由于古埃及人既没有制作电视机的材料，也不可能具备高精度的工艺水平，因此，专家们认为它极可能是外星人送来的礼物。电子工程师里察·蒙纳花了近一个月的时间细致地检查了这台电视机，并查清了它的线路和工作原理。他准备用当前最先进的技术复制出一台同样的彩电来，以试验它是否能接收到另一个星球的电视信号。

最近，考古学家保罗·加柏博士在埃及金字塔进行内部设计技术研究时，发现塔内密室中藏有一具冰封的软件，探测仪器显示物体内有心跳频率及血压，相信它已存在5 000年了。

科学家们认为，冰封底下是一具仍有生命力的生物。据在该塔内同时发现的一卷象形文字记载，公元前5000年有一辆被称为"飞天马车"的东西撞向开罗附近，并有一名生还者。卷中称这位生还者为"设计师"，因而考古学家们相信冰封生物就是金字塔的设计和建造者，金字塔是作为通知外太空同类前来救援的标志。

但令人不解的是：那冰封生物如何制造一个如此稳固和不会溶解的冰格，而把自己藏身其中呢？为此，科学家们正在积极设法把该生物唤醒。如果成功，那就能打开外太空文明之谜了。

24. 骇人听闻——外星人入侵危险大于核攻击

据国外媒体报道，新近解密的一批美国中央情报局文件透露，美国中情局曾认为外星人入侵的威胁要大于苏联核武器的攻击。更引人注目的是，美国中央情报局文件显示，虽然它在公开场合一再否认，但私下里机构间确实有相当多的不同意见，其中甚至还牵扯到部分美国政府最高层官员。

50年来，对UFO和战争心理学的研究不仅吸引了美国精英界人士的兴趣，科学界和军界也深深地牵涉其中。据《悉尼先驱早报》调查称，美国中央情报局文件记载了上世纪五十年代美国情报机构和军方组织对UFO可能对美国及西方盟国的影响进行了长期全面的研究，这一现象不仅反映了美国中央情报局的定位，也是影视界极为关注的题材——从心理控制学到太空旅行到外星生命。实际上，1953年时，美国中央情报局内部一部分高学历雇员醉心于实验令人惊讶的外星之旅，同时另外一些则对UFO在全球各地的大量报道进行了细致研究。

让人关注的是，在经过了五十年代初期的研究热之后，相关的记载文件突然变得少之又少，那么原因何在呢？在现有保存下来的文件中，只有极少数显示美国中央情报局曾对UFO做过调研，但实际上，美国中央情报局在这一方面涉猎范围非常之广，甚至研究了包括"巴尔干康戈铀矿不明飞行物案"和"纳粹飞行物事件"在内的各类UFO报道。

当《纽约时报》在1979年报道美国中央情报局涉足UFO研究之际，据称当时的中情局局长斯坦菲尔德·特纳十分不安，甚至曾质问手下："我们真的牵扯到UFO事件中去了吗？"他得到的答案是肯定的，至少从20世纪40年代后期就已开始。但具体到美国中央情报局是何时、何故、以何种方式、由何人涉入的，却一直是桩迷案。

在此之前，曾为威斯廷豪斯和通用电气公司等大型公司工作的物理学家斯坦顿·弗莱德曼将自己的主要研究课题锁定为揭开UFO迷案，并且发表过一篇文章，题为《政府将UFO列为机密的五大原因》。在一次校园演讲时，面对超过六百名观众，他总结称，政府数十年来一直认为处于外星人飞行物的威胁之下，并试图打造密闭太空圈，将它们拒之以领空之外，他将其称为"宇宙水门事件"——政府如此长久的遮掩真相有五大原因：

一是政府特工想找出坠毁飞行器的工作原理。

二是不想让敌对国政府知道自己发现了什么。

三是一旦某位受人信任的公众人物如英国女王或教皇，宣布发现了UFO之谜，整个社会将为之震惊，人们将不再把自己视为某国公民，而是地球公民。

四是在基督教原教旨主义者看来，外星人应视为"魔鬼的产物"，700俱乐部创始人帕特·罗伯特森及已故的杰瑞·法尔韦尔都曾这样表示过，他们认为地球人应该是宇宙中唯一存在的智慧生物。

五是向公众确认UFO会引发经济混乱。并且，保留秘密是政府的存在之道。

25. 水下幽灵——USO比UFO更神秘

提起UFO（不明飞行物），可能世人皆知，它代表着种种神秘的空中飞行物体，它们可以千奇百怪，但是就是不会合乎常理。UFO可以说已经戏弄得科学家们非常狼狈，但是，还有一种鲜为人知的神秘现象，它们不但戏弄着科学家，还戏弄着美国和苏联等国的海军们，它们叫做USO——不明潜水物，只与UFO差了一个字母。曾经在相当长的一段时间里，美国、苏联等国为了追逐USO，耗费了大量的财力和军力，结果却无功而返。

USO不像UFO那样在广阔的天空中出现，平民百姓可以有机会看得到，它们经常出没在辽阔的海洋中，只有海边的人或在海上巡逻的海军们能够有机会一饱眼福。因此，由于目击者们的分布范围小，有关它们的报道一般较少，使它们一直没有像UFO那么出名，可是它们出现的机会并不比UFO少。

早在19世纪初，一艘英国货轮"海神"号在几内亚湾附近海域遇到了一个庞然大物，该怪物形状奇特，悬浮在"海神"号船头前方约100米处，发出耀眼夺目的光辉。当"海神"号驶近时，怪物轻飘飘地落到水面后，无声无息地潜入水底不见了，海面上没有溅起一点浪花，"海神"号上的人们看得目瞪口呆。值得一提的是，人类的第一艘机械动力潜水艇出现在19世纪末，这个怪物不可能是人类制造的潜水艇。

美国圣塔卡他林那海峡是个神秘的地方，那儿的海洋深度足以超过珠穆朗玛峰的高度。1992年，就在这深不可测的海域，加利福尼亚UFO的研究者普林斯顿·丹尼特发现了几百个没有见过的不明物体向圣塔莫尼卡山脉飘升，追查它们的来源，好像是从圣塔卡他林那海峡钻出海面升上来的。同年6月14日，当地目击者确实真真切切看到了有200多个圆形物体一个接一个从海面上静静地钻了出来，并盘旋了几秒钟后冲上了云霄。目击者马上向马里布的警察们报告了这件事情，警察又报告了美国海岸警戒中心，但是他们却没有对此采取任何措施。

加拿大粗毛海港的新斯科舍镇曾因为一件有趣的USO事件而出名。1967年10月4日，大约23时20分，大量的目击者看到，海面上方有4个橙色的光斑在空中有规律地闪耀着。不久，它们突然间以 45 度角向海面坠去，触到海面后并没有立即沉入海中，而是在海面漂浮了一段时间。当时人们并没有想到这是不明物体钻入了海中，他们认为是失事的飞机，而且官方还组织皇家骑警和海军潜水员进行搜救，结果却什么也没有发现。

为了调查清楚这件事情，官方对众多的目击者进行采访。一些人说，当这个物体在水面游动时，灯光由橙色变成了黄色，水面漾起串串明亮的水泡，这使得他们能够看清那个落水的物体是直径 20 米、高 3 米的穹顶形。根据各种信息判断，那个钻入海中的不是飞机，而是一种类似于 UFO 的物体。而且后来，又有人看到这个闪着橙色光的物体在缅因湾破水而出，还拍到了其离开水面的情景。

类似的报道还有很多，USO 一个普遍的特点是：能悬浮在空中或潜入水中，而且都是悄无声息，没有类似于人类所制造的动力系统的轰鸣声。而且它们往往犹如鸿毛一般，轻飘飘落水，一点水花也没有。

1963 年 3 月，美国潜水艇在距离加勒比海岸 160 公里的地方进行军事训练。突然，海面上的巡逻舰队发现，在水下 5 公里处，有一个不明物体在以至少 250 公里/小时的速度飞速航行，要知道潜水艇的速度一般不会高于 50 公里/小时，潜水深度达到 2.5 公里就会被水压压碎，对于当时世界上任何一个国家，制造出这种航行速度和潜水深度的潜水艇都是不可能的。

那个物体太不可思议了，于是他们临时改变任务，去追踪那个不明潜水物。跟踪了 4 天，也没有明白这个物体到底是什么，只是发现它时而停下来，时而以高速航行，根本不理会这些人对它的追踪。他们最后报告了美国大西洋总指挥部，但是指挥部并没有决定研究这不明潜水物，也许指挥部是理智的，因为研究它将是竹篮打水一场空。因为这是有教训在先的……

神秘潜艇在二战期间也曾旁观或捣乱，使得交战双方都认为出现了敌人，而对它进行攻击，这时它就会迅速避开或消失。因此，二战中的海军们都称这种潜艇为"幽灵潜艇"。由于潜水艇在海战中的特殊功能，二战后，许多国家都竞相研制常规潜水艇和核潜艇。但无论他们研制出的潜艇再怎么先进，都远远比不上"幽灵潜艇"。为了研究和借鉴"幽灵潜艇"的先进之处，美国和苏联先后展开了一场对"幽灵潜艇"的追踪搜寻。美国海军曾多次动用太平洋舰队几乎全部的潜艇和战舰，还有飞机，在南太平洋海域四次大规模地搜寻"幽灵潜艇"。苏联海军也不甘落后，派出了大批的舰艇和飞机在太平洋、大西洋进行仔细搜索。搜索历时 1 年，结果犹如大海捞针，一无所获，并且在搜索过程中，还有 2 ~ 3 艘潜艇神秘失踪。

找不到它们，人们只好对它们进行猜测：潜水艇不像飞机，它们在水中的阻力要大得多，飞机若要以1倍声速飞行，需要1.5万马力的能量，而一架潜艇若想以同样的速度航行，则需要百万马力的能量，是飞机所需要能量的百倍，现在的人类也没有先进的技术来制造这样的发动机。

USO以电磁为动力？从理论上讲，电磁动力能够让潜水艇在水下以极快的速度航行，包围着船体的电磁场能够大大减小水的阻力，能让潜水艇做出普通动力潜水艇做不到的动作，美国海军还在20世纪60年代试验过一艘电磁潜艇，获得了初步的成功。因此，USO很可能以电磁为动力。

1904年，一只货船在去费城的路上，被一种奇怪的、闪烁着磷光的气体包围，这种发光的气体是从周围的海面蔓延过来的。当货船被包围之后，船长试图让货船努力摆脱，但是却无济于事。船上的罗盘疯狂地转动，整个船被磁化了。一段时间过后，好像是携带着这种气体的物体飘走了，货船又重新恢复了正常。

1969年，美国军舰上的船员们看到了一个在南极洲冰冻的海底出现的USO，它非常巨大，像潜水艇，从厚厚的冰层下面破冰而出，直冲天空。一位俄国研究者还报道了发生在列宁格勒的事件，几个USO破冰入水。但是有关目击者观察这些冰洞，发现这些洞并不是被击碎的，而是被USO的巨大能量瞬间融化的，洞的边缘干净清晰，周边没有碎冰。这说明USO能够释放出大量的热能，这些热量可以瞬间融化冰层，而这种热能效果很可能就是电磁波的表现。

最令人费解的事发生于1990年，当时北约的数十只军舰正在北大西洋进行军事演习。突然，有人发现了"幽灵潜艇"。这些军舰立即中断了原定的演习计划，全力以赴地投入到猎捕"幽灵潜艇"的行动中。他们向"幽灵潜艇"发射了大量的鱼雷和深水炸弹，但奇怪的是，这些炸弹根本靠近不了"幽灵潜艇"，鱼雷一接近它，便鬼使神差地拐向一边，冲向了远处。而当毫发无损的"幽灵潜艇"浮出水面时，所有军舰上的雷达、声纳及其他通讯系统全都奇怪地失灵。直到它离开后，这些系统才恢复正常。

根据以上船员和海军们的所见所闻，人们可以确定，USO所到之处一般都伴随着巨大的电磁场。也许正是这电磁场的包裹，使得它在水下航行时受到的水的阻力大大减小。

航空母舰的出现堪称人类战争史上的里程碑，它既可以在海面上直接开炮，还能够起降大量空中战机，使传统的海战从平面走向立体。而许多人描述，USO们更是擅长这种手段。

1960年，阿根廷海军在首都布宜诺斯艾利斯南部1000千米处，发现了两个从没有见过的物体潜在海中，开始他们以为是英国的潜水艇，不久这物体竟然自动解体，分成了几个小物体，小物体们同时跃出水面飞走了。一位前苏联 UFO 研究会的作家描述了这个物体是如何钻出水面并消失在空中。前苏联海军高层知道这件事情之后，非常关注，命令驻扎在布宜诺斯艾利斯的海军进一步调查这件事情。怀疑者们认为，目击者所看到的是潜在水里的鱼雷飞出了水面，但是在 1960 年还没有同时发射 6 个鱼雷的技术。1989 年，在圣塔卡他林那海峡附近，许多目击者同时看到一个庞然大物停在太平洋海面上，在潜入水下之前，也是释放出许多小物体飘荡在海面上，这些小物体也都会飞。

不知是我们借鉴了 USO 的航空母舰思想还是 USO 剽窃了我们的航空母舰技术，总之，USO 与 UFO 有些不同，USO 通常能够自动分开，并释放出大量小的飞行器，UFO 则一般不会这样。

"泰坦尼克"号真的是与冰山相撞而沉入大海的吗？几十年来，有关"泰坦尼克"号遇难的真正原因一直是科学家们探索和研究的焦点。要知道，"泰坦尼克"号当时堪称"世界上最大的不沉之船"。

1985 年，海洋勘察人员在大西洋底终于发现了已沉睡 73 年的"泰坦尼克"号。他们在对其残骸进行勘察时，在其右舷的前下部发现一个直径恰好是 90 厘米的大圆洞，叫人百思不得其解的是，这个大圆洞边缘十分光滑规整，好像是被一种圆规状切割工具加工成的。美国皇家海军舰艇专家塞兹湟尔会同国际专家组对"泰坦尼克"号船体右舷前下方的神秘圆洞进行水下拍照和测量，综合研究后确认，"泰坦尼克"号是被一种功率强大的激光束击穿后，底舱进水而遇难，若是冰川撞击，洞痕肯定不规则，周围也应该会出现不规则的裂缝，可是事实并非如此。

美国《旧金山纪实报》记者获得的一份绝密档案中说："据幸存的'泰坦尼克'号船员证实，海难发生时，他们站在'泰坦尼克'号的甲板上观察，发现大海中有一些奇怪的光在一艘来历不明的'船'上闪烁着。"被指责见死不救的"加利福尼亚人"号船长洛尔德当时和他的船就在附近海域。他一直坚持认为，当时从船上能清楚地看到另一艘来历不明的船只，这一神秘的船只当时正处在"泰坦尼克"号与"加利福尼亚人"号之间的水域。

科学家由此得出一个令人震惊的结论："泰坦尼克"号是意外遭到不明潜水物（USO）射出的激光束攻击而进水翻沉的！

臭名昭著的百慕大三角一直保持着它的神秘，其实 1492 年，就在哥伦布发现新大陆前夕，哥伦布曾经过百慕大三角，看到深海底闪耀着奇怪的灯光，一个巨大的碟形物体跃出水面飞向了夜空。哥伦布在他的日志里描述碟片上的闪光像蜡烛在闪烁，升起又降落。据此，我们是否可以猜测，百慕大三角的海难一般都与 USO 有关呢？

USO 到底是什么？它们从何而来？有人根本就不相信 USO 的存在，认为所见到的那些物体其实只不过是一些体形非常巨大的鱼类。大部分人认为，地球表面被 75% 的水体所覆盖，而我们人类又基本在陆地居住，大海中很可能存在许多无法解释的现象。有人认为这些"幽灵潜艇"来自外太空，只是在地球上的海洋最深处建有它们的基地，许多研究者猜测，这些基地之间还有巨大的通道相通。而有人则认为，智慧生物可能从古至今就一直生活在海底中，它们同我们人类一样，是地球高级智慧生命体的一支。但是至今，诸多对 USO 的调查和研究一般都像 UFO 研究一样，没有什么确定的结果。

深海里的不明潜水物好像是不明飞行物的另一个姐妹，向我们展示着它的神秘。以后我们不仅要把眼睛朝向天空，还要留意把眼光投向海底。

26. 八卦太极——外星人制造飞碟的图纸？

产生在七千年前的《八卦太极图》，以其独特的外观、诡秘的内涵，成为中华神秘文化的起源。几千年来，众多的学者、智士从不同的时代不同的角度对它所作出的极力阐述，造就了《八卦太极图》涉及范围广泛几乎无所不在的特点。古时涉及万事、万物、生死、消长、胜负、苦乐、阴阳，近代涉及哲学、宇宙、天文、地理、数学、生物、医学，近几年又产生出了一些太极专利。这些理论或专利都企图独辟蹊径，以期能够解开《八卦太极图》的来历这个亘古之谜。所以，可以说《八卦太极图》是中华大地上一个亘古至今的困惑。其实，《八卦太极图》的真正内涵完全超乎想象，与众多的太极说毫无关系。

我们从未研究过《八卦太极图》，对众多的太极说也毫无兴趣。如果不是它关系到了飞碟的新科学问题，我们也不想轻易地介入其中。事情是这样的，我们在对飞碟飞行力学的研讨中，似乎在有意无意之间就揭开了这个亘古奇谜，了解到了它的因果关系与产生过程。下面，对此作出介绍：

我们制做了 8 种飞碟的飞行力学模型。每当研究飞碟向斜上方飞、做水平飞、向斜下方飞这三种飞行的具体情况，以及由此产生出其他的飞行变化时，都需要对这三个模型做俯视。然后才可以进一步考虑飞碟船体中正负质心（即船体的两个正负受力点）的位置变动。而每当我们对这三个模型做俯视时，都有一种似曾相识的感觉。下面，我们只用飞碟做水平飞行时的模型做说明。该模型的制作如下：

得到了一个圆与圆中的两个黑白点。这就是《八卦太极图》中的圆与两个黑白点的来历。古往今来，人们对《八卦太极图》中黑白点的来历有很多种猜测，但是都无法自圆其说，最后都倾向于神秘论。有一段时间，我们从对飞碟内正负质量做变化的讨论中，分别得到了正负质量在圆柱船体内各自的物理区域作增减变化的积分曲线。

将这两条曲线放到一个正负轴完整的解析坐标中，就得到了一个 S 形曲线。

这就是文王或伏羲《八卦太极图》中 S 曲线的来历。古往今来，人们对《八卦太极图》中 S 曲线的来历也有很多种猜测，但也都是不着边际更无法自圆其说。有的认为既然说不清 S 曲线的来历，干脆对它视而不见。

一日，我们漫不经心地将这个 S 曲线，画到了上面那个飞碟圆柱模型的俯视图中，结果却令我们感到了如雷轰顶般的惊愕与震撼。因为这是一个《八卦太极图》的雏形。情急之下将这个带有 S 曲线的圆放入飞碟飞行力学示意图的 8 种飞行情况图中，再将负物理区域涂成黑色，就得到了一个与《八卦太极图》几乎没有多大差别的图形。

你看这个 S 曲线在预示飞碟做各种飞行时船体内正负质量的变化是多么的形象。这就是《八卦太极图》中黑与白、八个卦号、五个卦级的来历。各位也可以用此图与飞碟飞行力学图中的 8 种飞行情况，与飞碟的 5 级梯度时空关系做一个对照，看一看是不是很有联系。古往今来，人们对《八卦太极图》中黑白区域与 8 个卦号的来历也有很多种猜测，也都知道他的观点站不住脚，所以最后几乎都倾向于神秘论。

但是，这样画出的《八卦太极图》实在很麻烦。如果能用飞碟在它 8 种飞行时的 8 个时空记号，来代替上图中的 8 个飞碟船体物理模式，就得到了一个一模一样的《八卦太极图》。

这就是《八卦太极图》的全部产生过程。如果将正负质量与正负时间的解析坐标轴做一个变动，我们就可以得到不同位置的 S 曲线，进一步就可以画出伏羲或女娲等不同样式的《八卦太极图》。这就是《八卦太极图》这个亘古之谜的谜底。所以，上面所说的这图的准确名称应该叫做：飞碟的飞行原理与飞行情况示意图，而绝不是古人给起的叫什么《八卦太极图》！

现在，《八卦太极图》这个亘古之谜解开了，但是由此产生的问题也同时出现了。那就是这张图产生在七千年前，可为什么又成了今天的飞碟飞行情况示意图呢？结论只能有一个，那就是外星人曾经在远古的洪荒时期，引导过华夏儿女的进化过程，并留下了这张图用来引导我们未来的科学进步。我们再回顾一下历史也许会得到一些反思，七千年前的伏羲曾经教会人们耕作、驯化家畜、结网打鱼、识别气象。但是对于这位贡献多多的先贤圣英，我们却从来没有把他当做华夏民族的始祖与民族的灵魂。这实在不是我们华夏儿女数典忘祖，而的的确确因为伏羲是一种另类——外星人。这可以从对伏羲的记载描素中了解到，所有的史书都说"伏羲是人首蛇身"。但是我们却可以从生物学与遗传学的角度知道，生长着人的头颅蛇的躯干这样的个体是不可能出现的。即便真有，那也是由于他父母的基因突变而产生出来的畸形怪物。而一个低智商的无行为能力的畸形怪物，连生存尚且艰难又如何教会人们耕作、驯化家畜、结网打鱼、识别气象呢？所以，将"伏羲是人首蛇身"的解释，定义为人的头颅蛇的躯干是一个绝对的错误。那么伏羲的人首蛇身到底是怎么一回事？其实，我们应该把思维的重点放在"蛇身"之上。实际上所谓的蛇身就是指伏羲身体上所穿着的金属质编织服装，这种金属服装有与飞碟相同的工作原理。而当时的远古人并不认识金属，但却从金属质编织服装的反光中认定这与蛇皮相同，顾而将伏羲误传为蛇身。国外有的UFO案例中，目击者也曾经说见到过穿金属服装的外星人。此金属服装与伏羲的蛇身实乃同物。

也许你对我们的理论仍报有怀疑，因为如果我们的飞碟飞行理论不能成立，那么我们的揭谜也就不能成立。为此在下面介绍飞碟在飞行时，它船体的物理结构是如何变化的。

现在，从我们自身的角度说，在UFO的动力原理、飞行原理，以及如何走入实际等方面已经不存在问题，只是由于受条件与资金所限而心有余却力不足。十分希望能够得到哪位高人的帮助，以便能够改变这种状况。这就好比一个农民在有了经济条件之后，也可以用比照单引擎飞机的特征与原理这种方法，自已也制造出一个飞机一样。

古代流传有伏羲先天八卦图，这属于先易的范围。先天八卦讲对峙，即把八卦代表的天地风雷，山泽水火八类物象分为四组，以说明它的阴阳对峙关系。

太极图由于阴阳两面方位的移动和变换，而又出现了不同的图象。先天八卦图，坤震离兑居左，坤为母，离再索而得女，兑三索而得女，三卦皆阴，只震一索而得男为阳。故太极图左面用黑色表示属阴，黑中白点表示阴中有阳。乾巽坎艮居右，乾为父，坎再索而得男，艮三索而得男，三卦比阳，只巽一索而得女为阴。

先天八卦讲对峙，即把八卦代表的天地风雷，山泽水火八类物象分为四组，以说明它的阴阳对峙关系。《周易说卦传》中将乾坤两卦对峙，称为天地定位；震巽两卦对峙，称为雷风相薄；艮兑两卦相对，称为山泽通气；坎离两卦相对，称为水火不相射以表示，这些不同事物之间的对峙。按上述峙图式的内容，先天八卦可分为三个周期：

第一周期：从坤卦左行，表示冬至一阳初生，起于北方；从乾卦右行，表示夏至一阴初生，起于南方，本周期指的先天八卦图的最内圈，即由卦的初爻组成。这一寒一暑，表示太阳在一年的周期运动。

第二周期：由卦之中爻组成，半圈阳爻表示白昼太阳从东方升起，经南天而到西方；半圈阴爻表示太阳落山后的黑夜，这是记太阳运行一日的周期图象。

第三周期：由卦之上爻组成，半圈阴爻表示月亮运行的上半月，即朔；半圈阳爻表示月亮运行的下半月，是为弦。由此可见，这一图象是统一年月日时周期。

27. 星海探秘——土卫二疑有外星人居住

据国外媒体报道，土星第二卫星"恩克拉多斯"上的间歇泉相较于火星的沙粒和金星的同温层，是我们太阳系中更有可能潜伏外星生命的地方。

"恩克拉多斯"，土星冰环上的一颗闪亮星球，2年前，卡西尼太空船首次发现其南极不断喷射水一样物质的间歇泉。水，这一生命最关键的组成成分被喷射到了430公里外的太空，居然击中了在土卫二上空急速行驶的卡西尼太空船。

一直在不断寻找地球外生命迹象的天文学家和太空生物学家看到这一情况惊呆了，他们至今还是无法解释这样如此之小的天体（直径只有505公里）能喷射出如此多的水。约翰斯·霍普金斯大学的安德鲁·多巴德说："没人能解释这一现象。恩克拉多斯已经成为太空生物学家开展搜寻任务的首选。"

但最大的问题是：那里有生命存在吗？答案也是一样的：谁知道呢。

6月28日，当卡西尼太空船最近一次飞越恩克拉多斯时，再次激发了行星科学家的高度兴趣，一下子涌现出许多惊人的理论，包括在5月刊的《自然》杂志上发表的2篇报告。卡西尼任务科学家乔纳森·卢尼勒表示，自从20世纪80年代初旅行者号飞越土星以来，恩克拉多斯就是太阳系中已知的最亮的卫星，因为它上面覆盖有新的冰。然而，从土卫二南极喷射的间歇泉多于赤道上的，这可能是来自土星的最强大引力拖拉导致的。由此形成了虎纹状的喷射口，大约有128公里长，这"非常惊人"，卢尼勒说，"这很具有几分奇异特征。"

2005年12月，飞越土卫二的飞船每8分钟就看到喷射一次间歇泉，喷射出来的东西不只是水，还混合有生命物质，包括甲烷、丙烷、乙炔和二氧化碳等有机化合物，纷纷进入了土星外层的"E"环中。卡西尼号太空船携带的分光计对其冰羽毛进行了化学分析，发现间歇泉上冒着乙炔和丙烷。这表明卫星处在一个非常热的状态下，土卫二冰下的温度可能在440度至980度，4月刊的《伊卡洛斯》杂志上的一篇研究报告表示。卢尼勒说，"我认为我们有一天会发现恩克拉多斯地表下的液态水。"

土卫二的神秘面纱

"土二卫"在离土星最远的一个环按轨道运行。那是一个奇特的白色小世界，它的表面布满一层纯净的冰，偶见沟槽和凹坑，那都是近日在太空中遭遇的冲击造成的。这颗卫星的表面是一个寒冷的地狱。但令人意外的是，冰壳下面是一个相对活跃的世界。

去年，卡西尼发现虎纹处的温度高于土卫二表面的温度，卢尼勒说。有关土卫二引发喷泉的热量来源有多种解释：一是双层挤压。一湖处于冰冻状态的液态水，受到上面的冰和下面岩石的双层挤压，导致喷射间歇泉。二是放射性元素衰变所致。放射性元素伴随诞生700万年的土卫二不断衰变，释放热量，熔化了土卫二的内核，在其冰下产生了一个海洋。三是潮汐磨擦力所致。围绕土星运转的土卫二的椭圆形轨道导致产生的重力潮汐使虎纹边缘彼此磨擦生热，将冰熔化，喷射到太空。四是冰格状包合物截留所致。冰羽毛上看到的气体可能被冰格状包合物所截留，当它转移时，冰格状包合物就会经受太空真空，让这些气体具备强大力量，逃离截留它们的"牢笼"。

研究人员表示，所有理论都有一定道理，但没有一个能完全解释引发间歇泉所需的热量来源。卡西尼发现一对小土星卫星——土卫三和土卫四上有一些火山作用的迹象，但这一情况与土卫二不匹配。

搜寻外星生命

2008年，卡西尼将最后一圈靠近土卫二上空大约350公里处飞过。但科学家都担心来自间歇泉的冰会损坏卡西尼太空船，卢尼勒说，如果卡西尼任务延长到次年年底的话，卡西尼至少能7次飞越土卫二。科学家希望2008年的这次飞越能够精确测量来自土卫二的重力，以确定其冰下是不是有海洋。若经证实，土卫二便具备了产生生命的三大条件：持续的热源、有机物和液态水。

28. 天使之发——不明丝状物伴随 UFO 出现

俄罗斯《真理报》报道，经常有人声称，在发现不明飞行物（UFO）后不久，常会有一种蛛丝样的胶状物掉在地面上，这种稍微有放射性的物质被叫做"天使的头发"，在落地数个小时后，它就会不留一丝痕迹地消失了。据说，这种"头发"不是分解就是变成棉样的毛发，当把它放在手里时，你会闻到一股刺鼻的气味。美国的不明飞行物研究专家将这种物质称为"天使的头发"，意大利人则叫它"硅石棉"，而法国人则用"圣母玛丽亚的礼物"来形容这种从天而降的半透明细丝。可是，所谓的"天使的头发"果有其事吗？如果它确实存在的话，又会是一种什么物质呢？

几十年前便有相关报道

1954 年，不明飞行物研究专家首次开始探讨这种现象。1954 年 10 月 27 日，名叫吉恩纳罗·鲁塞迪和皮耶特罗·拉斯特鲁西的两名男子站在位于威尼斯圣马克广场的一家旅店的阳台上。两人突然看见两根"闪亮的细长的东西"飞过天空。这两样东西在飞快闪过时留下了一道火红的白痕。它们飞行的速度都很快，而且彼此之间有一段距离。然后，它们作了一个 U 形转弯，消失在佛罗伦萨方向。

有报道说，在佛罗伦萨的一家体育馆进行的一场足球比赛中，突然出现了这种物质。球员、裁判和大约 1 万名观众纷纷站在那儿盯着飞过体育馆上空的异物。

从 1420 年到 1429 年，两个不明飞行物三次飞过该市上空。一旦这些不明飞行物消失，就有大量奇怪的蛛丝样细丝开始掉落到地面。如果将其放在手里，这种物质很快就会分解掉。

一位学生阿尔弗雷德·杰克伯兹是唯一成功捡起其中的少数细丝并将它们封入一根密封的试管的人。杰克伯兹把这根试管交给了佛罗伦萨大学化学分析学院主任吉奥范尼·肯纳利教授。

肯纳利教授的同事丹尼洛·科兹教授对这些神秘物质进行了一系列的检验。科兹教授说："它是一种含纤维的物质，对张力和弯曲有很强的耐力。一旦受热，这种物质就会变暗并消失，留下熔掉的透明沉积物。这种沉积物含有硼、硅和镁。说不定，这种物质可能就是某种硼硅玻璃。"

美苏专家提出独特观点

美国不明飞行物研究专家查尔斯·曼尼提出，这种物质是不明飞行物物化的过剩能量。

英国一位不明飞行物研究专家表示，"天使的头发"是在一次降神术会议期间传出的通灵物。

前苏联研究人员利亚普诺夫一直致力于科学的普及工作，1967年，他收到了来自新西兰的一份"天使的头发"样本。一根紧紧密封的试管装着不到0.1立方厘米的不明物质。一组科学家对这种物质进行了一次全面的分析。辐射线测定方面的一位专家物理学家克里琴科推断，它是一种含有精细纤维的物质，其中有一部分纤维的直径不到0.1微米。大多数纤维缠结成一束束或隔开直径仅有20微米的细丝。这些细丝看起来有些发白和半透明。对这种物质来说，目前还没有任何已知的相似物。

在总结这项研究时，院士佩特亚诺夫·索科洛夫说："这种有着相当精细纤维的物质非常有意思。它不太可能是自然界成形的。"不幸的是，所有的这种物质在这项研究期间被用完了。

此后，再也没有获得新的"天使的头发"样本，尽管该国不断出现有关这种现象的报道。

"头发"之谜仍有待破解

根据英国不明飞行物研究协会于1998年8月散发的相关报告所说，在北威尔士出现一不明飞行物后不久，有神秘的蛛丝掉落地面。60岁的斯坦菲尔德和她的儿媳妇看见"天空中有大约20个银球"，然后注意到有蛛丝样的物质落到地上。有几次，"天使的头发"从蓝蓝的天空掉落。1898年，美国蒙哥马利市的居民报告有会飞的蛛丝样物质掉落地面。根据目击者提供的描述，这种细丝状的物质有点像荧光石棉纤维。

1978年2月10日，在新西兰沿海城市萨马鲁市附近，有大量粘性纤维从天而降，时间长达两个小时。这些纤维似乎比蛛丝还要精细的多，但在蓝蓝的天空中清晰可见。有些纤维有网球那么大，它们在空中缓慢地散开。有些则成群地漂浮着，就像一架喷气式飞机的热尾流。新西兰科学与工业研究部的一位发言人说："我从未听说过像那样的怪事。"

尽管世界不少国家的科学家对"天使的头发"进行过调查，也提出了各种各样的说法，可是，没有哪一种说法更占上风。可以预料，在未来的将来，还会有目击者称看到这种东西，而科学家们在这个问题上也将继续争论下去。

29. 战神之车——藏身寺庙之城的神秘飞船

印度南部的古城甘吉布勒姆。有424座神庙。据说最多时曾达到一千座，被称为"寺庙之城"。在这里的神庙中，除了湿婆、毗湿奴、黑天、罗摩等众多古印度的神灵雕像外，还有一种飞船的雕塑。这种飞船雕塑被雕成不同样式，上面刻有众多神话人物，但它们有一个共同的名称——战神之车。

一般人往往认为。这种飞船就是神话中人物乘坐的器具，是神话杜撰的子须乌有之物。然而，1943年，印度南部的迈索尔市梵语图书馆却从一座倒塌的庙宇地下室中，发现了一份题为"Vymaanila—Shaastra"的古代梵文本简稿件。在这份稿件中，以6 000行的篇幅，详细记载了"战神之车"飞船的构造、驱动方式、制造飞船的原料乃至飞行员的训练与服装等众多细节。

据记载，"战神之车"的飞行速度，如换算成现代计量单位为每小时5 700公里。印度梵语学者和技术专家们合作，依据这份文献和其他古籍中的记载，对"战神之车"进行了仿造。仿造后的研究结果表明，就技术水平来说，这种"战神之车"并不是惊人的奇迹。但不要忘了，这是与现代科技对比而言，而飞船是在史前时代建造的！

研究者们认为，"战神之车"是一种多重结构的飞船，当时的飞船已装备了绝缘装置、电子装置、抽气装置、螺旋翼、避雷针。以及安装在飞船尾部的喷焰式发动机。文献中多次指明飞船呈金字塔形，顶端覆盖着透明的盖子。建造这样的飞船。无疑需要多种现代高科技水平的能力，更需要现代物理学特别是空气动力学的理论基础。这对现代人来说，也是在20世纪初才刚刚解决了的难题。

两千多年前，是谁在古印度造成了这样的飞船呢？古印度人似乎并不是飞船的建造者，他们既没有建造飞船必要的技术能力，也没有驾驶飞船的科学知识。对他们来说，飞船只是神灵们的交通工具。那么，这些驾驶飞船的古印度神灵，究竟又是谁呢？

30. 波谲云诡——操纵怪异云彩诱拐人类

外星人操纵怪异云彩诱拐人类是真的吗？俄罗斯《真理报》报道说，在一些异常的无法说明的现象中总会伴随着一朵怪异的云彩，UFO专家常常将这些怪异云彩现象和地球外生命联系起来。

不明飞行物研究专家威特利·凯斯诺在1989年9月初曾看见过这朵云彩。威特利当时在树林中采摘坚果，他突然感觉到背后某个人的眼光，然而周围却没有任何人，空气中弥漫着恐怖的气氛，他的头发都直了起来。他抬头向上，看见一朵深灰色云彩，并且听到了一种奇怪的像是鸟在扇动羽翼和树木裂化的声音，而放眼四周，既没有鸟，树枝也是静止不动的。

云彩上升了一点就停下来了，凯斯诺感觉到自己无法移动甚至一根手指头，他开始膝盖发软并且倒在了地上，他下意识地意识到，云彩想要带走他，他试图反抗，至少在他的头脑里是这样。威特利感觉有微弱的电流流遍全身，不久物体飞走了，他立即感觉好多了，但是他马上忘记了刚才发生的事情。威特利说当他以后再次在一些场合见到这朵云彩的时候他才回忆起一些事情，他说云彩可以降下，完全将他包住，然后在几秒钟之内消失。

UFO研究小组一些成员在1990年一个晚上曾经在旷野上看见了紫罗兰色的柱子样的云彩。其中一个不明飞行物研究家想要近距离观察这个物体，可是当他刚开始靠近云彩时，头脑中有个声音告诉他不能再走近一步，这个声音是从悬挂在附近空气中的神秘云彩中传出来的，这个年轻人立刻退回来了，瞬间一切都消失了。

其他相似的事件也发生在来自符拉迪沃斯托克的发德沃斯家。艾克斯和妻子尼娜带着两个孩子周末去野营，他们在离村庄不远的河边搭起帐篷，当孩子入睡之后他们坐在火堆旁的一根原木上，这时他们看见一朵灰色的奇怪的云彩悬浮在他们头上，艾克斯惊奇地发现这朵云彩一动不动，他站起来走向云彩并且向云彩伸出了手。接下来的故事就与其他的人类被外星人绑架的故事一样。艾克斯后来说他发现自己置身于一群穿着军事制服的人们中间，他们让他坐在一个扶手椅子上，在他身上放置了几个传感器并进行检测，屋子里的人还和他说话，他们说自己来自未来，正在进行一些连接其他世界的实验。他们建议艾克斯留下来，但是他说他还有个家庭需要照顾，于是他们让他出现在火堆附近的草场上。

当丈夫消失之后，尼娜无意间看向附近的一棵树，她看见一个女人坐在树上，这个女人背上长着翅膀，她赤裸的脚上只有三个脚趾，尼娜吓得尖叫起来，大声呼唤她的丈夫，可艾克斯没有回应，她情急中抓起一把小斧头保护自己。

尖叫声惊醒了孩子，当他们发现树上的怪物后，他们大声哭喊着躲在了母亲身后，那个长着翅膀的女人静静地看着受惊吓的人类，直到艾克斯出现在草地上之后，那个怪物迅速地飞向了天空并消失了。

不明飞行物研究专家认为，神秘的云彩可能是一种独立的生命形态，也可能是地球外生命为达到某种目的而使用的一种辅助工具而已。

31. 不可思议——俄老妪捡了个外星人基因

1996年，俄罗斯乌拉尔地区出现了一个奇怪的生物——它的身高只有25厘米左右，洋葱头似的脑袋上长着一双大大的眼睛……没多久，这个小东西就死了。随后，俄罗斯学者对这个"怪物"进行了多年研究，试图弄清楚它的身份。近日，俄罗斯莫斯科法医鉴定研究所的最新鉴定结果显示，这个小东西的体内含有"非地球基因"。

老太太雷雨夜捡个"怪物儿子"

1996年夏季，俄罗斯乌拉尔地区的车里雅宾斯克州发生了一件轰动全国的大事——位于该州西北部的克什特姆市卡利诺沃村发现了一个怪物，也就是所谓的"乌拉尔外星人"、"克什特姆小矮人"。

据卡利诺沃村居民回忆，1996年8月13日那个雷雨交加的夜晚，村中一位74岁名叫瓦西里耶夫娜·普罗斯维琳娜的老太太正在休息，突然接到一个"心灵感应指令"，让她立即起床到附近树林的墓地去。当时，人们对老太太接到"心灵感应指令"的解释很简单：普罗斯维琳娜精神有问题。不过，奇怪的是老太太确实找到了传达指令的"人"——一个身高只有25厘米、长着两只大眼睛的小东西，当时小东西正从墓地中望着她。

据悉，小东西的脑袋下圆上尖，像分成四瓣的洋葱，由下向上合到一起，形成一个尖头顶；嘴巴没有嘴唇，只是一个小洞；身上没有衣服，而是覆盖着一层皮毛；长长的手臂上长着锋利的爪子。可怜的小东西不会说话，只是哀怨地发出"吱吱"的叫声。于是，老太太心疼地把小东西带回家，并像对待儿子那样照顾"他"，还给"他"取了个名字——阿廖申卡。

老人的儿媳塔玛拉有幸亲眼见了这个不同寻常的小生命，当时她的丈夫谢尔盖正在坐牢。塔玛拉称，她看到的小东西嘴巴撅成筒状，鲜红的舌头轻微颤动，两颗小牙清晰可见，"这绝对不是人类孩子——褐色的脑袋，灰色的身体，皮肤没有纹理，眼睛大大的但是没有眼皮，瞳孔一会儿放大、一会儿缩小，没长耳朵只有两个小洞，肚皮光滑但没有肚脐，竟然没有生殖器，因此分不出性别"。塔玛拉的母亲加琳娜也见过活着的小东西，"这是一个古怪的东西，起初我还以为是幻觉。这个东西没有下巴，只有一层薄皮"。

科学家否定属于变异小孩

加琳娜称小东西活了大约3个星期，而"他"的死完全是个意外。她说："我认为'他'应该是被饿死的，普罗斯维琳娜后来犯病被送进精神病院，把'他'一个'人'留在家里，就这样活活被饿死了。"

小东西活着的时候并未引起人们的注意，虽然村里人知道普罗斯维琳娜捡了个"儿子"。叶夫根尼·莫基乔夫大尉是克什特姆市警察局的调查员，当地一个叫弗拉基米尔·努尔季诺夫的人后来向他透露自己有具"外星人尸体"，还当场把尸体展示给他看。原来努尔季诺夫早就知道老太太家有个"怪儿子"，在老太太精神病发作被送进医院后，努尔季诺夫就去找"他"，结果发现"他"已经死了，成了一具木乃伊。

此后，这件事就轰动了俄罗斯。包括病理解剖学家、基因学家在内，很多专业人士陆续加入到调查中，他们对尸体进行鉴定后都坚信这绝对不是人类的尸体。专家已对尸体进行了五轮最严密的鉴定，最近一次由莫斯科法医鉴定研究所完成，结果令人震惊，因为小东西至少有20种与人类不同的特点。医学专家也不承认这是一名变异小孩的观点，参与鉴定的科学家说："我们从这个生物的D.A样本中发现一个基因，它和人类或类人猿的基因完全不同。目前人类了解的所有基因中没有和它类似的，我们从来没有见过拥有这样奇怪的D.A的地球生物。"后来，小东西的尸体神秘失踪。当地人传说普罗斯维琳娜悄悄将尸体带回村里，一个飞碟随后出现在天空中，外星人从飞碟上下来将尸体带走了。

"外星人的诅咒"频扰当事人

就像当年参与古埃及法老图坦卡蒙墓发掘的考古学家纷纷遭遇"法老的诅咒"一样，与小东西的尸体有过接触的人也先后遭遇"外星人的诅咒"。

首先遭殃的是发现并养育过"他"的普罗斯维琳娜。在"儿子"死去几年之后，老太太在一次离奇的车祸中死亡。目击者回忆称那是1999年8月5日的晚上，普罗斯维琳娜当时突然称再次接到"心灵感应指令"，于是顾不上穿鞋，只穿着袜子就冲出家门。目击者随后看到两辆汽车就像约定好的一样，同时冲向了老太太。

曾经研究过小东西、仔细调查过其发现地的俄罗斯科学院院士马克·米利希克，在返回莫斯科后突然身患重病，最终死在医院里——他的心脏在深夜突然停止跳动。

研究过包裹小东西尸体的布并对其进行 D. A 检测的瓦季姆·切尔诺布罗夫也进了医院——他在街上行走时双脚突然不听使唤，尽管最终康复但医生始终解释不了他的发病原因。

32. 初露端倪——俄境内出现"诺亚方舟"

围绕"诺亚方舟"最后到底在什么地方着陆的争论持续已经很久。长期以来，土耳其境内的阿拉特山一直被认为是诺亚躲避大洪水的地点，而且也有很多关于在山上见到方舟、找到遗骸的报道。然而俄罗斯学者却否认了这种说法，并且相信如果真的存在诺亚方舟，那么它应该在黑海的俄罗斯水域。俄《总结》周刊日前对此做了报道。

"诺亚方舟"或在俄境内

2004 年 9 ～ 10 月，一群俄罗斯学者组成考察队，前往土耳其境内的阿拉特山考察。按照西方流传最广的说法，那里正是《圣经·旧约全书》记载的世界大洪水期间诺亚方舟的停泊地。据说，有人曾从飞机和太空看到、甚至拍下了诺亚方舟遗迹。

俄罗斯考察队是世界上第一只抵达传说中神秘之所的考察队，队员们对找到的东西进行了详细记录，并且收集了雪和土壤的样品，然而最终的研究结果显示，这一切都只是自然产生的；考察者甚至还找到了一些"好像是从船上流下的树脂"的东西，然而那同样被证明是一种自然物质。

这样的结果让考察队既感失望又欢欣鼓舞。在他们看来，如果诺亚方舟不在土耳其，那么它很可能在俄罗斯——在伏尔加格勒、伊尔库斯克、南乌拉尔以及图阿普谢，都有因诺亚方舟故事而闻名的阿拉特山；在克拉斯诺达尔边疆区的黑海沿岸城市格连吉克附近，一座不高的山峰同样名叫"阿拉特"，值得一提的是，它与那场灾难性的世界大洪水的暴发地近在咫尺。而且研究表明，除了格连吉克的阿拉特山外，其他几座阿拉特山都与海、也就是传说中的史前大洪水无关。

2007年深秋，一支30人组成的俄罗斯考察队起程前往格连吉克，踏上寻找诺亚方舟之旅。

发现方舟停留最适合地点

从航海学角度出发，"方舟"的说法根本站不住脚，因为直角、矩形船身既不利于抵抗海浪冲击，也将使其航行过程中遭受的阻力大大增加。但是俄罗斯学者认为，"诺亚方舟"的存在完全是可能的，只不过它不是真正意义上的船只，而是漂浮在水面上的、没有了屋顶的木头建筑，这也与传说中诺亚方舟不是普通的船只的说法吻合——既没有舵，也没有桨。

俄罗斯考察队的目的，就是找到被大洪水冲到格连吉克的木头建筑遗迹或者遗骸。靠近阿拉特山麓的黑海沿岸地带非常广阔，为了节省时间和精力，必须对寻找地点进行筛选。在经过初步考察后，考察队员确定了一处最可能的地点。

该处的海水最具特性——水流湍急、方向不定，对于船只来说无疑是个陷阱；此外，15~20米深处暗礁密布，这有利于"诺亚方舟"停留——装满物品、不受控制的"方舟"要想停留下来，势必需要系留在水下障碍物上。

确定考察地域之后，考察队的搜寻过程进入主要阶段。队员们首先使用声纳设备对海底进行搜索，但是结果却一无所获。在接下来的三天里，考察队没有发现任何值得特别注意的东西。直到一名队员在暗礁附近发现一个非常奇怪的物体。

"矩形建筑"有待进一步考察

这是一个长20米、宽6米，一头露出海底2米、一头埋在沙中的矩形物体；物体的"围墙"厚度在半米左右，看起来像是石头做成的。考察人员核实后发现，其表面粘满了比周围暗礁还硬的贝壳。这是一个非常有意义的发现，因为贝壳通常附着在木质或铁质表面上。

队员们立即得出这样一个假设，即物体本身是木质的，最终被不断聚集的贝壳吸附，而变成了坚硬的物体。不过，他们也不排除这确实就是一座早在该处还未被海水淹没时就已建成的石头建筑的可能。

队员们为这一发现感到兴奋不已。在接下来的水下考察中，他们又陆续发现了一些年代久远的船锚，表明这里确实是个充满危险的海域。这些物品已被考察队员转交给当地博物馆，其中有一件是大家所不认识的，而对矩形建筑的研究工作要等到以后进行。

　　由于天气渐渐转冷，考察队不得不于 2007 年 11 月离开克拉斯诺达尔斯克边疆区返回莫斯科。在对取得的成果感到高兴的同时，也对接下来将要得到延续的考察工作充满期待：或许，这里真的就是传说中诺亚所建的"方舟"。

33. 天文密码——日历中藏着外星人信息

现代文明还无法读懂

　　俄罗斯数学家帕霍莫夫研究认为，外星文明的代表多次造访过地球，并将日历作为礼物留给了人类，而且上面还编写了外星人留给我们的密码信函，这个信函只有等到人类文明发展到一定程度才能读懂。帕霍莫夫是莫斯科国立大学理工学院副院长，发表过 50 多篇学术文章。他说，外星人的信函不是偶然发现的，他已经寻找了许久。

　　在古代，地球上许多的民族被大洋和荒漠所隔绝。然而，这些民族的传说和神话故事中却有许多事件和情节相吻合，比如说，很久以前外星球的居民到过地球。这引起科学家们的高度重视。

　　如果外星人来过地球，那么，外星人会采用何种方式给未来人类留下到访证据呢？帕霍莫夫认为，问题的关键在于"保险"。因为人类要经历漫长的发展岁月，外星人的遗嘱要能保留到人类读懂它的那一天。

根据传说进行猜测

　　在寻找外星人到访地球证据的过程中，帕霍莫夫发现一个有趣的现象，古埃及的法老在登基王位之前都要做一个奇怪的宣誓——"不对日历做任何变动！"这个誓言会令人想到什么呢？为什么不能改变？莫非在最初的日历中保存了某种信息？

　　在许多古老的传说中都讲述了古埃及的智慧之神和希腊神话中的众神使者，他们在返回上天之前似乎写了一本书，并把书很好地藏了起来。据说，这本书是万古不朽的，在苍天衰老之前，人类看不见它也找不到它。

　　根据这段传说，帕霍莫夫思索，什么东西可以万古不朽？要知道，连伟大的金字塔都会遭到损毁。因此，不朽的东西也许是非物质的，譬如信息之类。帕霍莫夫研究后认为，外星人留给人类的纪念品一定与日历有关，因为只有日历才能世代相传，万古不朽。

解读万年历中的秘密

但为什么日历中的密码信息既看不见，又找不到呢？帕霍莫夫表示，人类过去还不具备必要的知识和技术来"读懂"日历，但这并不影响密码信函在日历中的保存。事实上，我们像保护自己的眼睛一样保护日历已经数千年了。我们甚至没有怀疑过，在每年的节日里隐藏着某种算法——日历信息。帕霍莫夫说，将信息编在日历当中的确可以做到万古不朽。

在乌克兰索菲大教堂有个"万年历"矩阵体，根据这个"万年历"矩阵体，可以轻易地确定任何一个年份的看法，还可以知道 100 年以后你的生日在星期几。帕霍莫夫正是从"万年历"矩阵体开始了他解读外星人密码信函的研究工作。

俄神秘古城遗址疑似外星人飞碟发射中心

在这个神秘的地方，时钟会失灵，心脏跳动的频率、人的血压和体温都会发生突变，地球的电磁场也莫名其妙地降低，空气温度在 5 分钟内会忽然上升或下降 5 摄氏度。

据俄《劳动报》报道，俄罗斯总理普京造访南乌拉尔地区车里雅宾斯克的古城遗址——阿尔卡伊姆。俄考古学家认为，这里是地球上最神秘的地方之一。飞碟专家认为，很久以前这里或许是外星人起降飞碟的航天中心。

俄罗斯已经成立了一个由科学家和大学生组成的宇宙探索考察队，对这一地区进行科学考察。领队切尔诺布罗夫说，阿尔卡伊姆地区的神奇在于，4000 多年前的阿尔卡伊姆文明即便是当今的科学技术也无法企及。1987 年，前苏联政府打算在南乌拉尔地区的阿尔卡伊姆盆地修建一个水库，结果，考古学家在盆地的中央发现了一个巨大的神奇圆形建筑群。经过一年多的考证，考古学家发现，阿尔卡伊姆遗迹与古埃及和巴比伦属同一时期的文明，比特洛伊和古罗马要早得多。

俄神秘古城遗址疑似外星人飞碟发射中心俄神秘古城遗址疑似外星人飞碟发射中心空中俯瞰阿尔卡伊姆，整座城市好似由许多个同心圆组成的圆盘，它们一层套一层就像树的年轮。中心部分是一个圆切正方形广场，整个城市的建筑构思恰如"天圆地方"的宇宙天体的微缩景观。阿尔卡伊姆不仅仅是一座城市，同时也是天文观测台。据悉，城市的整体设计方案似乎可以精确地算出宇宙天体的准确方位。

阿尔卡伊姆城中有暴雨排水沟，木制结构住宅的木头中浸渍了不怕火烧的化合物，因此，该城历史上从未发生过水患，也没有发生过火灾。城中每一间住宅都有完善的生活设施，排水沟、水井、储藏室、炉灶等。最有意思的是，水井处有两条土制通风管道，一条通向炉灶，铁匠在打铁生火时可不用风箱，另一条通向食物储藏室，从井里吹来的冷风可使这里的温度比周围低许多，储藏室就如同一个大冰箱。

俄宇航员听到外星人警告称更高级生物存在

"上帝"真的发出警告吗？宇宙中可能还存在着其他更高级的生物。

据国外媒体报道，来自俄罗斯普尔科夫主天文台的吉里尔·布图索夫教授日前宣称，俄宇航员曾经听到过来自"上帝"的警告。他的这一观点还得到了宇航员格里高里·格列奇科的证实。格列奇科确信，"在宇宙中存在着其他智慧生命，而且他们要比我们更为发达。"

格列奇科宣称："我认为，有某个'人'给了我们发展的动力，正是他人为地促使黑猩猩在智力上发生了飞跃。当然，对于我们来说，起到推动作用的应该是'上帝'，正是他按照自己的样子和想法创造了我们。"

布图索夫教授则指出："有时宇航员们在轨道上会出现一种特别奇特的感觉。某些情况下，宇航员们会突然觉得有某个人正在背后盯着自己。之后，便会感到有某种无法看到的生物在低声说话。那篇显现在意识深处的'文章'大意为：你来这里的时间太早，而且也不正确。相信我，因为我是你的祖先。孩子，你不应该在这里，回地球吧，不要破坏造物主的法则。为了增加可信度，这一声音还常常会讲述一些宇航员家庭的历史。"

除此之外，部分宇航员还宣称，在他们的意识中有时会突然出现一些奇特的画面和感觉。这种现象是宇航员谢尔盖·克里切夫斯基1995年在国际空间人类生态学院首次宣布的。还有一名宇航员甚至曾告诉克里切夫斯基，他还曾短暂地以一只恐龙的形态"存在过"，而且，他还感到自己曾到过另外一颗行星，越过峡谷和低地。这名宇航员还描述了"自己"的爪子、鳞片、手指间的膜和巨大的脚趾。

布图索夫教授指出，有时人们确实会产生自己具有另外一种身份的感觉，但至于导致这种现象的具体原因还有待于进一步的研究。

法17世纪古币上飞行物奥秘至今无人解开

据《新闻评论》报道，几个世纪以来，钱币专家一直试图揭开一枚17世纪法国古币上神秘的不明飞行物（UFO）图案的谜底。但一位权威的钱币专家日前表示，这枚铜币图案的奥秘仍然无人解开，上面的图案仍然是"不明飞行物"。

虽然经过半个世纪的研究，尽管钱币组织一直想解开这个谜，可是，这枚钱币上的图案似乎有意在与研究人员捉迷藏。这枚神奇硬币的拥有者、美国科罗拉多州科罗拉多泉镇的肯尼思·E.布莱斯特表示："这枚钱币历史悠久，是17世纪80年代在法国铸造的，其中一面的图案看上去很像一个盘旋在农村上空云朵里的飞碟。"

布莱斯特曾任拥有3.2万名成员的美国钱币联合会主席，他说："上面的图案被研究专家认为是某种不明飞行物，还是表现的《圣经》中描述的'伊西基尔转轮'？经过50年的深入研究，专家对这个不寻常的图案还是无法解释。"布莱斯特认为，这个神秘的铜板其实并不是真正的钱币，而是一种"代用币"，它和当时的硬币很像，但是一种教具，通常被用来教人们如何数钱，或有时用来代替游戏比赛的筹码。它和25美分的硬币差不多大小。

在16和17世纪期间，欧洲常常铸造并使用这类代用币。布莱斯特解释说："这枚特殊钱币的图案被认为要么是一种不明飞行物，要么是伊西基尔转轮，除此以外，没有其他看法。一些人认为《旧约》提到的伊西基尔转轮，可能就是古人对不明飞行物的描述。"

布莱斯特表示，在古币上用拉丁文写的一圈文字也让人迷惑不解。专家把"OPPORTU. USADEST"翻译成"时机到了，它会出现"，飞在天上的这个物体是求雨的象征？还是《圣经》提到的那个轮子，或是外太空的访客？我们也许永远找不出真正的答案。他指出："正是由于有了这些让人迷惑不解的疑问，收藏古币才会变得如此有趣。"

访UFO专家斯坦顿：外星人真的存在

他是全球最知名UFO专家，被媒体称为"UFO猛人"。同时，他是美国核物理专家，研究不明飞行物已经52年。他接受《外滩画报》专访时认为，政府的自私自利是限制UFO研究的最大问题。

2007年7月上旬，是罗斯威尔废区挖掘60周年，也是UFO被发现60周年。1947年的此时，有目击者声称至少一架飞碟在新墨西哥州的罗斯威尔东北 80 英里的地方坠毁，留下飞碟残骸和外星人尸体。虽有几百人曾参与或提出证据证明"罗斯威尔事件"的真实性，但由于官方资料已毁，美国军方始终以莫古儿计划——当年一枚高空侦测气球坠落地面所遗留的残骸，来解释"罗斯威尔事件"。在"罗斯威尔事件"之后 10 年，一位核物理小子开始对 UFO 发生兴趣，并成为研究狂人。这就是斯坦顿·弗里德曼。1956 年，弗里德曼从芝加哥大学获得硕士学位后，在通用电气和通用汽车等公司从事过 14 年的核物理研究工作；现拥有美国和加拿大双重国籍。

迄今为止，弗里德曼一共发表了 80 多部和 UFO 有关的论文，包括《UFO 的政府谎言》、《UFO：对地外生命探索专家的挑战》等。弗里德曼先生是"罗斯威尔"事件的最初民间调查者，曾数百次出现在广播和电视节目中。

2005 年，斯坦顿·弗里德曼来到香港作讲座，在香港掀起了一股关于 UFO 的大讨论。近日，他接受了《外滩画报》的电话专访。

弗里德曼先生认为，外星人、飞碟以及 UFO 之间没有什么必然联系，同时这也是科学界的共识：

"我所说的"飞碟"，是指在天空中发现或在地面上停靠的奇怪交通工具。从外表上就能明显看出它跟人类制造的飞船十分不同；另外它们飞行能力远超过我们制造的工具：能盘旋、直角转弯、骤停倒飞、无翼无声垂直起降，也没有明显排放废气或发出红绿色一闪一闪的光芒。"飞碟"并非地球制造的，而是在别的地方。我们不知道在哪儿，也不知道为什么它们会来地球和它们怎样来。'UFO'是一个非常宽泛的字眼，它囊括了全部我们在天空中发现且说不清楚到底为何物的物体。通常，够水平的调查员都能证实不明飞行物的真正身份，我只对那些调查过也无法查明的物体感兴趣。

所有的飞碟都属于不明飞行物，但只有 10% ~ 30% 的不明飞行物真的是飞碟。那为什么人们发现的不明飞行物，大部分最后都证实是正常现象呢？那是因为人类的观察力十分强，但表达能力却十分差，很多事物看在眼里却说不清楚。一块金矿石只有 1% 的含金量，人类发现 UFO 也是同样状况。

"其实飞碟和外星人没有必然联系。部分发现的不明物体其实都是政府的秘密行动而已。但必须记住，每个目击到的不明飞行物，背后都有很长一段故事。"

"不明飞行物报告的可能性多着呢。看看有史以来最大范围的研究计划《蓝皮书计划特别报道第 14 册》，不明飞行物有可能是气球、直升机、金星、云雾中的探照灯、小鸟、宇宙飞船回归大气层、北极光，甚至外星人飞船等。

"目前没有一个确切的数字。在《蓝皮书》中，由于资料不足，在 9.5% 信息不足的案件中，有 21.5% 不能被完全鉴别。而在《康顿报告》中，117 个深入调查的案件有 30% 是不能完全证实原因的。'相信有飞碟的人比不相信的要多'一直以来，UFO 研究都是个人和民间进行，但由于研究拿不出真实可靠的依据，而被主流科学界认为是边缘学科。

"其实人们对飞碟的看法并不统一。调查一直显示，相信有飞碟存在的人比不相信的要多，而且受教育程度越高的人，越相信飞碟的存在。现在越来越多的人意识到政府会撒谎。我的项目'飞碟是真的'已经坚持 40 年了，在美国 50 个州、加拿大 9 个省，还有另外 16 个国家，都拥有大批的观众接受我的看法。

"我觉得民间其实对"研究" UFO 兴趣不大，但他们十分想知道事实真相和对应的数据。自从意识到宇宙飞行的可行性，人类就对探索宇宙和自身在宇宙中的地位等问题产生了浓厚的兴趣。想当年上世纪四五十年代的时候，许多科学家都声称宇宙旅行是不可能的，但如今已经没多少人会这样说了。

"作为一个核物理学家，我进行过大范围科学研究和发展项目，我知道研究 UFO 的限制因素在于资金，关键是否能找到一个合适的投资者；还有政府是否愿意公开研究数据等。我在保安的看管下工作了 14 年，也接触过 20 个大文件资料库，我知道要把绝密信息掩盖起来是多容易的事情。像"水门事件"一样，政府内部同流合污相互掩护，就是最大的问题。"

"我再强调一遍，其实我们在许多方面有很大进步：如外星人劫持人类事件、UFO 照片评价制度以及对 MJ－12 人组的文件调查等（Majestic12 是由 12 位专家组成的秘密团队，他们有各自的特殊专长，负责评估与不明飞行物及外星人有关的物理学、生物学及科技等各方面的资讯，据传直接对美国总统负责）。另外，"罗斯威尔事件"中很多深入调查在我写的《UFO 电子书——Corona》及唐·施密特和汤姆·卡瑞德新书《罗斯威尔目击者》（暂译）中有报道。小法兰克·费施诺即将出版的新书《把它们射下来》中，对 1952 年发生的许多事件，特别是飞行员经历的一些事，有很细致的研究。很多人因为怕被取笑，都不愿意开口说话或者接受调查。'我相信某些 UFO 是外星物种的太空船'弗里德曼认为，飞碟降落新墨西哥罗斯威尔并发现外星人尸体的"罗斯威尔事件"，以及诸多被各国政府保密的不明飞行物事件，都有国家利益的考虑。

"外星人并非"有可能"存在，而是真的存在。大量认真调查后的结果表明，很多人类观察到的飞船（例如泰德·菲利普报道，70 个国家共有超过 5 000 人目睹到飞船实体痕迹的个案），还有超过 1 000 个飞行员目击证明（亲眼目睹或从雷达上探测到）。这些飞船移动的方式和能力，都是所有国家政府梦寐以求的，但到目前为止没有任何一个国家能够做到。既然这些飞船不是地球上制造的，那自然就是地球之外的生物制造的。在目睹飞船降落地面的个案中，有六分之一是有人看见有生物与飞船一起的。这些个案，以及其他超过 1 000 起外星人案件，都清楚地表明来自地球之外一类人类的存在。"

"我不知道来地球的都是些什么生物，但很明显，它们的科技比我们发达，而且到目前为止它们都没有毁灭我们。想想地球人，二战期间牺牲了 5 000 万人，摧毁了 1 700 座城市；到现在政府宁愿每年花 1 兆美元用于军事行动，都不愿救救每天无辜死于可防治疾病及饥荒的 3 万名儿童。这一切在我看来，也不见得人类'先进'到哪儿去。

"我是一个科学家，已经研究不明飞行物证据 49 年了，我根本不需要偏袒任何一方或者坚持什么看法，事实胜于雄辩。

"'罗斯威尔事件'只是一个大计划的一部分。政府想弄清楚外星人到底是怎么一回事，又不希望别人以此为由对自己进行攻击；政府希望人民有清晰的国界观念，永远是'中国人'、'美国人'、'希腊人'等等，而不是'地球人'这个整体；宗教支持者当然也坚信在地球之外是绝对没有其他生命的；政府还担心要是外星人事件公开了，会引起经济动乱；更不愿意承认自己的军机在攻击 UFO 时给炸掉了。

"飞碟在大气层中飞行的速度远不及光速，但它们如何竟能在短时间内大量加速，还有如何如此安静地加速，都是十分奥妙的。"

34. 是鬼是怪——鄱阳湖惊现"魔鬼地带"

鄱阳湖北部的老爷庙水域，有一处让当地鱼民船工闻风丧胆的魔鬼三角地带，仅从 20 世纪 60 年代到 80 年代这 20 年间，这里就沉没了大小船只几百艘。谁也不知道究竟是什么力量让这里变成人人谈之色变的"鬼门关"。

令鱼民船工闻风丧胆的魔鬼三角地带。船只行驶到这里经常莫名其妙地就停机、沉没。这片水域位于鄱阳湖区的江西省都昌县，南起松门山，北至星子县城，全长 24 公里。在湖东岸上有一座破旧的庙宇，叫老爷庙，谁也说不清这庙建立的确切年代。

传说，元末年间，朱元璋与陈友谅在鄱阳湖展开决战。一次，朱元璋遭受困顿逃亡，遇上一老神仙。老神仙便派遣一只乌龟将朱元璋救至老爷庙。朱元璋从此时来运转，后来终于打败了陈友谅，当上了皇帝。为了感谢救他一命的乌龟，便在湖岸边高地建起一座庙宇，称"老爷庙"。水域就是由此得名的。

当地人敬畏神仙的威力，相传船行此地，便站在船头，遥望着老爷庙，用鸡血祭祀乌龟。而不宰杀公鸡或不烧香拜佛者，将遭到船没人亡之灾。然而任凭渔民、船工们怎样祭祀，他们总也逃不掉被湖水吞噬的阴影。新中国成立后，虽然航运条件有了很大的改善，但沉船事故仍时有发生。仅从 20 世纪 60 年代到 80 年代这 20 年间，这里就沉没了大小船只几百艘。谁也不知道究竟是什么力量让这里变成人人谈之色变的"鬼门关"。

谜团迭起

一起意外事件引起了人们的注意。20 世纪 70 年代中期，有人在黄昏时，目睹鄱阳湖西部地区天空中有一块呈圆盘状的发光体在游动，长达八九分钟之久。当地曾将此情况报告上级有关部门，而有关部门亦未作出清楚的解释。

有人猜测，是因为"飞碟"降临了老爷座水域，像幽灵般在湖底运动，导致沉船不断。

问题似乎越变越令人不可捉摸，令人费解。然而，"魔三角"之谜究竟是什么？湖水底下到底有何种鬼蜮出没？已成为亟待解开的谜团。

初探解谜

老爷庙水域的最大风力达 8 级，风速可达每小时六七十公里，冠鄱阳湖，乃至江西省之首。

为了解开老爷庙水域神秘沉船之谜，江西省气象科研人员组成了专门的科研小组，在老爷庙附近设立了 3 座气象观测站，对该水域的气象进行了为期一年的观测研究。从搜集到的 20 多万个原始气象数据看，老爷庙水域是鄱阳湖的一个少有的大风区。全年平均两天中就有一天属大风日，也就是说每两天就有一天风力达到 6 级。

从当地历史上保存的气象资料中，已显示出这块水域的大风频繁在历史上就存在。这与"飞碟"的传说并无干系。

那么，老爷庙水域的大风何以如此之大，且持续时间长呢？

经过科学的调查证明风景秀丽的庐山却充当了制造大风的"罪魁祸首"。

老爷庙水域最宽处为 15 公里，最窄处仅有 3 公里。而这 3 公里的水面就位于老爷店附近。在这条全长 24 公里水域的西北面，傲然耸立着"奇秀甲天下"的庐山。

庐山海拔 1 400 多米，其走向与老爷庙北部的湖口水道平行，离鄱阳湖平均距离仅五公里。

庐山东南峰峦为风速加快提供了天然条件。当气流自北面南下时，即刮北风时，庐山的东南面峰峦使气流受到压缩。根据流体力学原理，气流的加速由此开始，当流向仅宽约 3 公里的老爷庙处时，风速达到最大值，狂风怒吼着扑来。

就如同我们在空旷的地带没有感觉，而经过一狭窄的小巷顿感风阵阵吹来一样，"狭管效应"结果加快了风速。

无风不起浪。波浪的冲击力是强大的。经计算，鄱阳湖水面刮 6 级大风时，也就是属大风日，波浪高达 2 米。而此时每平方米的船体将遭到六吨冲压力的冲击。也就是说，一艘载重量 20 吨的船舶，其船侧面积按 20 平方米计算，波浪对其的冲击力则达到 120 吨，超出船重量的 5 倍。

大风狂浪使这块神秘水域沉船频繁。在这块水域中，风浪最为肆虐的多发在一块呈三角形状的大水面上，约占整个水域面积的 70% 左右。

据调查显示，船舶沉没时，大多数都是风起浪激作用的结果。近几年间，每年均有十多条船由此沉没或被浪击毁。

老爷庙水域的"魔鬼三角"之谜可以说已经基本上解开了，似乎又未完全解开。因为这里面所涉及水域底部的地形状态等依然无人去观测，而这不属于气象科研人员研究的范畴。这一切，有待今后继续探究。

第六节　事出有因——飞碟现象释疑

1. 望尘莫及——UFO 悬停不靠动力

"超导"乙钡铜在液氮低温环境下会摆脱重力悬浮，这就是超导状态，一个基本的物理现象。

在大多清晰的 UFO 录像里 UFO 悬停同时旋转且姿态不都与地面平行这与超导材料的悬浮现象是吻合的。

UFO 之所以悬停，是因为它有自己独立的重力场。这样才能真正的悬停而不是悬浮。那么 UFO 是如可有自己的重力场的呢？UFO 很有可能是运用"洛仑兹力"这一原理，因为，洛仑兹力的方向是垂直于重力场的，这也横好的解释了为什么有些 UFO 是一半逆时针悬转，而一半顺时针。

人们对 UFO 悬停的理解是：超导材料＋重力场原理二者缺一不可，但这只是悬停，有关 UFO 的动力，着实让人摸不着头脑。

UFO大都移动迅速且悄然无声。我们目前已知的飞行器，必须由大量的燃料作动力来推进，巨大的噪音暂且不说，像"高速急停""瞬间加速"等这些超级特级是空气动力学所望尘莫及的。但是，随着人类科技水平的进步，有朝一日，人类也能够做到。就好像1 000年前，计算机是不可理喻的。

人类的未来还需要下一代，以及一代又一代的人不断地探求和认知。

2. 自圆其说——UFO假说中的矛盾

寻找和证实UFO究竟是什么，无疑是UFO研究中最有吸引力的事情。长期以来，科学家和研究者提出了种种假说，种种假说都有一定的理论来支持。我们看到了许多假说，但经过认真分析，许多假说在事实上存在着一定的矛盾。

假说之一：UFO是一种特殊的流星

有一类UFO呈圆球状，中间厚，边缘薄，环绕中心旋转，并且发光。这类UFO是什么呢？假说者认为，这是一种进入地球大气层之前扁平且带有自旋的鎏星体。之所以这样认为，是因为：

这样的流星体进入大气层后，因摩擦而燃烧，表面温度可达3000摄氏度以上，发出强光，周围因燃烧反应产生温度很高的气体。经过一定时间的烧灼，会形成碟形。最后，UFO的消失是由于流星体的烧灼完毕。

如果观察者的视线与飞碟的盘而相一致，那么观察到的便是一个长形的飞行物。

由于流星体表面温度很高，会出现熔化层，当其旋转时，由于离心力的作用，熔化物向外甩出，形成旋涡状的轨迹。我们就会看到如旋涡星云状的UFO。

流星体速度很高，气流将灼热的反应物吹向流星体尾部，形成尾迹，就会看到拖着长长尾巴的UFO。

流星体进入大气层后，气流有层流区和湍流区。这两种区域所接受到的气动加热率不同，化学瓜的情况也就不同，从而会发生变化，有所不同。

以上解释似乎有道理，但有两点与事实有出入：

按这一假说，UFO的出现应与流星的数量成正比，特别是在出现流星雨的时候。但事实上并没有出现UFO与流星数量成正比的现象。

带有自旋的流星体落入大气层后，没有了产生自旋的力，其自旋应当慢慢停止。这与许多 UFO 仍不断加速旋转是相矛盾的。

假说之二：UFO 是球状闪电

大气层中会出现球状闪电，之所以认为 UFO 是球状闪电，是因为：

在颜色方面，球状闪电的色绚丽多彩，有白色、粉红色、桔红色、蓝色等。UFO 也有类似的色彩。

在声响方面，球状闪电在运动时会发出轻微的吱吱声、噼啪声，最后静静地消失。UFO 由于距离较远，多数听不到声音，但也有少数 UFO 飞行时会发出呼呼的声音或隆隆地响声。部分 UFO 还发出热量。这与球状闪电很一致。

但这种假说与事实有数点矛盾：

球状闪电多产生于雷雨的天气中，而多数 UFO 目击是在晴朗的天气里。

世界上雷雨多的地方，如印尼；雷雨多的季节，如夏季，但这都不是 UFO 多发的地区和时间。

球状闪电在空中的运动完全取决于气流，而 UFO 的运动，从观察看，并不与气流一致。

假说之三：UFO 是核试验的副产品

提出这种假说的人认为：

人类在地球上的第一次核爆炸是 1945 年，而近代的飞碟热开始于 1947 年。之后核试验不断，目击 UFO 事件也不断，时间上较为吻合。

核爆炸时，产生大量的 γ 射线。γ 射线与大气中的物质作用，产生电子，出现电荷运动和电磁场能量。在一定条件下，γ 射线与大气作用的区域会形成一个球体，中间会封闭一定的放射性气体。这个球体可以在大气中自由飘荡，保持一定的时间。由于球体内外电磁场和放射性物质的作用，球体会变成碟形，并且发光。当球体解体时，UFO 也就消失了。

这一假说与事实的矛盾是：

并没有观察到大气核实验与 UFO 出现的必然联系。

核试验地地理区域与 UFO 出现的区域没有一致性。

以上假说与事实之间都存在着一定矛盾，但并不是说上述假说与事实之间都存在着一定矛盾，也并不是说上述假说没有道理，可能这些假说也确实说明了某些 UFO 现象。但就寻求 UFO 的谜底来说，仍是一项艰巨的任务。

3. 合乎逻辑——UFO 是物理现象

虽然各国政府对 UFO 仍持否定态度，表面上漠不关心。但法国国防部实际上以 1954 年集中发生的事件为开端，就开始了秘密调查。1970 年以来，其国家宇宙研究中心继续调查，该中心的科学计划部主任、天文学家克罗德·波埃尔用计算机对国防部收集的 3.5 万件目击报告与气球、飞机、人造卫星、流星和星星等严密对照，然后分析与已知现象不相等的约 1000 件事例，得出以下有趣的结果：

（1）UFO 的基本形态为圆盘形、球形和卷叶形；（2）通常夜间发桔红色光，白昼呈磨光金属的颜色；（3）轨道无视物理学力学法则；（4）目击报告数大约是实际发生数的一成；（5）目击事件 3 成出现的白天，7 成在夜晚，与人类户外活动时间成反比；（6）目击事件约有一成是着陆目击，其中半数有搭乘者出现；（7）目击事件与大气透明度成正比；（8）目击者没有职业、学历、年龄偏颇；（9）目击事件与磁场异常有相关性；（10）是物理现象，不是心理现象。

波埃尔的这一调查去掉了自体意识，给 UFO 研究带来很大的进步。

在美国，如果发生 UFO 目击事件，当地警察往往把它当作是谎言或误认而置之不理。即使作些调查，也几乎都是交给民间的 UFO 团体去进行。这此民间团体是由不要报酬的志愿人员组成的，他们的活动经费极为缺乏。但在法国，情况就完全不同，调查和跟踪未被确认的空中现象是政府的工作。

1977 年，在法国国家太空研究中心属下，成立了"未确认的大气太空现象研究小组"，专门从事 UFO 的调查和与此有关的工作。该小组的现任代表杨·杰克·贝拉斯科是这样解释的："法国公民对 UFO 的兴趣越来越大，他们想了解事情的真相，因而希望有个政府的调查机构。另一方面，苦于应付不可解现象的军界也希望有一个政府的调查机构。"

这个小组一开始工作，就建立了与警察的密切合作关系。他们调查了 11 年来发生的 1600 起 UFO 目击事件，结果确认只有半数以上可以解释为自然现象或者是误认，但其余 38% 都不能作出科学的解释。

有这么多 UFO 事件不可解，使国家太空研究中心感到震惊。他们认真地检查了研究小组的研究成果。为了与国外的 UFO 研究者交流信息，他们还在巴黎和图卢兹召开了 UFO 研究会，主题之一是 UFO 的物证问题。现在的物证，一般总是地面上留下的凹坑、树林被毁的痕迹等等。美国代表、世界 UFO 学权威阿廉·哈内克博士介绍了他们收到的有关目击人员的眼睛和皮肤受到辐射伤害的报告，引起了各国代表的兴趣。

此外，法国有关在 UFO 着陆现场发现植物受到异常伤害的报告，也很引人注目。在一个田园地带，一个 UFO 着陆后又随即急速上升，在空中消失。立即赶到现场的警署官员发现，着陆地点的植物受到异常伤害，他们还采集了一些样品带回去。研究小组把样品交给植物学家去分析，结果确认植物所含的叶绿素减少一半。其原因尚不能说明。

与会代表希望加强国际合作，在发生 UFO 事件时及时联系，交换情况。

尽管法国"未确认的大气太空现象研究小组"已经成立多年了，但还没有其他国家仿效法国设立政府的 UFO 研究机构。这是为什么呢？贝拉斯科认为："UFO 对于一般国家来说，并不构成军事和安全保障上的威胁，所以被置于政府的工作范围之外。"

为了弄清自称曾被飞碟诱拐过的人精神状态是否正常，最近美国 3 名专家对自称被飞碟诱拐过的人进行了心理学调查。调查费用由设在马里兰州的 UFO 研究基金会承担。

从事这项调查工作的是住在纽约的 UFO 研究家特德·布罗查、巴德·霍普金斯和阿弗罗迪特·克拉马。几年来他们专门处理飞碟诱拐事件，其中克拉马还是一位临床心理学家。他们选择了 9 名自称有过被飞碟诱拐经历的人作为调查对象。这 9 位都是在社会上有信誉、有稳定生活的市民，他们的职业各种各样，有网球教练、大学教授、音响技师等等。

克拉马等 3 人是这样考虑的，如果在这 9 个人中有哪一个或全体都是精神有缺陷、有障碍的人，那么有用标准的心理实验是能够查找出来的。他们把这 9 位受验者送到临床心理学家利萨·斯莱特那儿。由其从公正的立场对受验者进行精神鉴定，之前不会告诉斯莱特这 9 个人曾与飞碟接触过，而且这 9 个人自己也会守口如瓶。

一系列实验结束后，斯莱特报告了结果。根据斯莱特的意见，这 9 个人没有共同的病态特征，仅有一点值得注意，这就是，经过心理学实验确认，全体实验者过去曾受过某种创伤，即受到过可以造成精神后遗症那样强烈的冲击。这些人一被问到涉及个人的问题，其语言和态度马上就变得含糊不清、模棱两可和靠不住，严重时甚至呈妄想病的症状。

而且，当斯莱特得知这些受验者其实就是自称有过被飞碟诱拐经历的人后，断然地说："从检查的结果看，还没有找到可以否认实际上发生过这样事情的根据。"

美国人是怎样看待 E. T.（地外生命）和 UFO（不明飞行物）呢？最近美国

盖洛普民意测验机构就这个问题，以美国成年人为对象进行调查。结果是：认为发生"第三类接触"的人比过去有所增加，而否定 UFO 和 E.T. 存在的人，在每三个人中只有一个。

1966 年盖洛普民意测验机构首次提出"您认为在宇宙的其他行星上也存在着与地球人相似的智慧生命吗？"这个问题时，34％的人回答"是"，46％的人回答"不是"，剩下的 20％的人则回答不知道。但是，以此后的 20 多年间，相信宇宙中存在其他智慧生命的人数逐渐增加，到 1989 年已达 50％。

为什么会出现这种情况呢？异常现象科学调查中心的马尔西罗·托尔兹说：这与近年来非常热门的科幻电影有一定关系。投入了巨额制作费，而又频受观众青睐的科幻电影显然在公众的心理上产生了巨大的影响。马尔西罗·托尔兹进一步指出："随着美国社会脱离宗教化的发展，美国人不再把《圣经》中关于人类是这个世界唯一的智慧生命的说教视为绝对的经典。另一方面，科学家对外生命的探索表现出更大的关心。这些也是造成上述情况的原因。"

对于这次调查，表示曾亲眼目睹过 UFO 的人占 9％，同 1973 年和 1978 年的数值差不多，比 1966 年的 5％有所增加。

相信 UFO 和 E.T. 存在的人，在未满 50 岁、大学毕业这个层次特别多。相信存在 UFO 的男女比例差不多。但在相信 E.F. 的人中男性是 60％，女性是40％。住在西部的美国人对于 UFO 和 E.F. 表现更多的肯定倾向。由此可见，UFO 现象在美国及世界各国都令公众所关注。

4. 主流观点——UFO 现象的四种假说

具有这样神秘莫测的形态和飞行能力的飞行体接连不断地出现，人们对此关心备至，探究工作也在各国悄悄地进行了。美国空军制造厂同美国科罗拉多大学联合成立了 UFO 调查委员会，委员会成立于 1948 年。1976 年前苏联国防部成立了 UFO 研究会等国家级研究机构。他们对 UFO 现象提出假设，研究结果大体有以下 4 种：

第一，自然现象学说。把闪电、流星、飞鸟群、人造卫星、气象观测器等错认为飞碟。它的代表性假设是"放电现象假设"。这种放电体形成了 5 万～10 万伏强大电压，从暴风云中分离出来游荡在大气层中，并在发生闪电后瞬间消失。这种放电体就是 UFO 整体，晴天也会时常出现。这种假设能够解释有关 UFO 大部分特征。但是，放电现象最长不超过十几秒，且同暴风雨密切关联。而多数不明飞行物却同气象无关联。放电大小只有 4～5 厘米宽，UFO 比它大数百甚至数千倍。所以，这种学说没有多大说服力。

第二，同地球上文明体有关联的学说。提出强国秘密兵器说，如二次世界大战的法西斯余党制造碟形飞行体，并进行试飞。这种假设根据不充分，并且在常识上不合逻辑，所以这一学说也没有多大说服力。

第三，全身投影学说。即人类无意识的内在心理原形的投影现象说。换句话说，把虚像错觉为实体。这种理论说明不了 UFO 的全部现象，只能说明瞬间消失、分离与合体选择性出现的现象。但虚像不能被捕捉在雷达中。它也解释不了分明有飞碟着陆的痕迹以及飞碟被照相和摄像等事实。

第四，外界起源学说。就是说，飞碟是从地球以外的遥远的宇宙行星上飞来的飞行物体。他们是比人类更发达文明的生命体，像我们去月球或火星探索一样，他们也到地球上来。这种学说按现代科学原理不可能完全说明 UFO 现象，但现在绝大多数人相信外界起源说。

认为 UFO 是外星人的飞行器者，据此提出了种种理由，归纳起来有以下几条：

第一，外星人之所以不与地球人进行公开的正面接触，是由于我们地球人的文明程度比他们低得多，他们还不能与我们直接沟通，正如人不能与猴子沟通一样。

第二，外星人已掌握无限延长生命的方法。同时，他们已不像地球人那样依靠食物维持生命，他们已能利用气功辟谷来维持生命，并且已能利用宇宙射线作为飞行器动力（能巧妙地转化宇宙的能量），因此不必携带食品和燃料。

第三，人类的历史在宇宙的演化中只是短短的一瞬，现有的科技水平只是人类认识自然世界过程中的一个阶段，并不是认识自然世界的顶点。客观世界的更为广泛、更为基本的运动规律尚未被人类揭示，因此我们不能用我们现有的科技水平来判断外星人的科技、文化发展概况，外星人的文明程度很可能遥遥领先于我们。

第四，按照宇宙全息统一论的观点，宇宙各处是全息的。既然在太阳系这个较为年轻的天体系统中能产生高级生命，那么我们就没有理由怀疑在无穷无尽的宇宙中某些星球上也能形成与地球相似的条件，其生物也必然从低级向高级逐渐发展。最后产生出高级智慧生命体。如果外星人比地球人早诞生几千年、几亿年，其智慧可能远远高出我们。

5. 千丝万缕——地球文明与 UFO 案例的联系

UFO 是不明飞行物的缩写，这已经被很多人所认知。从古至今，这方面的案例数不胜数。就在 1360 年前的明朝就有了记载：明朝国师刘伯温在一个夜里用一首"月蚀诗"来纪念曾见过的 UFO："招摇指坤月坚日，大月如盘海中出，不知妖怪从何来，惝恍初惊天眼联，儿童走报开户看，城角咿呜声未卒。"像这样的案例还有很多。

把视线移向近代，其实这些案例更能说明问题。

曾看过这样的案例：1967 年 8 月 13 日晚 20 时，伊格西约·德苏扎和他妻子卢萨看见离一个私人飞机降落跑道不远的路边有三个人。这条私人跑道在巴西的西北部大约 200 千米处，靠近戈亚斯的波拉尔。按照伊格西约的说法，这三个人似乎没穿衣服，而他妻子却说穿的是非常贴身的暗黄色的连体服。当这些人走近时，伊格西约看见那条跑道的上空出现了一个像是在转动着的脸盆一样的古怪"飞机"。出于害怕心理，伊格西约给他的枪上了子弹，朝最近的那个家伙打了一枪，只见从那个飞行器里射出了一道暗绿色的光，击中了他的头部及双肩。在他妻子恐惧的目光注视下，伊格西约倒了下去，失去了知觉。此时，那些家伙立刻又登上了那架飞行器，发出的嗡嗡声令人想起一群蜜蜂飞行时翅膀的震动声。伊格西约恢复了知觉，但很快就感到不适了：吃东西很困难，全身麻痹有刺痛感。3 天过后，他的头部和双手开始颤抖不停。该地区最好的一所医院里去做了检查，发现他的头部及上半身有一些灼烧后留下的很圆的小烙印。医生对病人告诉他的话一个字也不相信，他碰运气似地给伊格西约诊断为"植物性中毒"，而且警告他的职员说伊格西约得了一种白血病，而且可能在两个月后就会死去。他们诊断得到了证实，因为伊格西约在难以忍受的痛苦中死去于 10 月 11 日……不明飞行物想让伊格西约为他的敌意付出代价吗？或者说，对于伊格西约成为它的牺牲者，我们会得到合理的解释吗？

第二个案例：有一天，一位名叫弗雷德·里根的 20 来岁的美国飞行员驾机飞行。当他的飞机升到 2 400 米空中。突然，有一个闪闪发光的庞然大物正风驰电掣地朝他飞来。可以看得出，这个飞行物的外形呈菱形。这个不明飞地物的表面闪烁着铝制品那样的银光。他想压低机头，朝下俯冲，但结果，这艘神秘的飞船与里根的飞机相撞，把飞机的尾翼撞得粉碎。弗雷德·里根没带降落伞，他被阵阵强劲的气浪推出了座舱。这样，他就像个脱了线的木偶似地朝地面载了下去。里根知道，这回死定了。但就在他眼瞅着下面的土地的离他越来越近的时候，刹那间，他突然感到好像什么力危险也没有了似的——他当时的一种感觉是，好像在空中被什么东西钩住了似的……弗雷德·里根觉得，自己好像是在漂浮着，但他的整个躯体就像瘫了似的，没有一点儿感觉，只有他的那双眼球还能左右转动。此时，那艘飞碟正悬停在他上方，用吸力将他托举在半空中。里根听到了舱门开启时发出的沉闷声响，不一会儿，他就置身于这个不明飞行物之中，里面一片漆黑。里根看见黑暗中有 3 个人影，是三个类人生命体，他们身着闪闪的金属制宇宙服。忽然，其中一个动作笨拙的朝他走过来。与此同时，一股香味也吹了进来。这个来自其他空间的外星人走过里根，抱住他的腰，把他放在一张十分暖和的小床上。这时，一个似乎离这个类人生命体的脸部不太远的明亮的蓝光移近里根，像是要为他做什么检查似的……一双目光炯炯的眼睛上下左右地打量着里根的全身。黑洞洞的舱室内，一直非常安静。实然，一种单调的，像是从扩音器里发出来的声音问道："地球人，你现在感觉如何？你不用回答，让我来告诉你吧。我们来自一个遥远的行星，我们根本不想来破坏你所生存的这个地球。这是一场令人遗憾的事故。我们到这里来的唯一目的，是看看你们的文明……从我们这些原始人的角度看看你们的文明。"最后，这个形似瓶子的外星人告诉人他，他们检查发现，他的脑子里长着一块肿瘤。但是，那个外星人安慰他："为了补偿这场空难所造成的损失，我们已经为你治好了病。现在，我们把你送回去。不过，我现在就得提醒你：对这件事，你要守口如瓶。如果你讲了出去，不但没人会相信你，我们也会很恼火的。我们对你没有一点儿恶……"突然，一阵刺耳的声音在座舱响起，弗雷德·里根马上失去了知觉。当他苏醒过来时，发现自己躺在医院的病房里，周围除了有医生、护士之外，还有一些 UFO 调查人员……见到了自己的亲人，他欣喜若狂，他向亲人们讲述了自己难以置信的遭遇。当然，人们从来也没有听说过有人在半空中与不明飞行物相撞的事。至于被撞的人竟会在摔下来时被一群外星人模样的人救起，则更是没有人听说过。结果，里根讲的事，没人相信。不少人嘲笑他，说他在胡说八道。于是，他夜里常做恶梦。他一想起自己的那段经历，就不住地苦笑，接着便仰面哈哈大笑。数月之后，他得了严重的精神忧郁症，进了亚特兰大精神病院。在他与那个不明飞行物"遭遇"将近 10 月之后，他病死在医院里。具体时间是 1953 年 5 月 16 日。让费尔居松认为，弗雷德的死看来是有人精心安排好的。对于一个有着如此不平凡经历的人，医院决定对他的遗体进行解剖。医学院专家们异常惊讶地发现，里根的大脑的细胞已经发生了严重的病变，即他的大脑被极其强烈的射线辐射过。他们还发现，几个月之前，他大脑中有一个肿瘤被人摘除，所用的器械并不是人们通常使用的手术刀，而是一种目前医学上从未见过的新型器械。美国当局对这起案例，根本无法加以解释。

"人类必须谨记在心的是当他们获得所需的技信时，一定不可以抱着永远都要做胜利者的希望飞向其他的星球，因为其他宇宙的居民在被异族攻击时，并不是毫无反抗的。对地球上的人类而言，这将导致致命的的摧残和完全的奴役，使地球人回到远古时代。当地球人想把他们对权力的欲望和贪婪带入宇宙时，他们必须考虑到自己有可能被完全催毁。"

"而且，地球上所有的政府都存在一些追求权利私利的人，在和平与友善的面具下，他们唯一想要的就是占领我们的太空船，进而统治整个地球。但他们不会因此而满足，这些不知节制的人想要掌握整个宇宙。这种人存在于地球各国之中，甚至于在自己的国内。在自己的国内都有不能建立和平和友谊，又如何有能力来掌握我们这么有权威的太空船呢？我们对于在大众面前显露自己并没有任何兴趣。现阶段与个别人类的接触是明智的，我们要通过这些人让某些人慢慢了解我们的存在及目的，并为我们的到来做好准备工作。"

"给你们一个进一步的警告。地球上的人类在解决某些科学上的奥妙之前，一定要发展他们的心灵，这是文明进步的一环。"是呀，做事先做人，心理是成功的关键。

这些话无疑都说明了地球文明还处在极度落后的状态。人类也只不过是外星人眼里的一种低极生物而已。我们对这种生物感兴趣吗？那些若影若现的 UFO 现象是不是外星人在窥看人类的文明发展历程？而不是想真正参与人类的文明进程？

路在脚下走，外星人的文明没有人能够真正代替。因为只有人类自己在艰难摸索发展起来的文明才真正属于我们人类的。

6. 蛛丝马迹——飞碟出现时的 8 种现象

飞碟出现时的特点如下：

（1）外形如碟形、雪茄形、草帽形、球形、陀螺形等等，其外形尺寸小者如乒乓球或指甲，大者（雪茄形）长达数千米。

（2）高速。飞碟不仅可垂直升降，悬停或倒退，还可作高速飞行，有的时速可达 24 000 公里（即 20 马赫），有的甚至更高，这是现有的人造飞行器所望尘莫及的。

（3）高机动性：能"直角"或"锐角"转弯——反惯性。

当飞机在作高速飞行转弯时，其巨大惯性使得飞行员头晕目眩甚至丧失知觉，因此当代机动性能要求最高的格斗战斗机（如美军战机 F - 16），即使是训练有素且身着抗晕服的乘员，也只能在短时间内承受最大的过载为 8 克，又飞机本身的结构强度，也无法承受太大的过载（如 F - 16 的设计最大允许过载为 9 克），否则飞机将散架！但据目击观察，飞碟却可以在高速飞行时不减速作"直角”或“锐角”转弯（这里当然不是真的直角，否则转弯半径为 R = 0，则过载为无穷大，这将使任何飞行器及其乘员全都完了！）。当飞碟速度仅为 v = 1 马赫，实际转弯半径为 R = 30 米时，则相应的过载为 372.65 克，在如此巨大惯性力的作用下，飞碟的飞行照样轻松自如，但这却是任何地球人和人造飞行器都绝对承受不了的！当它转过来 90 度时，所需时间仅为 0.14 秒，即在不到 1/7 秒的一瞬间内就完成了这一动作，这就在视觉上给人以“直角转弯”的印象！而在现代即使是速度为 2 至 2.5 马赫的高性能战斗机，在实际作战中也只能是在亚音速 0.8 至 0.9 马赫时才能取得最大转弯率为大约每秒 13 度，要转过 90 度则需 6.9 秒（这是上述 0.14 秒时间的 49 倍）！由此对比可见，飞碟的机动灵活性是飞机所无法比拟的，再加上其速度远大于飞机，这就难怪当有人想用飞机去跟踪飞碟时，结果总是徒劳，却往往反而被飞碟所跟踪！

（4）能时隐时现。隐形时有以下几种情况：部分人能看，而另一部分人可能看不见；人的肉眼能看见，而雷达却侦测不出来；有时眼见它降落在某地，但走近去看却什么也没有。总之它想让谁看见谁才能看见它。

（5）发光。飞碟发光有单色不变光、多色随变光、常态光、固体光（即光束能任意收缩或弯曲，甚至出现锯齿状），有的光束有透视能力（即照射物体后能使其变成透明），有的能将人吸入飞碟，有的能使人瘫痪或至残。

（6）有的有放射性现象。当飞碟在低空飞过或者着陆时，常会发现如使动植物灼伤、泥土不吸水、种子不发芽、母牛不产奶、或者使人恶心、呼吸困难、失眠、暂时失去知觉、中枢神经瘫痪或定身等现象。

（7）有的有电磁干扰。在飞碟所过之处出现强烈的电磁干扰现象，使电气系统处于瘫痪，如工厂停电、仪表和雷达失灵，无线电通讯中断，车辆和飞机发动机熄火，导弹发射不出等等，等到飞碟远去以后，一切又自动恢复正常。

（8）地球的武器对它束手无策。如 1942 年 2 月 25 日上午 10 时美国洛杉矶东郊某炮兵连阵地上空，出现了列队的 24 个圆盘状不同飞行物。数十门高射炮开火，2 000 多发炮弹喷出一朵朵灿烂的火花，但 UFO 仍在空中有条不紊地编队，毫发未伤。

1948 年 1 月 7 日，美军上尉曼特尔率 4 架喷气歼击机，从肯塔基州的诺克斯－路易斯维尔空军基地起飞，他们的任务是跟踪并击落一艘 UFO。过了不久，上尉向基地指挥塔报告说：“……它一刻也不停地急速旋转，高度 12 000 米。我试图靠近些开炮……它突然加速，向东北方向逃去，速度极快，现在我必须……”

这个英勇善战的飞行上尉是想说“现在我必须开炮”。但报告到这里嘎然而止，紧接着上尉连同他那身经百战的战鹰轰然坠地，燃起一堆熊熊大火。他的友机只看到东北方有一个微弱的亮点在闪光。

1956年10月8日，日本冲绳岛附近突然出现一个UFO，恰好一架西方盟国的战斗机在附近实弹打靶，反应迅速的炮手立即向它开炮，令人不解的是炮弹爆炸后UFO纹丝未损，"先下手为强"的战斗机却碎成残片，机毁人亡。

1966年8月的一天，一艘UFO长时间滞留在美国西部某导弹基地附近，精明的美国人充分地拍摄了录像之后，启动了该基地的几乎所有的导弹发射装置，奇怪的是UFO安然无恙，而所有的装置却同时瘫痪。其中一套最先进的装置突然被一束神奇的射线"熔为一堆废铁！"美国科学家闻讯赶来研究，他们的结论是，把先进的导弹发射装置还原为废铁的，可能是一种类似于人类的高脉冲的东西。

1957年9月24日，前苏联在远东库页岛屿的一个高射炮营向3艘UFO开火，3具"怪物"在炮火中不躲不避地悬停在空中，任凭苏联人那玩具般的炮火射击，却未损片羽。

又有一次，在中亚地区的一个导弹基地上空出现了一个UFO，具有自动跟踪目标的导弹瞄准了这个UFO，在发射的一刹那，导弹竟自行爆炸，让前苏联军人尝了一杯自酿的苦酒。

有关飞碟的这些异常特征都是现代的科学技术所无法解释的，由这些异常特征所显示的令人惊叹的高度科技水平，表明绝对不是当代地球人所能制造出来的，那么它们是由谁制造和控制的？对此合乎逻辑的推理只能解释为：飞碟是由比地球人具有更高度智能的生物所制造和控制的。

7. 植根现象——飞碟飞行原理探讨

目前关于飞碟的大众研究方向，有以下几个方面：

（1）英国哈顿团队的杰奥夫飞碟计划公司，他们总共做出六架飞碟，哈顿发明的飞碟能够垂直起飞降落，在空中飞行、盘旋。据悉，飞碟起飞的原理是从飞碟喷嘴中喷出压缩气流，气流附着于弯曲的飞碟表面，使飞碟升离地面，他们基于"科安达效应"，来实现飞行的目的，他们计划于2008年制造出第一架载人飞碟。

（2）俄罗斯萨拉托夫飞机制造厂与美国海军航空系统司令部将联合开发的"EKIP"的独特新型航空器，EKIP航空器于1992年设计完成，从外表看，这个航空器就像一个巨大的白色五月金龟子；从侧面看，它又像一颗扁豆，甚至像一粒药片的形状。它的设计者似乎已经解决了困扰航空界多年的振动问题。以往的航空事故多由振动引起机翼散裂、机身解体，涡流（飞行）事故。根据设计，这种航空器可以载重 100 吨，飞行时速为 500 ~ 700 公里/小时，飞行高度为 8 000 ~ 13 000 米，且飞行距离相当远。它还能在距地面和水面很近的高度上保持 160 公里/小时的飞行速度；更令人不可想象的是，它甚至可以作为翼型气垫船以 400 公里/小时的速度行驶。他所使用的原理仍然是利用空气动力学原理（科安达效应），由于和美国海军航空系统司令部合作，所以这种飞行器预计在 2010 年可以批量生产。

以上两种是比较典型并且已经成型的飞碟，同时应用的也是空气动力学原理。

而我国在这方面也有了一定的成绩，北大研制成功"中国飞碟"，也能勉强作为探测飞碟列入发明行列。采用太阳能电池提供动力，无轴承电机螺旋桨实现无声飞行，可垂直升降，在空中长时间悬停，其实也就是用太阳能来供电，带动螺旋桨来实现平流层的飞行，主要包括了高效光热一体太阳能光伏发电系统、GPS 系统、光敏传感控制系统、燃料电池系统、自动控制系统、特种电机、磁悬浮机构、太阳能汇聚利用系统等技术，虽然是开辟了一个新的思路，但是同时这种设计方案也决定了它不可能有很高的载重量，对于真正的飞碟相差很远。

目前，这些飞碟的设计都没有脱离现在基本物理学的范畴，但是，真正的飞碟飞行原理未必就真的很复杂，也许只是现在的科学研究方向不对，也许只是一个新的理论和想法就可以豁然贯通悬浮和超光速等问题。

8. 众口铄金——飞碟和 UFO 本源

这项研究工作从来不是空穴来风和无中生有，早在 1965 年 8 月，智利三位著名科学家就联合发表文章指出，"有一些神秘的飞行器围绕着地球运转是肯定的，观察到它们的见证也并非奇闻，当然这一现象从现代科学上看还无法解释，但我们坚信我们不是宇宙中的唯一生物。"世界范围内的飞碟和 UFO 研究工作，已经开展五十多年了，并且取得了显著的、了不起的成绩，那就是飞碟和 UFO 的确是真实的客观存在，是由远远超越我们人类智慧的、处于宇宙文明时代的超智慧生命驾驶和控制的飞行器！是不以人类的意志为转移的。因此对于我们来说，飞碟和 UFO 已经不是存在不存在的问题了，而是他们究竟来自哪里和到这里干什么的问题！那么，能够制造、驾驶和控制飞碟或 UFO 的高级智慧生命是从哪里来的呢？如果人类完全揭开飞碟和 UFO 的真相，那将关系到人类的起源和宗教的起源，人类的身世和宗教的真相就会大白于天下，已经在人类思想领域里占据了统治地位的达尔文的生物进化论，就要重新修正、补充和完善，达尔文主义的卫道士们就会风声鹤唳。

当然，对几乎整个人类来说，清楚地知道自己的身世，知道自己所信仰的宗教的谜底，至少在目前是很沉重的，这份沉重可能需要很长的时间去慢慢的消融，但是无论你愿意与否，这份沉重迟早会到来的。

（1）飞碟和 UFO 本源的主要观点。

我们知道，在飞碟和 UFO 研究领域里，许多人通过自己矢志不逾的追求和探索，已经能够和外星人或高级智慧生命进行对话，这在一定程度上找到了飞碟和 UFO 的本源，揭开了飞碟和 UFO 的谜底。关于飞碟和 UFO 本源的基本观点，综合分析目前的飞碟和 UFO 研究成果，比较明确的基本上有两种意见。

1）外星人或地外生命说。这种观点在飞碟和 UFO 研究领域影响颇大，可以看出达尔文生物进化论是其思想基础，持这种观点的人，自觉或不自觉地受达尔文生物进化论的影响，认为人类是地球上的最高智慧生物，所以飞碟和 UFO 的本源来源于地球以外，完全排除起源于地球的可能性。

国际上比较有影响的代表人物是美国天文学家阿西莫夫、物理学家海尼克等人，美国勒克菲勒财团基金会主席劳伦斯·勒克菲勒也持这种观点；1979 年联合国第 43 届大会通过的关于 UFO 研究工作的决议，1993 年 10 月 22 日，联合国主持的"地球外高智能生命与人类未来研讨会"中，也提到了"外星人绑架、外星人制造 UFO"等；1983 年 12 月 4 日，美国总统罗纳德·里根向新闻界透露，他和苏联总统米哈伊尔·戈尔巴乔夫在日内瓦会晤期间，曾达成共同对付来自外星人威胁的协议。

2）高级智慧生命说。国际上持这种观点的主要有前苏联宇航之父、物理学家康·艾·齐奥尔科夫斯基，他在《伦理学》一书中指出："事实证明，有干预我们人类生活的某种力量、某类智慧生命存在，如果排除他们的存在，从现代科学观点看，仅用我们自己知道的自然力有时很难解释。"此外，科幻作家阿西莫夫也曾指出："现在，已有一种高等智慧生物已超过了我们人类的文明程度，物质与精神向更高、更新的高度发展，并已战胜了死亡。"当然，无论是齐奥尔科夫斯基还是阿西莫夫，在这里都没有明确地涉及到高级智慧生命的本源问题。

2 000 多年前我国思想家老子曾指出："有物混成，先天地生。寂兮寥兮！独立而不改，周行而不殆，可以为天下母，吾不知其名，字之曰道。"这个先天地生的"道"，不就是已经战胜了死亡，并且能够创造万物的高级智慧生命吗！对高级智慧生命的本源问题，可以肯定老子大约不会主张是外星人。

　　国内持这种观点的人，主要是中科院南京紫金山天文台的王思潮教授和山东人张维祥。王思潮教授肯定飞碟和 UFO 活动来源于高级智慧生命，但没有明确指出高级智慧生命究竟是起源于地球，还是来自地球以外的文明世界？而张维祥早在十几年前就提出，高级智慧生命是几十亿年前起源于地球的早期人类，现代人类起源和宗教真相与他们有关，他们经过几十亿年的进化发展，目前已经处于高度发达的宇宙文明时代，并且至今仍然生活在地球上，当然他们也能随意到宇宙里去，由于高级智慧生命科学技术高度发达，已经战胜了死亡，成功地突破了时间和空间的阻隔，从三维空间发展到能够直接进入多维空间，所以我们看到的飞碟总是来无影去无踪，这就是高级智慧生命跨越不同时空阻隔的结果。他还进一步指出：飞碟是高级智慧生命的飞行器和工作场所，UFO 和外星人是高级智慧生命制造并控制的简单飞行器和人造生物体，高级智慧生命与人类接触的形式，是根据人类对他们的认知程度决定的，如果你认为人类是地球至高无上的主宰，高级智慧生命就以外星人的面目出现，如果你是一个虔诚的佛门弟子，高级智慧生命就会佛祖显灵，如果你是一个基督徒，你就会感觉到上帝和天主的灵光……。孙式立曾指出：神、佛、菩萨……是外星人的代表，耶稣也可能是外星人。这与张维祥的观点不谋而合。

　　3）两种观点的根本区别。100 多年来，达尔文的生物进化论在哲学、社会学和生物学等领域广泛应用，对近代人们的思想和社会行为产生了深远的影响，成为社会主流意识的基石，成为现代主流思想的支柱之一。根据达尔文生物进化论推测：人类，只有人类，才是地球上的最高智慧生物。所以，在目前国内外飞碟和 UFO 研究领域里，许多人不自觉的认为，飞碟和 UFO 的本源是来自于地球以外的外星人或地外生命。

　　达尔文生物进化论已经成为外星人或地外生命说的思想基础，让我们看看，这个思想基础是正确的吗？

　　地球已经有 46.5 亿年历史，达尔文的生物进化论，仅仅解释了地球上 1 亿年内可能发生的生物进化问题，完全忽视了地球在 45 亿年内漫长的、复杂的生命演变过程，孤立地、静止地、片面地看待 1 亿年内近代地球历史上发生的生命现象，割断了近代地球与前 45 亿年历史地球的联系，割断了近代地球生命演变与历史地球生命发展演变的联系，违背唯物辩证法关于事物普遍联系和永恒发展的基本原则，违背历史唯物主义关于事物发展的基本规律。

　　显然，外星人和地外生命说的思想基础是靠不住的。

　　而高级智慧生命说认为，飞碟和 UFO 的本源起源于地球，起源于几十亿年前地球上早就存在的早期人类的物质活动，人类起源和宗教起源与他们有关，这些地球早期人类就是宗教里的上帝、真主、佛祖的生活原型，就是中国民间传说中的鬼、神和老天爷的直接或间接作用者，就是飞碟和 UFO 活动的本源。这个观点和发现，直接彻底推翻了"上帝造人"的神学观点和唯心史观。

高级智慧生命说不否认外星人和地外生命的存在，不否认外星人和地外生命光顾地球的可能，认为外星人和地外生命光顾地球首先应当属于"从此路过"或"临时来访"的性质，他们的行程必然是来去匆匆，未必和我们现代地球人类一样具有侵略扩张的野性，其次不会在现代人类各民族几千年有文字记载的历史上，留下连绵不绝的飞碟和 UFO 活动纪录。比如 1955 年前后，在巴西、阿根廷发生过多起"侏儒"型外星人袭击行人事件，但此后这类袭击再没有发生过，无论是在时间上还是在空间上，都具有偶然性的特点，在过程上也是短暂的，完全符合外星人"从此路过"和"临时来访"的特征。

外星人和地外生命说与高级智慧生命说这两种观点，最根本的区别，在于人类是不是地球上的最高智慧生物的问题，在于达尔文的生物进化论是不是不可动摇的金科玉律和绝对真理的问题。

如果我们推测达尔文的生物进化论不是绝对真理和存在着缺陷，是有待发展的相对真理的话，那么，达尔文关于人类起源的基本进化模式：无脊椎动物→脊椎动物→哺乳动物→猿猴类动物→人，就不一定是正确的！受此影响现代人类断定自己是地球上的最高智慧生物，这个认识同样未必正确！也就是说飞碟和 UFO 的本源，可能来自于地球以外的文明世界，也可能起源于达尔文没有注意到的几亿年、几十亿年前遥远的地球。

（2）飞碟和 UFO 的本源。

达尔文的生物进化论支配着我们的思想和行为，已经一百多年了，如果这个理论是完全正确的，那么，其一毫无疑问人类就是地球上的最高智慧生物，飞碟和 UFO 的本源必然来自地球以外的文明世界；其二这种来访无论从时间还是从空间来看，都应当属于"从此路过"或"临时来访"的性质，时间和过程都应当是相对短暂的，没有必要、也不可能在世界各个历史时期、各个地方、各个民族都留下不可磨灭的印记；其三由于地球有 46.5 亿年的历史，人类诞生仅仅 400多万年的历史，所以在古生物学领域里，人类化石和人类活动遗迹，应当不会超过 400 万年的历史。但是事实果真如此吗？

1）飞碟和 UFO 活动的纪录。据不完全统计，我国历史上，几千年来关于飞碟和 UFO 活动的纪录有 5 000 多例，这些纪录遍布正史、野史和宗教文献，对飞碟和 UFO 活动纪录的人士有历代史官、司天官、其他高级官员、文学家、诗人、画家等，这些人在当时几乎都身居高位，是各个领域的专家、学者，但是由于受科学和时代的局限，他们把飞碟和 UFO 活动推测为"妖怪"、"鬼"、"佛灯"、"天灯"、"大星"等等，这一点和目前许多其他领域的专家、学者以及反伪斗士们，把飞碟和 UFO 活动称为飞机、导弹、卫星碎片、探照灯、光学现象、大气物理现象、大气透镜等，有异曲同工之妙，所不同的只是时代和观念发生了变化。

《汉书·昭帝本纪》、《晋书·愍帝纪》、《新唐书·天文志》、《宋史·天文十三》、《金史·天文志》、《明史》、清代《遵义府志》、《潮州府志》和《松滋县志》、《铜陵县志》和《民国·枣强县志》等都曾纪录过飞碟和 UFO 活动；苏东坡、刘伯温、孙中山等人曾目击飞碟，并留下了弥足珍贵的文字记载；现代女作家池莉在新疆体验生活时，与一大批作家同时目击飞碟，池莉在《我在新疆看见了飞碟》一文中，详细记载了飞碟活动的全过程。

日本、法国、英国、荷兰等国家不同时期的历史文献中，也有大量飞碟和 UFO 活动的纪录；美国前总统卡特和乔治·布什，都曾亲眼目击飞碟活动；西班牙国王卡罗斯、格林那达总统盖伊曾亲眼目睹飞碟；美国著名物理学家海尼克博士亲眼目睹飞碟活动后，由一个飞碟存在的反对者转变为坚定的飞碟和 UFO 研究者。

此外，在我国历代野史中，在基督教、佛教、伊斯兰教的宗教文献中，也有大量类似飞碟和 UFO 活动的详细描述。

野史和宗教文献对飞碟和 UFO 活动的记载，其真实性我们无从确认，但《汉书》等是我国历代政府的重要历史文献，是我们研究中国历史的重要根据，其真实性是勿需置疑的；苏东坡、刘伯温当时都是满腹经纶的政府高级官员，他们目击飞碟可能并非是杜撰。

孙中山先生 1916 年游普陀山目击飞碟活动，难能可贵的是，他没有轻率地否定飞碟活动，也没有给飞碟活动随意定名，而是坦率地承认自己对此无法解释，并且认真而敏锐地提出了飞碟"成以何质，运以何力"的科学思考，孙中山先生开创了科学探索飞碟和 UFO 活动的先河，这种严肃认真、实事求是地科学态度，足以让那些不懂装懂、动辄否定飞碟和 UFO 活动的所谓专家、学者和反伪斗士们羞愧汗颜。

1980 年 12 月 27 日，驻英国皇家空军伍得布里奇基地的美军，集体目击飞碟活动；1998 年 10 月 18 日夜，发生在中国河北省沧州空军基地上空的飞碟活动，整个事件地面干部战士、附近的派出所警察和群众，有 200 多人亲眼目睹了空中飞机与飞碟追逐的场面；2004 年 3 月 5 日，墨西哥空军一架侦察机拍摄到 11 个 UFO 成群结队飞行，UFO 还一度包围了侦察机，但除了机上照相侦察设备和地面雷达捕捉到 UFO 目标外，机组人员的肉眼始终无法看到 UFO；美国、苏联、英国、法国、加拿大、比利时、古巴、伊朗等国空军战斗机，都曾多次紧急起飞，试图拦截、迫降或击落飞碟，但均没有成功。飞碟活动表现出来的分解组合、空中骤停、直角转弯、垂直升降、瞬间加速、显形隐形及高超的光控技术，令人叹为观止。

人类历史自有文字记载以来，就有飞碟和 UFO 活动的纪录，那么在人类的文字还没有诞生以前，谁能肯定没有发生过飞碟和 UFO 活动呢？可以肯定，至少在几千年、上万年以来，地球上的飞碟和 UFO 活动从来没有停止过，试问哪个遥远星球上的智慧生命，愿意上万年来久久地徘徊在地球不肯离去？愿意在如此漫长的时间里客居他乡——地球？这符合外星人或地外生命来访的特征吗？与其相反，世界各个历史时期、各个民族、各个地区连续不断的飞碟和 UFO 活动纪录，难道不更符合飞碟和 UFO 起源于地球的特征吗！

2）地球历史上早期人类——高级智慧生命活动的遗迹。地球有 46.5 亿年的历史，而人类诞生的历史却只有短短的 400 多万年，如果说人类是地球上的最高智慧生物的话，人类的化石纪录和人类活动遗迹，必然不会超过 400 万年的历史，事实果真如此吗？

陕西省蒲城县是我国著名的化石之乡，北宋时该县有依山而建的"灵应夫人庙"，百姓求雨求子每每灵验，公元 1149 年，该县在劈山扩建"灵应夫人庙"时，发现"枯骸一具，印于石内"，"头颅、臂胫、肢体俱存、若微有朽化者一二矣"，在场的人无不惊骇万分，县令马扬得知消息，迅速赴现场进行考察，进行了详细纪录，事后立碑记载了发现过程，马扬在碑文中写道："然则石中之骸，人耶？神耶？固不可得知矣！"这具十分难得的早期地球人类化石一直保存到"文革"后期，毁于 1976 年。后来我国考古工作者对发现化石的那部分岩石进行了分析，断定岩石有 4 亿年的历史。据此我们完全可以断言，这就是在 4 亿年前岩石形成时期地球早期人类的化石，也就是现在的高级智慧生命，他们很可能和岩石的形成有某种联系，这位高级智慧生命极可能属于"因公牺牲"葬身岩石，极可能和"灵应夫人庙"有内在联系。

1968 年美国学者比特和梅斯特，相继在犹他州的羚羊泉，发现了与三叶虫化石同时存在的人类化石脚印，这些脚印穿着便鞋，鞋印长 27 厘米，宽 8.9 厘米，相当于现在的 26 号鞋码。三叶虫生活在寒武纪时期，距今有 3 至 5 亿年的历史，而人类真正穿上像样的鞋子，也只有三千年左右的时间。

1976 年美国地质学教授华尔本等人，在得克萨斯州的一段河床岩石上，发现了恐龙与人的脚印，而恐龙是在 6 500 万年前灭绝的。

法国、葡萄牙也曾经发现了2 500万年前的人类骨架化石。

考古学家克莱默和汤姆森在他们合著的《考古学禁区》一书中，列举了500个几万年、几百万年、几千万年、几亿年乃至几十亿年前早期人类活动的确凿事例，论证地球早期人类文明的存在。

这些早期人类活动遗迹，大大超过了400多万年的人类历史。

3）飞碟和UFO活动的本源。辩证唯物主义和历史唯物主义要求我们，要用联系的、发展的、全面的观点看问题，反对用孤立的、静止的、片面的观点去看问题，我们从事飞碟和UFO科学研究工作，就是要坚持完全彻底的辩证唯物主义和历史唯物主义，坚决反对不可知论，反对形而上学。

如果我们孤立地、静止地、片面地看待飞碟和UFO活动，割裂飞碟和UFO活动与地球早期人类遗迹的联系，割裂飞碟和UFO活动与人类起源、宗教起源等未解之谜的联系，割裂近代地球与历史地球的联系，就会陷入形而上学的泥潭。

上万年来地球上飞碟出没的事实，4亿年前地球早期人类化石和几亿年、几千万年前早期人类脚印化石的发现，充分反映了早在几千万年、几亿年乃至几十亿年前，地球上始终有早期人类活动的事实；同样的道理，1亿年前"长"在石头上的繁体汉字，决不会是"自然形成"，也不会是天外来客的杰作，而是地球早期人类出于一定目的作用的。这些事实充分证明了他们是我们使用的语言和文字的真正来源，证明了达尔文生物进化论存在的巨大缺陷。

我们不禁要问：人类是地球上的最高智慧生物吗？生物进化论还是至高无上和神圣不可侵犯的"经典"吗？进化论误导了哲学、社会学和生物学，误导了人们的思想，误导了我们对飞碟和UFO科学的探索。

综上所述，在飞碟和UFO的本源问题上，外星人或地外生命说是站不住脚的，飞碟和UFO的本源就在于地球，就在于我们人类不完全知道的多维空间，制造、控制飞碟和UFO的高级智慧生命，就是地球上的早期人类，他们才是飞碟和UFO活动的本源，这完全符合上万年来，人类对飞碟和UFO活动纪录从来没有间断过的特征。

我们人类的起源和各主要宗教的起源，许多人都曾体验的巧合事件和宗教神秘现象等，都和他们的幕后作用有关；他们是"人"而不是"神"，是与我们生活在不同空间的高级人类！他们就是上帝、真主、佛祖和老天爷的生活原型，就是老子笔下"先天地生，……可以为天下母"的"道"，这个结论与希伯来文中"天主、上帝、神"使用的复数名词"Elohim"——"来自天上的人们"不谋而合。

辩证唯物主义认为，我们所处的世界，是不断运动、变化和发展着的物质世界，世界上除了运动着的物质以外，什么也没有！物质世界是完全可以被认识、改造和利用的。飞碟和 UFO 的本源，以及上帝、天主、真主、佛和鬼神，1 亿年前的繁体汉字等难解之谜的本源，在于早期人类和他们的一系列物质活动，这个发现完全符合辩证唯物主义一元论，把辩证唯物主义和历史唯物主义延伸到前所未有的高度和深度，是完全彻底的无神论，彻底推翻了一切唯心论和宗教神学的基础。

随着人们认识能力的不断发展，和认识范围的不断扩大，飞碟和 UFO、上帝和真主、佛和鬼神终将揭开自己神秘的面纱。

西方世界的飞碟和 UFO 研究，已经有 50 多年历史了，但是取得的成绩甚微，根本的原因，就在于他们没有辩证唯物主义和历史唯物主义这个科学地、正确地思想武器，孤立的、静止的、片面的看待飞碟和 UFO 活动。而我国广大飞碟和 UFO 科学工作者，以辩证唯物主义和历史唯物主义为指导，坚持物质第一的观点，坚持无神论，用联系的、发展的、全面的观点，去从事飞碟和 UFO 科学研究工作，这是我们具有的最大优势，所以我国飞碟和 UFO 研究能够取得突破性进展。

（3）高级智慧生命。既然我们人类不是地球上的最高智慧生物，既然地球上还有高级人类活动，那么高级人类究竟在哪里呢？传统的人类观念是否需要修正呢？

我们人类生活在三维空间，在上下、左右、前后三个维面内活动，在三维空间生存和发展，人类诞生的历史仅有 400 多万年，高级人类的进化发展历史却有 40 多亿年，所以，从彻底的历史唯物主义观点看，地球人类应当划分为现代人类和高级人类。我们起源只有 400 万年历史，属于现代人类，生活在三维空间；早期人类起源已经有几十亿年历史，他们是高级人类，生活在多维空间，现代人类的起源与他们有关，他们是现代人类的真正祖先，是现代人类信仰的思想和宗教、使用的语言和文字的来源，他们是飞碟和 UFO 的本源。

高级人类控制飞碟和 UFO 到我们生存的三维空间活动，是轻而易举的事情，但是当他们决定跨越时空阻隔，返回到自己生存的多维空间去以后，我们就会看到飞碟忽然不见了，来无影去无踪。

至于高级人类在九维空间里，是如何生存的呢？首先他们不种庄稼、不做工、不经商、不食不喝，不排泄，就是说高级人类的机体内部各系统，已经发生了根本性的改变，直接从阳光、空气、水中摄取有益元素和能量，他们的工作，主要是监控维持地球、太阳系和人类社会的正常运动和发展，参与星际交流，维持地球生态平衡和大自然生态环境，促进人类思想和社会进步以及科技发展，制止战争，消除瘟疫，也就是说为人类谋幸福。

高级人类是不依赖于现代人类意识的客观存在，现代地球无限发展的生命多样性，是历史地球生命多样性的传承和发展，世界是丰富多彩的物质世界，地球上高级人类和现代人类共同存在，完全符合事物发展多样性的规律。

可以断言，用不了100年，世界范围内的飞碟和UFO研究工作，就会取得突飞猛进的发展，从简单的研究阶段开始过渡到实质性的应用阶段，飞碟和UFO的本源就会大白于天下，达尔文生物进化理论将被修正、补充和完善，成为真正意义上的科学理论，人类起源之谜和宗教真相就会逐步揭开，上帝、真主、佛祖、神会逐渐显露出自己的真容，束缚人类几千年的"上帝造人"的神学观念和各种唯心观念会逐渐瓦解，世界范围内的有神论者终将转变为无神论者，唯心主义者终将转变为唯物主义者，整个人类的思想领域将会发生完全的、彻底的、革命性的变革，在完全彻底的唯物主义轨道上迅跑。这是我们共产党人和唯物主义者的历史使命。

9. 真实谎言——UFO现象的认识误区

在众多的自然之谜中，UFO是最大的一个谜，它最使人感到神秘莫测，引起了亿万人的强烈兴趣。可是，30多年来，UFO问题不仅没有明朗化，反而被搞得混乱不堪。虽然越来越多的公众相信部分UFO是外星人的飞碟，但正统的科学界（包括绝大多数科学家）和各国政府（法国等除外）却否认飞碟的存在，认为UFO无非是一些探空气球、流星、虚无飘缈的幻影或未知的大气物理现象，如地光等等。1997年的8月初，美国的一家报纸曾发表文章称：在20世纪50年代出现的大量UFO现象，其实是美国军方进行的秘密实验。此话一出，引起世界一片哗然。虽然如此，但美国军方并没站出来证实这一点。除此之外，也确有相当一部分UFO是无法解释的，其中不少是科学家和飞行员目击的，难道一个天文学家能把一颗流星当作飞碟？难道飞机上所有人员都同时产生幻影？

UFO的一个特点是无法在实验室研究，也无任何公式可用，连确切的证据都没有。这正是它不为正统科学界承认的一个原因。人们习惯于借助电子和光学等等仪器提供数据，用公式演算分析去验证一个发现。但研究UFO，却无任何仪器可用，也无法重演，故很难使人接受。一架飞机在我们头顶飞过后，我们可以继续知道它在哪里，在它飞行方向的下一个地方，人们也会看到飞机。但曾经是一个固态和有形的UFO，昨晚干扰了汽车、飞机以后，现在它在哪里？在它消失的方向上可能再也没有人看到它，监视整个地区的雷达、红外探测器也没有发现它。事实上，它从现实中消失了。可见，对 UFO 的研究，同目前的传统科学有很大的差别。同时，由于一批狂热的 UFO 主义者常常夸大其词，甚至弄虚作假，凭空杜撰与 UFO 接触事件，伪造 UFO 照片，结果使 UFO 研究声誉大跌，使大部分科学家对 UFO 现象产生反感，他们既无兴趣也无时间进行研究。在这种情况下，就很容易得出 UFO 根本不存在的结论。

UFO 否定论者往往用现有的科学法则来说明 UFO 现象中的种种不可能，如"大气中不可能有飞碟那样高的速度，否则就要产生冲击波"、"这么大的加速度会把任何东西压碎"、"飞碟那么小，若是从别的星系飞来的，它的燃料放在什么地方？"等等。他们还往往把爱因斯坦的相对论搬出来，指责"UFO 研究不按科学规律行事"如果笼统地问，爱因斯坦的相对论绝对正确吗？可能人人都会持否定态度，但在具体问题上就是另一回事了。现在人们正在努力研究统一场理论和白洞问题，也有越来越多的人倾向于可瞬时完成宇宙航行，起码不需要原来认为的那么多时间。UFO 否定论者曾嘲笑说："对于 UFO 研究者来说，只要有解决不了的问题存在，那就需要修改现代科学的理论。"

英国"飞碟"研究协会曾就这个问题对所收集的"飞碟"资料中有关"飞碟"的特征加以分类、比较和研究，结果认为传说中那种神话般的"飞碟"现象是不存在的。现在看来"飞碟"并不是什么"天外技术"的具体表现形式，可能是发生在地球上的一种自然现象。它的出现与地理条件关系密切，有可能是一种不明大气现象。例如，某些材料中谈到的一种"飞碟"呈卵形，直径 1 至 3 米，绕主轴旋转，接近地面并发出大面积电磁辐射的就属这类。现在科学家利用一定手段已能证实它的存在。并把它命名为"不明大气现象"（VAP），以便与可能存在的"飞碟"（UFO）相区别。

总之，"飞碟"现象是值得探讨的，它是一门值得研究的科学。

当然，科学界的大势仍是对 UFO 实在性的怀疑。但"观察事实"却导出了"地外宇宙飞船"的假说。美国声望很高的 UFO 学者 J. 哈依内克博士曾是一位有力的否定论者，但他接触了大量的目击报告和目击者后改变了态度。他曾担任过从大学天文系主任到天文台台长等一系列科学职务。1976 年他在伊利诺州 UFO 研究中心对采访记者说："对这样的资料假装不知，直至否定目击者的人格，这是科学家的良心所不允许的。轻蔑与无视决不是科学方法的一部分。"

看来 UFO 存在与否的科学争论在未来还会长期地进行下去。但是有一点是确定的，轻易地否定，结果并一能改变轻易的肯定，这样做是不科学的。

第三类接触多是骗局

"世界UFO大会"在大连召开。UFO尚未被主流科学界认同，与会的大约200人绝大多数没有相关专业领域的知识背景。

把"UFO大会"看作是一次民间UFO业余爱好者的聚会无可厚非。值得注意的是，一批声称曾经遭遇过外星人，有过"第三类接触"，及具有"特异功能"的人士，在这个聚会上亮相，给民间UFO研究蒙上一层神秘的面纱。专家对这些UFO经典案例——批驳，并指出，所谓外星人与"第三类接触"迄今尚未被科学证实，因而是不科学的，如果民间UFO研究仍然要靠神秘哲学和迷信惑众，难免重蹈沦为伪科学的覆辙。

外星人背他飞行？

黄延秋，河北省肥乡县北高村农民。1977年，黄延秋连续三次神秘地失踪，自称不乘任何交通工具，由两个不明飞行人携带，一夜之间腾空飞越到一千多公里以外的南京、上海，第三次失踪居然跨越了19个省市，飞遍了大半个中国。这件离奇的飞人事件被称为中国UFO三大悬案之一。

不借助任何交通工具怎么可能累计飞行1万多公里？作为摆脱不了地球引力的人类又怎么会飞？这究竟是真实故事还是一个谎言？

49岁的黄延秋看起来比他的实际年龄要年轻几岁。这个正在为二儿子筹盖婚房的河北农民走在大连的街道上时，常常下意识地朝天空某个不确定的远方眺望，似乎在等待着什么出现。

"你真的确信见过外星人吗？"记者问。

"其实我当时也不知道是怎么回事，我也不知道我是怎么到了南京和上海。"这个堪称中国UFO经典案例第一人的农民回想起自己21岁的那段"离奇"经历时陷入了苦恼。

1977年7月27日晚上，出工回家的黄延秋在吃完晚饭后就躺下睡觉了，然而"一觉醒来"居然发现身在南京。按黄延秋自己的描述，他是从头一天晚上10点到第二天早上7点就到了南京，这中间相差仅仅只有9个小时，在这9个小时里，黄延秋便从河北他的家乡北高村一下子到了江苏的南京。

邯郸和南京两地相距至少1000公里，而且从黄延秋的家里到邯郸还有45公里的路程，在交通不发达的上世纪70年代，黄延秋怎么可能在9个小时内从河北农村到达江苏的省会城市南京呢？这当然轰动一时。

接下来的事情更离奇,"两个民警又买车票把我送到了上海遣送站"。并且,在1977年7月28日,也就是黄延秋失踪后的第二天,一封电报就从千里之外的上海发到了肥乡县,要求乡里来上海领人。

1977年9月初的一天晚上,已经回到家乡的黄延秋再次"遭遇神秘劫持":当天晚上十点多钟回的家睡觉,然而"一觉醒来,我发现自己又在上海了"。这次是在上海的老乡把他送回了老家。

1977年9月,黄延秋第三次神秘失踪了,而且这次出去的时间最长,去的地方最多。按他的描述,9天之内他被两个能飞行的人背着飞越了19个省市,抵达了兰州、北京、天津、哈尔滨、长春、沈阳、福州、西安八个城市,累计飞行一万多公里,而且每到一个城市几乎都只花了一两个小时,据推算,平均每分钟至少飞行20公里,飞行速度接近音速。

就是这起典型的外星人劫持地球人事件,除了当事人的口述,至今并没有直接的证据能够证明这三次离奇的飞行。而事隔10年之后的1987年,有国内一些UFO调查者才写了第一篇报道认为,此事与外星人和UFO有关。

"其实当时我并不知道这事是外星人干的,是别人告诉我说可能是外星人干的。"事情过去了28年,埋在黄延秋心头的疙瘩并没有减轻,相反越来越重。

中国科学院心理研究所脑高级功能研究室博士后研究员李春波认为:这是比较典型的"梦游症",人一旦睡着,醒来之后,到了另外一个地方,他中间不能回忆,回忆不起来。"我也不理解,专家说我是梦游,我不承认,但是我也不知道中间发生了什么。"黄延秋说。

专家说,正常人不可能会飞行,这种思维已经超过正常人的心理耐受性。但是黄延秋觉得很自然,还坚信自己,跟正常的思维逻辑就有偏差。医生怀疑黄延秋是"中度偏执"。

东北农场林工被外星人电击? 专家斥为"谎言"

在"UFO大会"上,主办单位称将邀请另一个和外星人及飞碟有过离奇遭遇的地球人来大连,但是直到结束,此人并没有出现。

据了解,这个当年自称被飞碟击伤的黑龙江林场职工叫孟照国。现在东北一家大学的食堂工作。

1994年,在黑龙江省红旗林场工作的孟照国自称在凤凰山上被外星人击倒,并被外星人带上了飞碟。此事被列为另一件重要的中国UFO悬案。

当年6月7日,孟照国自称在凤凰山南坡看见了会叫的大怪物,几次试图靠近它，都被一堵无形的电墙打了回来。消息很快传遍了整个林场。第三天，也就是1994年6月9日，孟照国带着林场的干部职工，直奔怪物停留的地方。人们准备了望远镜、照相机、录音机，希望留下怪物的证据。但是大约走了5公里，一直没有看到孟照国发现怪物的地方。

即便是拿望远镜，人们还是一无所获。奇迹就在这时发生。孟照国拿过望远镜，却大呼"看见了"，然后就倒在地上浑身抽搐。一副被"外星人击伤"的样子。此后，"林场职工被飞碟外星人击伤"的消息迅速传遍大江南北，并上了报纸。

和黄延秋的故事极为相似的是，孟照国"遭遇外星人"同样只是一个人的叙述，至今没有直接的证据加以佐证，有的不过都是人们的推断、猜测和想象，自然，此事又成为一桩UFO悬案。调查者认为，可以肯定的是，既然UFO的定义是不明飞行物，那么可以首先肯定的是，当年孟照国在山上"看见"的静止白色物体并不能称为UFO，因为"没有证据证明它以前飞过"。

UFO研究者张茜黄觉得这个故事听起来像弥天大谎，缺乏可信度。因为当时正好出现有关彗木相撞的新闻，所以有可能让这样的谎言有了一个圆满的疑似UFO的结局。心理专家杨宜音则认为：很多人都非常容易受到他人暗示，会不知不觉根据和别人的关系来形成自己的想法和判断。

专家认为，当一些人面对自己和面对他人的期望的时候，会对自己的经历作一个塑造，这并非是有意欺骗人，而是在潜意识里有要把经历做圆满的这样一个动力。"临床上是一种记忆障碍，术语叫虚构，这个情况在很多精神障碍当中出现。"

据介绍，公安部原测谎专题组组长、组织研制中国第一台测谎仪的专家杨承勋认为，孟照国的故事"是刻意编造的，根本就没有这回事，我们可以判断他在说谎，但是还有另外一种情况，比如产生的一种幻觉，一些精神上的状态，我脑子里就有这个记忆，那么这种你要通过测谎就很难判断出。"

他认为，孟照国遭遇外星人"可能是一段很特殊的心理经历，而不是一个真实的经历"。

"飞棍"来自何方？

近几年，很多人声称见到了一种神秘的"飞棍"。

最早的飞棍是在1994年美国人拍摄到的。这是人类第一次将它记录下来。美国独立电视制片人朱斯在自己所拍的录像带上，发现有些不同寻常的东西飞过天空。

从外观上看，朱斯发现的是一个圆柱形物体，飞行的速度非常快。由于这种飞行物的形状像一条棍子，朱斯就将它命名为飞棍。朱斯将自己的发现公布出去，引起了人们广泛的关注。很快，世界各地的人们开始不断地拍摄到飞棍的画面。对它的描述是：身体细长像一根棍子，大到上百米，小到几厘米，在空中急速飞行。更有人把这当成外星人和地球人交流的信息。

有意思的是，几乎所有的"飞棍"都是当事人用摄像机或者照相机拍下的，在真实的空间，人们用肉眼并没有亲自见过这种来去无踪的"飞棍"。

就在2009年5月，东北一家药厂声称自己拍到了"飞棍"。北京UFO研究者张靖平亲赴吉林，不仅拍到了"飞棍"，而且有幸解开了飞棍的奥秘。

张靖平介绍：最早发现"飞棍"的是这个药厂的录像监控设备。5月21日晚，振国药厂的监控员突然发现显示器上一道白光迅速闪过。回放录像资料时，发现监视器拍摄到了一个长条形的飞行物迅速飞过厂房上空，大概3米长，飞行时速达到了200公里以上。从外形上看，显然不是人造。

不久，气象部门也排除了是闪电的可能，一个星期之后的某天夜晚，神秘飞行物又在药厂上空出现，而且这次是晴天。

起初张靖平他们认为可能是昆虫之类的东西，但是连续拍摄多日后，仍然没有发现"飞棍"的踪迹。就在准备放弃寻找时，由于脚底一滑，张靖平手里的摄像机剧烈地晃动了一下，就在摄像机晃动的过程中，他发现镜头里有些异样的东西。

张靖平开始怀疑飞棍的出现可能和摄像机的某些性能有关。因为此前所有的飞棍消息都是只在摄像机里出现。张靖平了解到药厂摄像头的拍摄快门速度是十六分之一秒，于是就把自己摄像机快门速度调整成接近的十二分之一秒。

当他路过一个地灯附近时，神奇的一幕出现了，原来正常飞行的各种小飞虫霎时间变成了无数个大大小小的飞棍，这些飞棍的形状与姿态和人们以前拍摄到的飞棍一模一样。

真相大白，原来"飞棍"的出现不过是摄像机的假相而已。比如拍摄行驶的车辆，用1/8秒的低速快门来拍摄时，由于车是运动的，用1/8秒的快门不能有效地"固定"汽车，车就显得略为模糊，但背景是静止的，所以是清晰的。这样就形成了动与静的对比。

张靖平拍到的飞棍是一种夜间活动的飞蛾。由于摄像头红外线的吸引，加上飞蛾的快速飞翔，再有摄像头十六分之一秒的快门，最终造就了飞棍。

"如果我们把摄像机的快门调整到这种速度，就会发现，飞棍无处不在。"

张靖平说。

10. 以假乱真——识破 "第三类接触" 的骗局

关于 UFO 及外星人第三类接触，几乎没有一件被科学试验手段得到证实。人们的以讹传讹，加重了对 UFO 神话的误读和迷信。

北京天文台馆长朱进认为，地球上的生命肯定不是宇宙中唯一的。地球只是很普通的绕着太阳的一个行星，太阳本身是很普通的一个恒星，在银河系里边像太阳这样的恒星，有 2 000 亿颗左右。每一个恒星都可能像太阳一样，有它自己的行星系统，所以说在所有的这些星球里，如果只有地球上有生命，可以说是不可想象的。

同时他认为，即便地球的能力再发达，到目前为止人类绝对没有能力在有生之年飞到太阳系边上，如果说外星人再从其他的星球通过宇宙旅行到地球上来，从人类的角度考虑，也是非常非常不可能的。

紫金山天文台的王思潮研究员介绍说：很多声称和 UFO 亲密接触的案例都是不可信的。判断到底是否曾有发生过第三类接触，要有几个条件：首先要有证据，不能用排除法。比如，既然声称和外星人接触过，一定要拿到外星人的东西，不能空口无凭。而且拿到的这个东西必须是地球上的人类造不出来的，才可信。而且必须经过专家的鉴定，不能当事人自己说这是外太空和外星人的东西，而且必须是地球上没有的材料做的。这个条件并不苛刻，但是遗憾的是，目前所有的 UFO 和外星人接触案例，没有一个达到这个要求。

其次，声称见过外星人和飞碟，必须同时有非相关群体作证，比如，一个地方几个人看到一个飞碟是不做数的，必须要有好几个地方同时看到。

最后，外星人的 D. A 也肯定和地球人不一样，这同样要拿到科学证据，才能证明是真正的外星人。

他认为，以目前的科技水平推断，不排除存在地外文明的可能，但是这一切要依靠严谨的科学实验加以证实。

11. 一己之见——外星人 UFO 的来源

外星人是哪来的生物？从何而来，从何而去？

据报道，世界各地均出现过不明飞行物 UFO。还有不少人声称见过外星人，更有人说接触过外星人，甚至对话过。这类事件在科技信息较好的今天被记录了下来，同时也成了人们关注的焦点。关于 UFO 与外星人，社会各界说法不一。但有一条是公认的：外星人是非地球的其他星球上的生物，它们乘坐 UFO 来了地球。

按道理说，可以飞行在宇宙中的"外星人"一定有什么空间站等东西。据资料，人类现在可以观测到宇宙范围约是 150~200 亿光年。但是在这个范围内人类并未发现有像"外星人"这样的高级生物活动的蛛丝马迹，也并发现有"外星人"发明的任何天体以及飞行物等。也就是说"外星人"来自人类所观测到的范围之外。众所周知，光速是最快的速度。假设"外星人"的 UFO 以光速飞行，那么 100 多亿光年之外的"外星人"要到达地球也要一百多亿年。

按爱因斯坦的狭义想对论来说，当一个物体速度达到光速时，就不会消耗时间，换句话说就是达到光速的"外星人"不会自然死亡。那么不会"老死"的"外星人"就要乘坐在小小空间的 UFO 中长达一百多亿年才可来到地球。

人们都知道有思维的生物不能离开群体并在非正常生活环境下而独立生活很长的时间，更何况 100 多亿年。也许会有人说那可能是"外星人"的机器人，那么这些"机器人"就必须有高智商以及思维，因为当飞船以光速飞行时，它发出的信号是很难传到后方的总部，更不可能接收到来自后方总部的指挥信息。即便是停下来接受也要上千万年。所以 UFO 不可能得到后方总部的指挥和支援，它只能要有智商及思维来对付它所遇到的万变的宇宙中的各种事件。那么有思维的"机器人"也一定会在漫长的 100 多亿年中疯掉的。但我们几乎没见哪个 UFO 失控。

在这里且对"外星人"是如何将它们的飞行器提速到那么快并可以长时间的飞行达几亿光年之久，我们且不谈。单就说这远道而来，频频出现的 UFO 为什么没有被全球许许多多的天文学家和无数的天文爱好者在地球外观测到？哪怕一次。UFO 只会突然出现和消失，它们来自何方？去向何方？而且它们总在地球内才有发现，而在宇宙中从未观测到。

还有一个现象值得人们思考，一个 UFO 快速的从 A 地飞向 B 地，但是 B 地却并未发现有 UFO 飞来。那它去哪了？

经过种种现象，不难看出，所谓的"外星人"不可能是从未来来的人类吗？他们从未来的某一时间与空间穿越虫洞或某种未知的隧道来到了我们这个空间与时间。也许 UFO 只是一部时光机器。在说现在在理论上以推算出了虫洞的存在，并在某种特定的情况下可以成功穿越。

也许有人会提出能量与质量守恒来否定。但谁又敢保证茫茫宇宙中到处都是一样的？或许那些守恒只是我们身边的而已。就好像人类在未发现反粒子之前一直认为所有的电子带负电，质子带正电一样。或者宇宙可以承受得了这微不足道的能量与质量转化。

UFO？"外星人"也许就是未来人。

12. 科幻随想——外星人是一个未知民族的移民

外星人与地球人的交往，确切的说不算是交往，是外星人单方面开始的对地球的一种"移民"。在浩瀚的宇宙里，有很多类似银河系的星系，里面有不同状态的生命，其中包括外星人（高智慧和低智慧的都有）。

而不同区域的外星人又有了不同的种族，有的相对友善，有的比较独断；他们生存在不同的星球上，有这发达的文明，但对于他们来说，他们并不服从与宇宙的秩序（生命的循环），他们用他们的科技从宇宙中获取能量，来发展他们的社会和力量。以至于达到了可以穿梭时空和具备极长的寿命。他们的所有高科技建立与对强大的能量源的需求。在他们对本以为无限分布于周围星球或者是本星系能量的索取过程中，他们的星球或者说是星系逐渐失去了"动力"。这些外星生命的一部分在星球或者星系的解体过程中逃脱出来。对他们来说，他们这种科技，本身就是要消耗巨大的宇宙能量来实现的，所以他们在穿梭时空的过程中，已经看到了他们的星球解体的那一天。所以在这之前就已经对地球开始了探索，尤其对人类身体产生了兴趣：因为他们的身体不适应地球的生活，另外最主要的原因是人的身体要比外星人身体更加复杂和完美。从远古时期，玛雅文化中有一些这方面的记载，埃及文明里也有。最早外星人在地球周围窥测人类，后来发现人类一直对神有着敬仰，之后曾有一段时期，外星人以类似神的方式降临人间，人们顶礼膜拜，以为神来降临。外星人把它们的思维模式科学原理教给人类，其实也就是现在的西方科学，简单的概括"消耗能量改变世界"。再后来，当人类逐渐适应习惯了外形人所传授的现代科技生活方式以后，外星人开始准备占用人的身体。这个后面细说。先说说现在的科学。既然外星人在久远年代里，不断从自身星球摄取宇宙能源，导致了自身星球星系的解体，那么这样的科学发展会给人类带来什么样的结局呢？

外星人知道人体的复杂的完美。克隆也好，试管婴儿也好，它们目的是要占有人体。然后在这个星球上存活下来。因为他们在地球繁衍后代受到很多条件限制，几乎成活率不到10%，所以更要占有人体。他知道他的身体肯定有一天要衰老掉，需要一个新的身体来作为载体，因为没有了物质身体，它无法进行科技，也无法改变地球，创造他们民族的生存环境，所以必须要身体。美国和欧洲

— 127 —

某些国家的妇女，也有少量男性有过这样和外星人性接触的案例。有的怀孕女性在没有流产的情况下突然孩子不见了。有的男性突然在半夜见到自己精子孕育的孩子。各种各样。有的怪胎就被外星人销毁掉了。所以说外星人自私并不过分，而且真的对全人类犯了很大的罪行。

其实也不算毛骨悚然，它们的试验都是秘密进行，虽然手段卑鄙，但表面功夫做的很好，所以一直一来没有造成人类社会的大面积强烈不满。

外星人最大的缺陷就是没有能量或者能量低的情况下，如果没有持续的能量来源就会使他们的原本隐形有机身体显现出来或者年龄大的外星人会直接死亡。所他们的死穴就是"能量"。外星人都能够心灵感应，不需要语言，能让你听到它在"说话"。或者在它携带能量的时候可以让你看不到"隐形"；都是要消耗能量的。所以一旦外星人个体或是飞船没有了能量，就会很危险。它们就变的非常非常的脆弱。

日前已经知道的关于外星人的主要考古和目击线索：

（1）玛雅残存的记载，关于最后的战争。（飞船，外星人，战争，毁灭）

（2）埃及的时刻文字上的飞行器，和外星人。（心灵传感，飞碟，飞船）

（3）月球上美国航空航天局当时泄密的视频。（建筑，飞行器，入口）

（4）土耳其边境雪山的奇特飞行器和生物残骸。（军队，探险家，曾作为军事机密，后部分资料公开）

（5）外国的外星人绑架案例。（个人证实，部分有证据，如伤疤和医院妊娠记录等等）

（6）非温和的外星人对生物能量的摄取，和破坏。（没有条件设备，无法证实，没有记录）

（7）其他录像，可作为证据，但不排除造假嫌疑。

其实很多人早就知道外星人的真实存在，而且坚信其存在，他们现在只关心外星人来做什么。

还有一些人，没有接触过，或者不相信，所以还在想是否有外星人存在。

对外星人的猜想

（1）生存：外星人知道自己的科技有破坏作用，但是为了生存。在他们已知的范围内可以找到地球，虽然地球上有疾病，还有其他很多他们无法适应的东西，但目前还没有其他更合适的地方。外星人可以用能量把自己的城市罩起来，什么都污染不了。而且他们的星球是经历了很久才失去动力解体的，按照它们的想法，在地球附近空间场的能量至少有几万或十几万年让他们用。

（2）能源：无论地球污染也好，能源耗尽也好，外星人的能量来源不是地球能源，是漫布在星球周围类似电磁能的东西。对他们来说摄取能量不是问题，所以它的能源，和人类说的能源相差很多，而且来源不同，他们不认为有什么影响。问题是他们的身体，没有继续存活的身体能源问题就没有意义。

（3）过渡阶段：他们之所以引导人类的科技，目的是让人类习惯这样的科技，感受到科技的好处，将来好让更多的人接受克隆等。

在人类观念意识上接受了以后，就可以大规模的展开。是否取代人类，外星人把它认为很低级无用的科技教给了人类，再引导人类做他想要的。

无论怎样讲，人类的环境，能源都不影响外星人的能源和生存环境，但人类社会就成了它的大试验场所。

（4）外星人的科技：外星人的科技能延长寿命，能穿梭空间。但消耗宇宙能量。可是他们的所谓"价值观"认为这样做值得。所以他们不会改变想法，也没有什么矛盾。如果矛盾的话，他们自己早就应该反省反省了。

外星人和人类的道德观念、科技理解力相差很远。人类不能用现有的科技水平和知识来推理它们。

13. 执著追求——寻求 UFO 科学的证据

早在 1953 年，西德航天专家克尔曼博士受西德政府的委托，从事 UFO 事件的调查。经过 3 年的工作，他从大约 7 万件目击报告中选出可靠性较高的 800 件，最后得出的 UFO 有卓越航空技术性能的结论。他说："科学对于那些因观察事实不可能和不能被证实的现象，无论如何应该期待它的可能性。如果哪个说明与摆在面前的观察事实相悖，那么就必须考虑所作假说的有效性。在所有的假说之中，UFO 作为有智慧的外星人操纵的飞行物体，将最适合归纳事实。"

接着法国天文学家、计算机专家瓦莱博士公开他的研究，并作出这样的断言："仅是局限在允许 UFO 作为空中飞行物来研究，而不将所谓着陆报告作为研究对象，那是没有道理的。另外，仅是确认有理智控制的可能性，而否定接近或朝露地面以及乘客走出飞行物的可能性，也是毫无道理的。"

1977 年在国家宇宙中心内又成立了以皮埃尔为首的 UFO 科学调查组织。1983 年春，这个组织发表了一份作为自成立以来最大成果的着陆目击者事件的报告，它对以后 UFO 报告的研究是非常有价值的。

1981 年 1 月 8 日，在法国南部阿维尼翁附近的特拉赞普洛安斯偏僻小村，农民尼古拉伊在场院里目击飞碟着陆并马上飞走。警方接到他的报告后立即对现场采取保护措施，并通知 UFO 科学调查组织的科学家来验证。

据尼古拉伊的报告："当时他正在泵铺间修理时，突然，暗灰色的飞碟急速降落，咕咚一声着陆。也许是觉得太靠近了，又急促地浮起数米后，用倾斜的姿势迅速地飞离。飞行物体直径约2.5米，高1.8米左右，没有看见窗、天线、舷门，但是其侧面有回廊，从下面伸出4条短腿。"

科学家们按照尼古拉伊的证言来到现场，发现环状的着陆痕迹，并收集土壤与植物标本。经有关单位分析后，确认在现场的地上有明显受到强力的机械压迫和加上了600摄氏度的高温的事实。国家宇航中心的普契博士说："就我所知，这是从科学角度能够承认的第一个飞碟事件，有必要认真考虑'来自外星的宇宙飞船'的假说，因为分析结果最适合这样的假说。"

目前，科学界的主要趋势仍然是对飞碟的实际存在抱有怀疑，否定的呼声很高。看来 UFO 的实际存在与否的争论还将继续下去。但是，有一点是可以肯定的，轻易的否定与肯定，本质上是一样的，皆是非科学的。

14. 科学推论——引力是飞碟的"动力"

从科学的角度来分析，科学家认为飞碟的飞行原理是制造一个加速度场，很多证据表明是引力场。根据广义相对论，能量本身也是引力的来源，只要携带了足够的负能量，就可以生成足以使飞碟克服地球引力的反引力场。而负能量的大小可以根据质能方程来计算。

如果按照动力源是反引力的思路来推想，飞碟应该具有总和为负的能量密度（携带了足够的负能量），从而产生了负的引力，而负能量密度可以这样产生：基本粒子中的费米子基态能量是负的，只要能通过某种方法将玻色子跟费米子分离，制造真空能量的正负两个状态，将玻色子保存在另一个地方。费米子装给飞碟，就可以生成反引力了。但是费米子跟费米子要发生力的相互作用，就一定需要玻色子来传递"力的信息"。

如果果真制造出这样一个场，只要改变它与飞船机械结构、仪器和机组人员的质心相对位置，飞船就能够随心所欲地移动。而内部推动部分负能量加速的是常规动力，比如电力机械。这就是为什么要在标题里加个引号的原因了。操纵引力是原理，但是要实现操纵引力消耗的是常规动力。

其实，科学家们不太接受"反引力"的想法，所以他们曾经想过实际上飞碟是在操纵正引力，但是如果飞碟利用正引力飞行，实现上在技术可能人简单些。如果飞碟充了太多的能量会不会直接把地球轨道改了？所以科学家们一直没能找出一个合理的方案让飞碟悬浮。

15. 顺其自然——正确看待 UFO 现象

在以前，就有过许许多多关于 UFO 或者是飞碟的说法，人类以前不怎么相信，可是人类实在有许多的不明白。宇宙有许多的星球，然而地球的颜色是天蓝色，非常美丽，像玻璃球一样。地球上有人类，难道其他星球就一定没有人类吗？宇宙是那么的神秘，至今没有任何的人敢说自己知道关于宇宙的一切。地球人发展到今天，开始对地球乃至其他星球或天体的认识越来越深刻，因为认识是不断增长的。人们渐渐地认识到大自然，古时候人们不知道什么是月蚀，却以为是"天狗吃月"而非常的惶恐。

其实 UFO 现象从古到今，已经有许多记载，世界各地都过 UFO 的记录。包括现在在地球上陆续出现的 UFO，人们都难以接受。

地球上出现的 UFO，虽然不是非常的清晰，但是可以看出像燕尾。于是，那些认为 UFO 不存在的人，又会说没有看清，不知道是不是 UFO，也许是飞机尾气。但 UFO 第二次再出现时，专家就已经否定了是飞机的尾气。

宇宙是那么地广阔无垠，难道就地球上有人类吗？难道就火星或其他星球就不可能有人类存在吗？宇宙唯独就"发明"了地球人吗？能不能好好思考一下这个问题呢？如果 UFO 来自外星，UFO 是飞碟，那么它的智慧、文明一定比地球人高出许多倍，否则怎么能造出具有飞行、防御、攻击等功能的飞碟呢？其实地球人不也正在不断地进步吗？人们在没有枪炮之前，只能使用土棍或其他物质作为武器，然后逐渐地发展，一直到今天高尖端武器的发明。现在的地球人，只要在控制室按几下电钮，就能发射导弹或更高杀伤力的武器。这一大飞跃，人类就经历了许多世纪。若干个世纪之后，人类的文明将会达到什么地步呢？现在的武器可能就过时了，那时人类恐怕使用的是比飞碟还先进的武器。

人们不应该很肯定地认为 UFO 的不存在，持有这种思想的人，是否要仔细思考一下呢？飞碟现象层出不穷，可以看出飞碟对地球感兴趣，不论是不是人们所传说的，可能他是来研究地球和人类，可能是来监视地球人的活动，或者可能是……

人类应该顺其自然，客观地认识 UFO，真正地认识 UFO 只是现在认识与未来认识的关系。

可以看出，人们积极地想知道关于 UFO 的方方面面。人们想了解 UFO 和外星人，因为人类想认识来自其他文明的生物。

16. 萤火之光——中国 UFO 现象的一些规律

（1）第一、二类接触居多，三、四、五类接触极少。

绝大多数 UFO 事件都只是一份目击报告。真正使人们深入了解 UFO 的事件，即人与 UFO 的近距离相遇，少之又少。天空中的未知物体和未知现象很多，仅靠观察人们是不足以研究它们。

近十年来发生在中国 UFO 现象的目击报告有上百份，但第三类以上接触有相对详细记录的只有"凤凰山事件"和"背人事件"，而这两件事都是经过媒体炒作的，其间有很多不实之处。

（2）所有 UFO 事件不重复。

无论是哪一类接触，从未在相对长的一段时间内重复。就算是第一类接触，如果能连续数日重复都将给我们进行研究的机会。问题是：没有这样的重复。

（3）没有飞碟存在的物理证据。

飞碟残骸、外星人尸体、植入体内的不明金属物……这些只存在于传说中，美国军方的秘密实验室中，中国至少目前还不存在这样的东西。因此也没有指责中国政府向大众隐瞒实情的报告。

以上几点让我们对飞碟的认知几乎变得不可能，虽然是令人失望，但是我们必须理性。

第七节　睥睨天下——UFO 案例大全

1. 美国纽约垂钓者目击事件

日期：1966 年 11 月 18 日

具体时间：16：30

地点：美国·纽约 Tiorati 湖畔旁

目击经过：哈德孙河是纽约州东部的一条经常有人来钓鱼的河，这天在河西岸的三名垂钓者注意到了不同寻常的圆形的金属状的飞行物，与此同时其中一个人打开（老式的）箱式照相机，在飞行物飞过哈德孙山消失以前，幸运地拍到了这张照片。这些目击者描述该物体时说，给人的感觉就是一个深色铜制的半球体上面扣着一个圆形的屋顶。不明飞行物飞行时非常安静，运行轨迹也是呈"Z"字形而无规律的。

2. 奥地利夫妇德国目击事件

日期：1971 年 5 月 23 日

具体时间：12：30

地点：奥地利 Deutschlandsberg，Steirmark

目击经过：在 1971 年 5 月 23 日中午大约 12 点半左右，Rudi . agora 先生和他的妻子驱车到德国慕尼黑西南，以便远离喧闹城市到大自然度过一个愉快的周日。当他们从一个山丘下坡时突然听到了非常微弱的"嗡嗡"声，同时看到一个非常明亮、银色的、边缘圆滑形似钢锯的飞行物在空中。这与他们以往看到的飞机有很大的不同。不明飞行物进行着无规律的运行，突然改变方向或改变运行的速度。. agora 先生继续说，在该飞行物消失以前抓拍上幅这张仅有的照片是相当珍贵的！

3. 美国路易斯维尔目击事件

日期：1973 年 10 月 03 日

具体时间：14：00

地点：美国路易（斯）维尔（美国肯塔基州北部城市）

目击经过："我想那大概是下午的两点钟左右，我看到两只金花鼠（花栗鼠）在小无花果树周围奔跑。这时，我的上帝！在那……有一个圆形的飞碟，而且我确信它的存在（而非幻觉）"这是路易斯维尔（美国肯塔基州北部城市）一位电子技术员的目击描述。这位目击者一共拍摄了六张这次的目击照片，但是有两张因飞碟加速离去而导致照片比较模糊。

评定：后经 COURIER – JOURNAL 照片专业机构鉴定，证实该该目击者提供的照片和底片均是伪造的，其伪造的技术很高。证明该照片伪造的另一证据是，当时周围并没能找到其他的目击者以进一步证明。

4. 美国新泽西驾车者目击事件

日期：1980 年 04 月 04 日

具体时间：17：30

地点：美国新泽西州 Passiac

目击经过：罗杰斯开着他那辆破旧的老爷车，摇摇晃晃地跑在山路上。在不到 100 公尺的时候，艾伦达利斯发现了右边的树林间，有东西在闪闪发光。"那个发光的东西，是什么呀？"就在大家议论纷纷的时候，车子来到了一个 S 形的路段。森林只有这个地方被开垦过，变成一块空地。他们看到堆积地空地上的圆木，每根都闪闪发亮，并且漂浮在空中。"赶快停车！"在人大叫。罗杰斯紧急煞车。可是在车子完全停住之前，邱比斯就从卡车中飞向空地。"到底怎么回事？"下了车的罗杰斯，大口地喘着气。离山路不到 30 公尺处，成堆的原木上方4、5 公尺处，飘浮着一个像是太空船的东西……

第二章　迷雾重重——"外星人"全记录

第一节　云深不知处——人类古文明之惑

1. 智慧迷宫——金字塔能预测未来

据国外媒体报道，古埃及的历史文化源远流长，尤其是古埃及文明所创造的金字塔奇迹，让近代科学家耗费数十年潜心研究，金字塔内神秘富有魔力的诅咒，曾让许多早期考古学家命丧黄泉；在一些传奇故事里，富有超自然力量木乃伊被视为古埃及法老的生命轮回……古埃及数千年前的文明历史就像尼罗河一颗璀璨的明珠，所发出的闪闪光芒吸引着世人和科学家的不懈追寻和探索。2007 年 11 月 15 日，一场名为"图坦卡蒙和法老的黄金时代"的古埃及展览在伦敦展出，坦卡蒙法老黄金面具一直被视为古埃及文明的象征，《英国每日电讯报》撰文揭露了古埃及文明的更多奇异古怪的事件，以及富有超自然力量的神秘史事。

（1）图坦卡蒙时代将墓室建造地下。

金字塔是一个宏伟的建筑，同时这对于盗墓者而言是一个很明显的信息标记，这儿是法老王宝藏的所在地。

（2）图坦卡蒙并不是被叔父谋杀。

之前许多考古学家都认为年轻法老图坦卡蒙是被他的叔父谋杀的，当图坦卡蒙死亡之后，他的叔父登上了王位。但是自 2005 年最新 X 射线扫描显示，图坦卡蒙的死因是由于腿部受伤，这可能是导致他死亡的直接原因。

（3）法老墓里还有盥洗池。

古埃及法老的墓室建造是相当完善的，人们会为死去的法老在另一个世界提供生活所需的任何东西，甚至在法老墓室里还建造着盥洗池。同时，法老生前所宠爱的猫也被制成木乃伊，让它陪伴着法老。

— 135 —

（4）早期法老墓选用真人陪葬。

作为法老墓室里的重要部分，陪葬品是一定少不了的，在法老墓室里时常会发现陈列的仆人模型。然而，在早期的法老墓室里，是不会陈列仆人模型的，而是被敲裂脑骨而死的仆人。

（5）狮身人面像的鼻子缺损之谜。

为什么狮身人面像斯芬克司没有鼻子呢？在传奇故事中，拿破仑军队来到埃及时竟向狮身人面像的鼻子作为靶子进行射击练习。然而事实却是 500 年前一位名叫 Saimal-Dahr 的伊斯兰苏非派狂热分子对狮身人面像的鼻子进行了破坏。

（6）金字塔神秘力量被申请专利权。

19 世纪，许多人认为金字塔聚集着一些无形神秘力量，能够守卫法老的遗体，甚至能使钝刀片变得十分锋利。一位名叫卡瑞尔·德巴尔的捷克工程师竟在 1959 年将这一想法申请了专利权。

（7）造金字塔的石材切割成 6 厘米大小可延伸至月球。

拿破仑的工程师曾经告诉他说，建造金字塔所用的石材可以在法国边境建筑 1 米高的围墙，将这些石材切割成 6 厘米的石块，能够延伸至月球上。

（8）传说金字塔内有外星人降落平台。

在传说中，金字塔里应有尽有，其中包括石制计算机、为天文学家和占星家提供的天文气象台，甚至还有外星人降落平台。

（9）拿破仑进入金字塔看到了自己的未来。

据称，拿破仑走进金字塔出来之后脸色发白并且全身颤抖，他拒绝向大家透露相关的事情，但其身旁人猜测拿破仑进入金字塔之后可能看到了自己的未来。

（10）金字塔劳工并不苦，经常吃牛肉喝啤酒。

古希腊人称，一座金字塔需要 1 万名苦役工作 10 年才能完成，期间这些奴隶将饱受折磨。但事实上，一座金字塔是 2.5 万名奴隶或者是自由者在 5 年时间内建造完成的，他们并未经受折磨，他们在建造期间伙食很好，经常能够吃到牛肉，喝淡色啤酒。

2. 自叹弗如——古老地图准确标出美洲

据国外媒体报道，美国国会图书馆首次展出的一张有 500 年历史的古老地图，这是世界上第一张标识"美洲"的地图。

这张世界地图是由德国制图师马丁·瓦尔德西穆勒在 1507 年绘制的，除了首次精确地标识出美洲的位置，该地图还第一次标识出与海洋相隔离的西半球和茫茫无际的太平洋。据了解，在绘制这张世界地图之前，瓦尔德西穆勒详细查看了探险家亚美里哥·韦斯普奇和克里斯多佛·哥伦布的航海日志，同时还参照了其他不知名的葡萄牙和西班牙探险家的航海资料。

目前，一些地理学家十分困惑这张地图的绘制者是如何在太平洋探索发现之前就能准确标识，以及该地图所标识的南美洲竟十分精确，其中南美洲大陆一些关键地点，其误差性不超过70英里。美国国会图书馆地图绘制部约翰·赫伯特说，"这张地图的绘制令人十分吃惊，仅仅依据韦斯普奇的航海日志是不能进行准确绘制的。此外，瓦尔德西穆勒1507年绘制完这张地图之后，在绘制其他地图时将美洲大陆标识为'不知名区域'，这令我们十分困惑不解。"

美国国会图书馆发言人指出，瓦尔德西穆勒在绘制地图时很可能误认为是亚美里哥·韦斯普奇而不是哥伦布发现美洲大陆的，便因此以亚美里哥·韦斯普奇的名字命名这片新大陆为"America"。

据悉，这张地图在一座德国城堡内存放了400年，1901年又重见天日。2003年，美国国会图书馆以1000万美元从德国公爵约翰内斯·瓦尔德堡·沃尔夫埃格手里买回，从而让世界第一张美洲地图顺利回家。这张图片是由12张地图分页组成，长1.2米，宽2.4米，将公开展示。

3. 前所未闻——西藏古代外星访客杜立巴族

大约一万年两千年前，一架满载外星人的飞碟坠毁在西藏山区，少数生还者逃避原始人类的追杀，躲避在山洞中……

大约在1937和1938年间，一个由中国考古学家齐福泰带领的考古队在西藏东北部的巴颜喀拉山山脉的一处洞穴中，发现了很多史前壁画。画有太阳能及其他星系的连线，还有头带圆形头盔的人像。而且在壁画之旁发现有许多奇怪的墓穴，这些墓空没有任何碑文，里面埋葬着类似侏儒的人形遗骸。从这些尸骨可看出他们的身体非常纤细瘦小，但头部却非常大，与现今传闻的外星人体形似。

在墓旁更发现了多达716块由石头制成的碟片。这些石碟厚度约两公分，直经约30公分，重量约一公斤，中间有一圆孔，从圆孔向外延伸出双重螺旋沟槽到边缘。

到了1960年，北京大学楚闻明教授发现那些石碟上含有钴等金属，用超音波或电波给它一定频率的激发后，就会有节奏地振动起来。经多年的研究，他成功地翻译出石碟和的碑文。当他完成这个研究时，却面临到一个难题：就是校方禁止他发表这项报告。因为他的结论过于惊人，他说那些石碑是叙述一件外星太空船坠毁的事件。

但经过一番努力争取后，这位教授最后获得许可发表他的报告。他称呼事件中外星人为杜立巴族，约于一万二千年前，他们民族的一部分（指洞穴中这些遗体）在长途的太空航行之后，漂流到第三行星（指地球），太空船不幸坠毁在巴颜喀拉山。大多数的族人在坠毁时死亡，少数生还者无法修复太空船只好困居山中。他们想与当地的原始人类友好相处，可是这里的居民却驱逐和追杀他们。因此，他们只好躲藏在这个小洞里。

当然，他的这个惊人报告，立刻引起其他学者的嘲讽，认为这个故事完全是虚构而毫无意义的。可是在西藏古代的一些传说里，有一个描述从"云彩"中来的丑陋入侵者的神话故事。里面所描述的令人害怕而丑陋的入侵者的外形与"杜巴立族"人却十分雷同。

在他的报告发表后不久，因受许多学者的冷嘲热讽，楚闻明教授只好移居日本。在完成第一部有关石碟秘密和手稿后，不幸过世。

中国大陆从 1966 到 1976 年，经过"文化大革命"的浩劫，许多历史古物被摧毁，石碟也因而不知去向。有人说北京大学仍保有实物，也有说流落在台湾。1974 年，奥地利的工程师 Ernest Wegerer 无意中发现了两个石碟，并找出了 1962 年楚闻明的报告叙述。因而让这个事件再度受到世人的重视，寄望现代的学者能再重新调查这个事件的真实性。

4. 古怪离奇——怪异"外星云"是否曾经袭击过地球人

在一般人眼中，UFO 代表着外星人快速运动的圆形飞碟。但鲜为人知的是，天空中一些怪异的云竟然也可能是高速旋转的 UFO 的一种，或者可能是与 UFO 有联系的一种独立形成的生命。这种怪异的云在毫无知觉中袭击或者绑架人类。

俄专家险被云绑架

俄罗斯不明飞行物专家柯辛诺夫说，他曾亲眼目睹了这种怪异的云。那是1989 年 9 月初，当时柯辛诺夫正在树林中捡坚果，忽然他感觉到，背后总是有一双眼睛盯着他。但是，每当柯辛诺夫回过头观察时，却发现身后并没有人。柯辛诺夫不经意地抬起头，顿时，他的眼睛被天空中的一片云锁住。这是一片深灰色的云，它看上去就像一个池塘。接着，柯辛诺夫听到云中传出诡异的声音，这种声音像是鸟类扑打翅膀时发出的声音，又像是树木断裂的声音。

似乎觉察到被发现，这片云开始慢慢垂直上升，之后就停留在半空中。浑身被恐惧笼罩的柯辛诺夫企图拔腿逃跑。但是，柯辛诺夫发现自己的双腿越来越软，之后，他便倒地不起。但是，柯辛诺夫下意识地感觉到，这片云试图将他抬起。出于本能，柯辛诺夫在拼命挣扎。企图绑架他的这片云见无法达到目的，于是在向柯辛诺夫全身放射了一股弱电流之后飞走了。之后，柯辛诺夫立刻觉得周身的力气恢复，意识也立刻清晰。

云中发出警告声

无独有偶，一个俄罗斯不明飞行物研究任务小组在 1990 年的一个夜晚，也曾亲眼看到一片蓝紫色的柱状云停留在旷野上。当时小组中的一名成员试图偷偷潜近这片云，以便更加清晰地观察它。但是，当他刚迈出脚步时，就听到头顶上传来一个声音，这个声音警告他不要靠近。这名年轻成员抬头一看，发现声音竟然来自于头顶上空的一片暗色的云。被声音吓得双腿发软的他立刻止住脚步，全身无力地退回原处。顿时，所有怪异现象全部消失了。

5. 真假难辨——广东渔民捕鱼捞到"外星人"骨头

20 世纪 90 年代，广东南澳县后宅镇老渔民朱河杰他在距南澳主岛 10 海里外的海域捕鱼作业时打捞到两块形状怪异的脊椎骨：一块外形酷似飞机尾部，重 4.2 千克，有三处分叉，左右分叉好似飞机的尾翼，加起来长达 80 厘米；另一块整骨重 1380 克。中间有一个直径为 20 厘米，高度为 10.5 厘米大圆。该骨最大的特点是侧面，一面长有大大小小多个孔，乍一看犹如科幻片中的憨厚的南瓜形外星人。

这两块骨被打捞来后，朱河杰和其他老渔民朋友，研究了好久都没法确定这么粗大的脊椎是何种大型脊椎动物。

6. 生命痕迹——火星上发现神奇"窗口"

据国外媒体报道，在火星探测器新近传回的照片上，科学家们发现了一个可以了解这座红色行星演化历史的"窗口"——一座直径约 4 公里的环形山。

　　科学家们介绍说，这座环形山的外表面颜色非常暗，而其内壁则要明亮得多。分布在其外壁上的数个黑点是一些小型沙丘，从高空看上去，它们就像是一座座填满了沙子的矿井。而内壁较明亮的部分则呈多层结构，并且布满了裂缝。初步的分析显示，这些层状结构很有可能是远古时火山喷发后岩浆及火山灰沉积的产物。此外，来自外部的强烈撞击还使得火星内部的岩石被裸露出来。专家们指出，这类环形山是人们了解火星内部构造的极佳窗口。

　　在该环形山以东 30 公里的地方还分布着一条名为 Mawrth Vallis 的山谷——它有可能是一场灾难性洪水的产物。"火星快车"探测器上的 OMEGA 探测仪和"火星勘测卫星"探测器上的 CRISM 分光仪还在该山谷附近发现了大量的沉积层，而它们只有可能是流水作用的遗迹。

　　科学家们介绍说，通过分析沉积在这座环形山四壁上的矿物构成，可以清楚地了解到火星的演化历史。目前的研究结果显示，远古时期，火星表面的水含量要远远高于现在。

　　此前有美国科学家曾宣称，从"火星轨道探测器"拍摄的照片上可以清楚地看到，在火星陨石坑和裂谷壁上有清楚的水平状沉积结构，这是水成岩的典型形态。

　　他们指出，沉积岩也可能是由风力或火山活动形成的，但从火星上沉积岩露头处的普遍特征来看，它们因水力而形成的可能性更大得多。

　　一些沉积岩断面照片显示，这些沉积岩由成百上千层差不多同样厚度的岩层组成，这种结构没有水的参与几乎是不可能形成的。

　　研究人员猜测，火星早期受到陨石冲击产生的众多陨石坑，形成了储水的盆地，水流流入盆地，所带泥沙沉积在底部，天长日久便形成沉积岩。整个过程发生在距今 43～35 亿年前。

　　这一研究成果为火星地质历史上曾有过温暖湿润时期的理论带来新的支持，从而令火星上曾经存在生命的可能性进一步上升。

　　当然，如果火星确曾有过生命，它们的化石最可能保存在这些沉积岩中。

7. 大胆设想——科学家欲与外星人建立太空热线

　　据英国新科学家杂志报道，加拿大两位天体物理学家声称，之前人类向外太空发送的信号消息太无聊，很难得到外星人的关注和回复。目前，他们编写一种有趣的太空语言意欲和外星人建立一个"太空热线"。

　　之前，人类已向外太空的"外星人听众"发送了 4 条信号消息，这些信号主要是描述物理学和化学的算术代码符号，以及记录关于人类的基本生物学常识。加拿大天体物理学家伊范·杜蒂尔称，这样主题的信号消息太无聊枯燥了，不足以引起其他外星生命体的注意。如果地外文明十分高级先进能够理解这些消息的话，他们将早已领会其中的内容。但是他们阅读这些信号消息之后，也无法理解和认识人类的文明成果。因此在某种程度上讲，我们可能正在浪费时间。

在1999年和2003年，杜蒂尔和研究同事斯蒂芬·杜马斯将自己设计的语言向太空进行传播发送，目前他们正在编写更加有趣的信息。杜蒂尔在接受《新科学家》杂志记者采访时说，"这些信息最关键的问题是，地外生命是否对信息内容感兴趣？"

两位科学家现已成功编写了一条称为"切蛋糕问题"的信息，杜马斯说，"如何分享资源对于所有文明而言是一个典型的问题，像如何切蛋糕能够反映涉及'公平和民主'的处事方法，一些数学题带有两个或多个选择项，这不能充分地体现出地外文明思维的选择能力。"

杜蒂尔还指出，社会物理学是社会领域数学技巧的应用，这将对于地外生命产生浓厚的兴趣。此外，还有一个非常古老的问题——如何有效利用资源避免该星体上智能文明的消失和衰退，相信外星人会十分关注的，同时他们也许会提供一些对地球非常有利的建议。

8. 星星之火——古墓里的不熄"长明灯"

世界各地都有盗墓者，他们想尽千方百计，到古墓中去偷窃埋藏了千百年的金银珠宝，古墓往往与世隔绝，使宝物历经千年还保存得相当完好。在这终年不见天日的古墓中，盗墓者通常会认为里面应该是伸手不见五指。可是他们有时却惊恐地发现，在一些古墓的拱顶上，一盏明灯投射着幽幽的光芒。

神灯屡次现身

公元527年，叙利亚处于东罗马帝国的统治之下，当时在叙利亚境内的东罗马士兵们曾发现，在一个关隘的壁龛里亮着一盏灯，灯被精巧的罩子罩着，罩子好像是用来挡风的。根据当时发现的铭文可知，这盏灯是在公元27年被点亮的。士兵们发现它时，这盏灯竟然已经持续燃烧了500年！遗憾的是，野蛮的士兵们很快毁坏了它，这盏神秘的灯的原理已无人知晓。

一位希腊历史学家曾记录了在埃及太阳神庙门上燃烧着的一盏灯。这盏灯不用任何燃料，亮了几个世纪，无论刮风下雨，它都不会熄灭。据罗马神学家圣·奥古斯丁描述，埃及维纳斯神庙也有一盏类似的灯，也是风吹不熄，雨浇不灭，真有点像从《西游记》所述的火焰山上寻找的火种。

公元·1400 年，人们发现古罗马国王之子派勒斯的坟墓里也点燃着这样一盏灯，这盏灯已持续燃烧了 2 000 多年！风和水都对它无可奈何，熄灭它的唯一的方式就是抽走灯碗里那奇怪的液体。这难道是神话中的阿拉丁的神灯吗？

公元 1534 年，英国国王亨利八世的军队冲进了英国教堂，解散了宗教团体，挖掘和抢劫了许多坟墓。他们在约克郡挖掘罗马皇帝康斯坦丁之父的坟墓时，发现了一盏还在燃烧的灯，康斯坦丁之父死于公元 300 年，这意味着这盏灯燃烧了 1 200 年！

公元 1540 年，罗马教皇保罗三世在罗马的亚壁古道（一条古罗马大道）旁边的坟墓里发现了一盏燃烧的灯。这个坟墓据说是古罗马政治家西塞罗的女儿之墓，西塞罗的女儿死于公元前 44 年。显然，这盏灯在这个封闭的拱形坟墓里燃烧了 1 584 年！更有趣的是，坟墓里的尸体浸在一种未知的液体中，看起来像是刚刚才死去一样，原来古人用这种液体来保存尸体。

这些"长明灯"只是全世界所有发现中的几例。考古记录显示，这种古庙灯光或古墓灯光的现象在世界各地都有发现，例如印度、中国、埃及、希腊、南美、北美等许多拥有古老文明的国家和地区，就连意大利、英国、爱尔兰和法国等地也出现过。

古人的魔咒

如此神奇的"长明灯"为何没有保留到今天？古代人对所发现的"长明灯"不够重视吗？其实古代人的确保存这些神灯，可是很奇怪，上述这些灯一旦现身，就会以某种方式很快毁坏掉，例如被野蛮的掠夺者和挖掘者毁坏。难道古人在利用某种魔咒来保守他们的技术秘密？

17 世纪中期，在法国的格勒诺布尔，一位叫杜·普瑞兹的瑞士士兵偶然发现了一个古墓的入口。费尽九牛二虎之力进入古墓后，这个年轻人并没有发现任何他想要的金银珠宝。不过，让他更惊讶的是，在这与世隔绝的坟墓，竟然还有一盏正在燃烧的玻璃灯，惊异之余，他把这盏神秘的灯带出了坟墓，送给了修道院，修道院里的僧侣们同样目瞪口呆，这盏灯至少已经燃烧了千年。他们像宝一样保存着它，可惜的是，几个月后，一位老年僧侣竟然不小心把它碰掉在地上，摔碎了。

另一件趣事发生在英格兰，一个神秘的不同寻常的坟墓被打开了。打开这个坟墓的人发现，在坟墓拱顶上悬挂着一盏灯，照亮了整个坟墓。当这个人往前走时，地板的一部分随着他的走动在颤动。突然，一个身着盔甲、原本固定的雕像开始移动，举着手中的某种武器，移动到灯附近，伸出手中的武器击毁了这盏灯。这个宝贵的灯就这样被毁坏了。

古人的目的一次又一次地达到了：灯的奥秘被严密地保守着，再也没有后人知道。

"长明灯"，谁之杰作？

这种不寻常的灯代表着远古的高科技吗？我们的祖先如何出发明这些永不熄灭的灯？不熄之火最早出现在各种神话故事中。据说这种不熄的火光是天宫之火，是普罗米修斯把它偷偷带给了人类。总之，人类由于机缘巧合，知道了这个秘密。也许是某位先哲把它传给了人类，就像神农氏教会了人类种植农作物，有巢氏教会了人类建造住所。一旦人类得知如何制造永久的灯光时，消息不胫而走，全世界的庙宇都想装上这种永不熄灭的灯。

根据古埃及、希腊和罗马等地的风俗，死亡的人也需要灯光驱逐黑暗，照亮道路。因此，在坟墓被密封前，习惯于放一盏灯在里面。而富贵荣华之家就要奢侈一些，放上一盏不熄的灯，永远为死者照亮。千百年以后，当这些坟墓的拱顶被打开时，挖掘者发现里面的灯还在好好地燃烧着。

制造不熄的灯，古人是否轻车熟路？并非如此，一般平民的墓穴里都并没有这种灯。不过，并不富贵奢华的古代炼金术士的墓穴里也会出现这种灯。例如，公元1610年，一位叫洛斯克鲁兹的炼金术士的坟墓在他死后120年被掘开，人们发现里面也亮着这样一盏不熄的灯。于是人们怀疑古时的炼金术士和铸工懂得制造这种"长明灯"的技术。难道不熄的灯光与金属有关？

"长明灯"不熄之谜

遗憾的是，这种不熄的灯现在再无踪影，那些过去记载的见闻是不是真实的呢？永不熄灭的灯很自然成为学术界争论的话题。一部分人认为，世界各国有关"长明灯"的记录足以让人肯定，确实存在这样一种不熄的灯，或者长久燃烧的灯，只是技术失传，我们现在的人理解不了。中世纪时期的大部分有识之士认为，确实存在这种不熄的灯，并且认为这种灯具有某种魔力。另一部分人则认为，虽然有那么多有关"长明灯"的记录，但现实中并没有一盏长明灯摆在众目睽睽之下，而且这种灯的能源问题严重违背能量守恒定律，因此这种不熄的灯应该不存在。还有许多人认为，这也许是古人在书中开的一种聪明的玩笑。

如果"长明灯"真的存在，那么它们的能量来源是什么？或者它们并不是永久长明的，但千百年长久地燃烧，若是普通的煤油灯，就要耗费多少万升的煤油。难道它们的燃料是能够不断补充的？中世纪以后，许多思想家曾经试图用补充燃料的方式制造一盏"长明灯"，即在燃料将耗尽时，快速补充燃料。但是没有一个实验成功过。即使利用现代的燃料连续补充技术，制造一个千百年长明的灯，也不太现实。

还有一些人大胆推测，这种灯就是使用电的灯，灯碗里那看似燃料的液体可能就是用来导电的汞，所以"燃料"看起来永不见少，这种用电的灯也不会怕风吹雨打。古时的希伯来人就秘密地保守着现代叫做电的技术。据描述，13世纪，一个叫杰彻利的法国人拥有一盏灯，没有任何油或灯芯。通常灯被放置在他房间的前廊，每一个人都可以看见。当杰彻利被问及灯为什么会亮时，他总是微微一笑："保密！"杰彻利做过许多与电有关的实验。为了保护自己不被仇家侵犯，他发明了一种放电按钮，能够放出一股电流到门上的铁把手。当杰彻利按下按钮时，闪亮的蓝色火花就会突然冒出来。

如果神灯真的是用电能点亮，那么电能是如何产生的？难道庙宇或古墓中安装有能够发电的机器吗？要做到一劳永逸地不断供应电能，只有太阳能发电可以做到。神灯真的是利用太阳能发电吗？古人似乎不愿告诉我们秘诀。

9. 匪夷所思——3 000 年前古埃及人已拥有直升机

照片揭出"世纪之谜"

据俄罗斯《真理报》报道，1848 年，一名考古探险家在埃及古城阿比杜斯的塞蒂神庙入口十米高的横梁上发现了一些奇怪的图像，当时没有一名科学家知道那些象形图画描绘的是什么东西，就像其他许多神秘的阿比杜斯象形文字一样，这些奇怪的图像随着时间的流逝渐渐被世人忘却。直到 150 多年后，考古学家才震惊地发现，那些由 3 000 年前的古埃及艺术家雕刻下来的图像，竟然是直升机和潜水艇的模型。

在神庙的墙壁上，古代艺术家竟然镌刻下拥有明显螺旋叶片和机尾的战斗直升机图像，而另外几个航空器图像也像极了现代的超音速战斗机和轰炸机。

3 000多年前的塞蒂一世是古埃及最著名和最成功的法老，他曾扩张自己的领土，击败过许多敌人。但塞蒂一世法老时代的艺术家怎么会画出直升机和飞机图像？这在考古学家中引发强烈争议。

埃及考古学家阿兰·艾尔福德在研究了塞蒂神庙上的象形文字后，确信古埃及艺术家描绘的"直升机"或飞机都是真实的。艾尔福德说，古埃及人描绘的是一个真实的直升机模型，就像他们经常用图画描述日常生活一样。

然而怀疑论者认为，塞蒂一世法老有个别名叫做"蜜蜂"，而古埃及艺术家画在神庙墙壁上的，只不过是一只蜜蜂图形而已，他们无论如何也不相信3 000多年前的古埃及人竟然看到过20世纪才发明的直升机。

埃及古城阿比杜斯的塞蒂神庙的奇怪图像

事实上，不仅古埃及拥有神秘的"飞机"图像，几乎在所有的古代文明中，都能找到有关"古代宇航员"的传说。近百年来，考古学家在哥伦比亚、秘鲁、哥斯达黎加和委内瑞拉等国，也发现了33个模样极像飞机的古文物模型。其中一个被称做"哥伦比亚黄金飞机"的模型显然曾在3 000多年前被用做护身符或装饰品。据悉，所有发现的"黄金模型"都符合飞机原理，拥有垂直和水平的尾翼。

早在1956年，美国纽约首都艺术博物馆曾举办了一场"前哥伦布时期黄金展"，展品中就有一个拥有三角翼的和垂直尾部的"黄金飞机"模型，它立即吸引了众多美国航空设计师的注意。科学家在实验室对同样的模型进行了测试，结果发现这种模型竟然能够以超音速速度飞行。一个传闻称，正是对这架"黄金飞机"的研究，才使得洛克希德公司的航空设计师们发明出了当时最好的超音速飞机。

但是直到如今，有关"法老直升机"的争论依然没有任何结果，一些研究人员相信，古埃及人了解航空学的奥秘，并且曾经学会飞行，但后来这一知识却不知为何失传了。历史学家威廉·迪乌奇就曾宣称，古埃及神庙上描述的奇怪飞行器事实上是人类历史上最早的飞行器。迪乌奇甚至根据这些图案制造了一些模型，并发现许多模型都符合空气动力学原理，能够在风洞中飞翔。

10. 荒诞不经——古埃及人是火星人的后裔

古埃及人是火星人后裔，可以看到未来？

"法老直升机"一时引发了众多荒唐理论，世界闻名的不明飞行物研究专家理查德·赫格兰称，埃及神庙的这些神秘图像证明，古埃及人可能是曾经访问过地球的远古火星人的后裔。

他煞有介事地称，火星人之所以选择埃及降落，是因为埃及的地形像极了火星表面。然而赫格兰的荒唐"理论"甫一出台立即遭到了嘲笑和驳斥，因为他无法解释塞蒂一世神庙上为何会出现一个"潜水艇"模型，火星上没有水和海洋，那么"潜水艇"显然不可能来自火星。

还有一种更为荒唐的理论认为，古埃及的异教徒祭司能够预言未来，能够用"天眼"看到未来的图像，所以能够画出20世纪的直升机、飞机和潜水艇的图形。

11. 科学推测——月亮是人造卫星

2007年7月1日，希腊雅典，满月从舒尼恩岬的"海神"古庙后面升起。

对人类来说月球的神秘感似乎从未降低过，日本在2007年7月1日发射了首枚月球卫星，用于执行调查月球的情况。日宇航研究机构称，这颗"辉夜姬"卫星的发射是自美国"阿波罗"计划之后，40多年来最大的太空任务。目前人们对于月球的了解已超越当年未登陆月球前的想象，一些新发现的证据使科学家们大胆推测，月亮是一颗人造卫星。

太空人登陆月球后，人们知道月球表面是一片荒凉的沙漠，只有无尽的太空尘埃，空荡荡的。不过，登陆月球后一些鲜为人知的发现，反而使科学家对于月球的起源更加迷惑。

早期的观察

自古以来世界各个民族的天文学家对于月球都进行了长期而充分的观察。月亮的圆缺盈亏，除了是诗人吟诵的对象外，更是农民耕作时的参考指标，中国的农历就是以月亮运行周期28天为基础的历法。很久以前，人们就发现一个很有趣的事实，月亮老是用同一面对着我们。

这是为什么呢？经过长期的观察，人们发现月亮会自转，而自转的周期刚刚好跟他绕着地球转的周期是一样的。所以不管月球跑到哪里，我们在地球上看到的月亮都是同一面，月儿上的阴影总是同一种。人们还注意到，月球的大小跟太阳看起来是一样大的。太阳与月亮感觉起来是一样大的，那么实际上是不是真的一样大呢？古时候的人常常观察到一种奇异的天象，称为"天狗食日"，在这个时候会有一个黑色的天体把太阳完全遮住。一个大白天突然变成黑夜，就是现在科学家说的日全蚀。日全蚀的时候我们看到的黑色天体就是月球，月球的大小刚刚好可以把太阳遮住，也就是说，在地球上看，月球跟太阳是一样大的。

后来天文学家发现，太阳距离地球的距离刚刚好是月球距离地球的 395 倍，而太阳的直径也刚刚好是月球的 395 倍，所以在地面上看到的月亮，就恰好跟太阳一样大了。地球的直径是 12 756 公里，月球的直径是 3 467 公里，月球的直径是地球直径的 27%。科学家把围绕行星旋转的星体称为"卫星"，太阳系中的比较大的行星都有自己的卫星。在八大行星之中有些行星块头很大，例如木星，土星等，它们也有卫星环绕著，他们的卫星的直径比起行星本身往往很小，只有几百分之一。所以像月球那样大的卫星，在太阳系却是很特殊的。这些数据上的巧合使得有些天文学家开始想一个问题，月球是天然形成的吗？

登陆月球后的新发现

1969 年阿波罗号太空船登陆月球后，科学家不再只能远远望着月球了，太空人在月球表面上采集岩石标本，放置许多的测试仪器，对于月球的结构可以收集更深入的数据做分析。

首先对于采集到的岩石做了年代分析，发现月球的岩石非常古老，有许多岩石的年代超过地球上最古老的岩石。根据统计，99% 的月球岩石年龄超过地球上 90% 的古老岩石，计算出的年代是 43 亿年到 46 亿年之前。

科学家对于月表的土壤做分析时发现它们的年代也非常古老，有些甚至比月球的时间还提前 10 亿年。目前，科学家推测的太阳系形成时间大约在 50 亿年左右，为什么月球表面的岩石与土壤会有这么长的历史呢？专家也认为难以解释。

月震实验证明月球是空心的

月震的实验也许可以说明月球的结构。登陆月球的太空人要出发回到地球之前，会驾驶登月小艇飞离月球表面，与返回地球的太空舱结合后，登月小艇便被丢弃至月球表面。设置在 72 公里外的地震仪测得月球表面的震动，这个振动持续超过 15 分钟，就像用锤子用力敲击石头一样，振动持续很长时间才慢慢消失。这个持续振动的现象让科学家开始设想月球是否是空心的。

敲击一个空心铁球时，会发出嗡嗡而持续的振动敲击实心铁球的时候，只会维持短暂的振动一个实心的物体遭受撞击时，可以测出两种波，一种是纵波，一种是表面波，而空心的物体只能测到表面波。"纵波"是一种穿透波，可以穿透物体，由表面的一边经过物体中心传导到另一边。"表面波"如同它的名字一样，只能在极浅的表面传递。但是，放置在月球上的月震仪，经过长时间的记录，都没有记录到纵波，全部都是表面波。根据这个现象，科学家非常惊讶地发现：月球是空心的。此为空心和实心球体遭受撞击时的比较。月震仪经过长时间的记录，记录到的都是表面波，说明了月球是个空心的球体。

包着金属壳的月球

不知你是否发现，平常看月亮都会有一块块黑黑的影子，这就是科学家所称的黑影区。当太空人拿起他们的电动钻想在那儿钻一个洞时，他们发现挺费劲儿的，钻了很长的时间还是只能钻进去一点点。这就奇怪了，星球的表面不都应该是由土壤与岩石构成的吗？虽然有一点儿硬，但也不至于钻不进去呀。仔细地分析这块区域的地表组成成分，发现大部分是一种很硬的金属成分，就是用来建造太空船的"钛"金属。所以月球的整体构造可以说就像是一个空心的金属球。

这个发现让一个长久以来困惑专家的问题有了解答。月球上的陨石坑数量非常多，不过奇怪的是，这些坑洞都相当的浅。科学家推算一颗直径16公里的小行星以每小时五万公里的速度撞毁在地球上，将会造成一个直径四到五倍深的大坑，也就是应该有64至300公里深。然而在月球表面最深的一个加格林陨石坑（Gagrin Crater），它的直径有300公里，深度却只有6.4公里。如果科学家的计算无误，造成这个坑的陨石如撞在地球上，将会造成至少1 200公里深的大坑！为什么在月球上只能造成这么浅的陨石坑？唯一可能的解释就是月球的外壳非常的坚硬。那么前面发现的月表坚硬金属成分就可以充分说明这个现象了。月球背对着我们的一面很粗糙，布满了陨石坑与环型山。有两位前苏联的科学家提出大胆假说，认为月球是外表经过改装后中空的宇宙飞船。如此一来，才能圆满解答月球留给我们的各种奇异现象。这个假设很大胆，也引起不少的争论，现在大部份科学家仍然不承认这个理论。然而不争的事实是，月球的的确不是天然形成的。月球就像精密的机械一样，天天以同一面面对地球，看上去也刚好与太阳一般大。外面是一层高硬度的合金壳，可以承受长时间高密度的陨石轰击，仍然完好如初。如果是一个天然的星体，是不该具有这么多人造特征的。科学家还发现，月球面对地球的一面是相当光滑的，几大月海都是在月球的正面，背面则是密密麻麻的环型山。难怪月球能以非常高的效率反射太阳光，在夜晚的天空发亮。如果将时光倒回远古月球刚刚成型之时，光滑的月表没有被陨石攻击的坑坑疤疤，中秋节夜晚的月光一定比现在更皎洁。

现在我们知道月球总是以光滑的一面面对地球，而以粗糙的一面背对地球，这是不是告诉我们月球是为了照明地球上的人们而造的呢？如果月球是外星人监视地球的太空船，他们不必做这么大的太空船，也不必具备照明功能，相反他们应该将月球做得越隐蔽越好。

创造一颗类似自然的星体，利用它表面的反射能力照明地球，这个想法很符合环保，因为不需要发电制造大量的污染，也很聪明，因为它能一次照亮整个地球黑暗的一面。虽然这是个很不可思议的想法，不过却也不无可能吧！如果今天我们的科学技术进步到这样的程度，我们会不会这样做？那么如果在史前地球上真的有高度发达的人类，他们有没有可能放一颗月球上去，照亮漆黑的夜晚？当我们放开狭隘的思想框框，用理智去分析，会发现很多难以解释的现象其实是非常简单的。以科学家发现的证据早已透露出月球形成的不寻常之处，为什么没有引起科学界的重视，进一步探讨呢？因为史前人类的存在，可以说是科学家的禁忌，大部份的科学家研究的证据不管多么充分，理论多么正确，一遇上与"进化论"相反的观点时，谁也不敢提出来了。求"真"的精神应该是科学研究的最高原则，如果我们能跳出前人思想的框框后，不难想像有许多的科学研究将有一个非常迅速的飞跃。

12. 地外文明——科学家无法解释的"天像图"

文达尔克博士认真地研究过多幅"天像图"的照片，他一直确信有"地外文明"存在。

如今，大自然中有许多令科学家们难以揭开的神秘现象，其中令人们目瞪口呆的是世界各地连续出现的天像图。

1999 年 2 月 8 日报道，1 月 18 日上午，在几场大雪过后，新疆昭苏高原上空出现了一幅巨大、清晰的生动图像：像江河，也像湖泊，粼粼波光在天空闪烁。水域的旁边，有造型别致、风格各异的建筑物矗立在宽阔的马路两边。尖顶方体的欧式小洋楼和现代化高楼大厦交相辉映，错落有致，清晰可见。马路上各种货车、小客车来来往往，川流不息。路两旁还有手持文明棍，头戴高礼帽，脚着长筒靴很像英国人的绅士们在走动，色彩鲜明令人注目。这一切被众多人亲眼目睹，让人目瞪口呆。

早在 1989 年 1 月 28 日上午 9 时，在新疆雪域上空还出现过巨大的"天像图"。据西方一些新闻媒体报道：1993年2月1日，饱受战火蹂躏的索马里，发生了一场狂风沙暴，索马里首都摩加迪沙也被沙暴席卷。天空、路面一片昏暗，突然沙暴停止，天空上出现了一幅巨大、清晰的图像，那是耶稣的面容，长约150多米。千千万万的人都目睹了这一空中奇观。

参加救援索马里难民的美国海军陆战队的卡马拉少校在摩加迪沙机场，拍摄了这张富有戏剧性的天空照片。它清晰地显示了耶稣的面容。后来这张照片登在西方国家的一些大报刊上。据目击者们说，耶稣的脸在空中展现了5至6分钟之久，而后随风飘逝。索马里虽然是个信奉伊斯兰教的国家，但对耶稣的面容人们都很熟悉。

早在第二次世界大战中，1944年，英美联军在诺曼底登陆后，在法国领土上，同一支精锐的德国党卫军相遇，在德军大溃败中，唯有这支军队很顽强，坚守阵地，勇猛战斗。英美联军数次攻击，均被击退，战斗愈演愈烈，黑暗的天空成为一片火网。就在此时，天空突然出现了一个巨大的纳粹党旗上臭名昭著的卐字模样。英美联军大吃一惊，他们不清楚是怎么一回事。联军指挥官下令打开全部探照灯，炮击这空中出现的巨大字标旗。突然间这天空中的"天然标志"，从空中变形而散落，并且越坠越快，拖下了几道长长的烟迹。如同人哭泣流下的长长的泪痕。

之后，这支战斗顽强的纳粹党卫军开始了大溃败，纷纷丢盔弃甲，举手投降。英美联军中的指挥官一致认为，这是德国的科学家们人造的"天像图"，目的是鼓动法西斯军队的意志。德国战败后，苏、美、英等国的军事科学家们均未获得"人工天像图"的奥秘。他们查看了所获得的全部德军的机密档案，均无此记载。被俘的德国军事科学家们均不知什么人工制造"天像图"的秘密。因此，所谓人工制造"天像图"之谜就被否定了。如果说，它是自然形成的，那又是怎样形成的呢？为什么会在战场上突然出现呢？此谜一直令人难解。

1990年6月30日晚八点多钟，在前苏联的敖得萨地区，宁静的天空万里无云，月光照耀着大地。谢尔盖一家正坐在自己花园的安乐椅上纳凉，突然一阵风吹过，天空出现了一幅巨大的图像，那是一张巨大的俄罗斯古典式的安乐椅，椅子上慢慢出现一位头戴王冠，身穿金色的欧洲中世纪皇宫中的长袍，如女皇一般的中年妇女。全家人惊呆了，谢尔盖的妻子丘丽娜姬马上拿出照相机，对准天空拍出了十多张图像清晰的照片，登在当时苏联的各报刊上，看到这一奇观的还有不少人。

苏联的科研机构的科学家们无法解释这一天空奇观是怎样形成的。

接着，在同年10月初的一天，在前苏联的雪比察市，市民们突然看到：晴朗的天空上，出现一幅美丽的橙色妇女全身像，占据了半个天空，她仰靠在一张巨大的躺椅上，长长的金发披散下来，一双动人的眼睛在不停地转动着，像在回眸观望她的众多市民们。她是那么华美、飘逸，如同"天仙下凡"。当地的电视台、报刊记者们均把录像机、摄影机的镜头对准了天空，拍下了这张出现在天空中的"仙女"。这个天空中的奇观历时半小时，才逐渐变成一块块不规则的金黄色云块，慢慢地消失在苍穹之中。

如此天空奇观，震动了苏联的科学界和克格勃。为了研究这一触目惊心的天像奇观，克格勃组织了一些著名科学家成立了调查研究小组，对这一神奇的现象进行全面探讨。

前苏联的一些科学家们认为：美国掌握这门制造天像图的高科技，是继承纳粹德国军事科学的成果。但在苏联解体后，一些俄罗斯的科学家们又把这些图片、录像资料反复研究，才认为人类当前的科技水平是无法制造出这样巨大神奇的"天像图"奇观的。

美国的著名物理学家康拉得尔教授认为：由于地球自转及阳光、温度、风力的变化，天上的云彩经常处在变换之中。在这样不停地变动之中，在地球的某一个地区的上空出现几幅酷似某一种图画的"天图"，也是正常的自然现象，不值得为此惊奇。日本北海道大学气象教授田中贺一认为：经他多年对天空变化的研究，天空的云层、阳光反射，犹如一个大的"万花筒"。"万花筒"在转动中会不停地变化。在这千变万化之中"偶尔形成图像"是极为可能的。

美国天体物理学家文达尔克博士，不同意以上这些说法。他认为：这样的说法，过于简单，不能针对具体问题。具体"天像图"的形成，绝对不会是天空自然界的变化巧合形成的。文达尔克博士认真地研究过多幅"天像图"的照片，他一直确信有"地外文明"存在，而"天像图"是"外星人"向地球人类有意制造的"迷魂阵"，吸引人类去探讨这难解之谜。以上几种说法仅仅是假设和猜测。俄罗斯科学院院士彼得罗果教授认为：要解开"天像图"之谜，尚有待进一步努力观测它是怎样形成的，但它绝对不是"万花筒"中的巧合。

13. "科学隧道"——外星人在银河系边缘

在许多科幻小说和影片里，强大的外星人进攻地球，却被充满智慧的人类给打败了。如果人类真的那么聪慧，为何到现在连外星人的影子都没发现，这是否意味着我们寻找外星人的方法有问题？

外星人在银河系边缘？

在过去的 10 年里，宇宙空间不断发现新的星球。

但地外文明探索却没搜索到外星人发射的无线电信号，这不禁让人充满了困惑："外星人到底躲在哪里？"

一般认为，生命出现的第一个条件必然是在恒星的周围要有行星存在，而且生命不可能在恒星的任意一颗行星上诞生，它与恒星之间的距离必须恰到好处。只有满足这样的条件才可能出现高度智慧的外星生命。但奇怪的是，人类对这些很可能出现外星生命的行星进行探索，结果却一无所获。

因而科学家们建议，地外文明探索需要换一个方向寻找外星生命。这个建议不仅是为了更正地外文明探索的失败，更是为了推动天体物理、天体生物学和计算机科学的进步。

有一点可以确定，外星生命能够像我们一样使用计算机和智能机械，甚至比我们更加依赖它们。对于一个有操作计算机经验的人就会明白，热量是计算机的最大敌人。因为过多的热量会煎熬计算机的中央处理器，影响计算机的性能。

过去人们认为，外星生命生活在恒星周围附近的星球上，但是不要忘了，那颗恒星会慢慢地燃烧，好比太阳，会在 50 亿年后变成一颗白矮星，这样温度会越来越高，将会严重影响计算机的性能。因而外星生命开拓新领地，最终将在温度低的地方安营扎寨，由于温度低热量少，就不太会影响他们计算机的性能。放眼望去，银河系里温度比较低的地方应该是银河系的边缘，因为这里远离炙热的恒星中心，正适合外星生命居住。

因而，若想寻找到外星生命，就应该提高地外文明探索的技术，让我们能够探测在螺旋状的银河系边缘那些温度低的地方。

令人毛骨悚然的百慕大三角现象的十大假说

时至今日，尽管有人对"魔鬼三角"提出质疑，认为是欺世之言。而作为 20 世纪 80 年代初首次向国人介绍这个令人毛骨悚然海区的《海洋世界》，仍对其真实性不改始衷。

在举世瞩目的北大西洋百慕大群岛区，有一个人人皆知的神秘三角海域，称"魔鬼三角"。近百年来，这里屡屡发生的海难、空难事件神秘莫测，震惊世界。邮船、货轮、帆艇，还有军舰和潜艇乃至飞机，它们在浑然不觉中，在短暂的几秒钟内便消失得无影无踪。同它们的无线电联络突然中断，既找不到残骸，也没发现尸体，它们似乎一下子"融化"在海洋里。据不完全统计，自 20 世纪 30 年代以来，这里发生的各种坠机沉船事件达 240 多起，近 2 000 人丧生。

多年来，百慕大"魔鬼三角"坠机沉船之谜一直悬而未解，引起国际社会的极大不安，更引起科学家们的关注。于是，在联合国倡导下，成立了一个由著名科学家组成的专门小组，对这一海域进行了大量考察和研究，然而专家们提出的假说与推断，众说纷坛，莫衷一是。

（1）马尾藻"裹足"说。

现场考察发现，这里有一个马尾藻海，船只驶入这里时，由于马尾藻缠住螺旋桨而葬身大海。

（2）海水驻波说。

海洋中盐度不同的两种海流交汇时能产生海流游涡，从而产生一种驻波，它能牵制过往船只原地打旋或静止不前。加之这里海底结构复杂，即使风平浪静，船只也会翻沉。

（3）低内聚力场说。

美国电子学家施密特经过大量实验和研究发现，在大气层的某些空间内存在一种低内聚力场，它恰似神奇的幽灵出没无常，能干扰和破坏罗盘仪和无线电通信设备，甚至能给人的大脑神经系统造成紊乱，最终导致驾驶员判断错误和操作失误，进而导致坠机沉船。

（4）气体水合物说。

研究人员对海底进行潜水考察时发现，由于海水与甲烷气体的相互作用，在洋底淤泥层中形成气体水合物，一旦这种气体水合物的贮容囊破裂，大量甲烷气体就会向海面涌溢，致使海面空间形成富含甲烷气体的云状物，从而使驶入这里的飞机和船只的发动机因失去必需的氧气量而突然熄火坠沉。

（5）洋底"水桥"说。

美国哈里斯堡地质学家阿隆森通过大量实地考察和研究首次证实，在百慕大群岛与圣大杜岛之间的洋底确实存在一个"水桥"，加之两岛之间存在强磁场，从而形成水漩，犹如一条加压的巨大输油管把船只和飞机从这一端推向另一端。在以往的海难空难事件中常发现，在百慕大失踪的飞机和船只不久又在圣大杜岛海面出现，从而更加证实了这一假说。

（6）异常重力场说。

美国科学家从遥感卫星上拍摄的"魔鬼三角"海区高分辨率海面照片中发现，被多黎各海沟上方的海面较之附近海域的海面低陷 25 米。原来，在海沟下方的地壳内聚积着大量致密的甚超质量物质，它能产生一种极强的引力——异常重力，从而把海沟拉得紧紧的，导致这里的海面明显凹陷 25 米。一旦船只驶入这里，就会被强大的引力吸入海底。

（7）超时空说。

科学家们最新证实，时间并非像人们通常认为的那样以永恒不变的速度流逝，而是以不同的速度流逝的。时间在地面的流逝速度慢于在大气层中。因此，一旦船只或飞机陷入时间"旋涡"，它们就会暂时或永久地离开我们这个世界。当部分时间超脱了正常的运行轨道，就会把这段时间里在该区域内偶然碰到的一切都带走。此时，船只或飞机将连同乘客去游历过去或未来，甚至可进入"类宇宙"时空境域。

（8）金字塔磁场说。

研究人员实地考察发现，在"魔鬼三角"海底有两座奇特的金字塔，它们犹如巨大的磁石使其周围空域和海域形成强磁场，其磁感应强度高达 1 000 高斯，从而将机、船吸入海底。

（9）外星人海底信号系统说。

科学家对"魔鬼三角"海域进行物理实验时发现，这里是一个发射航天器和无线电导航信号得天独厚的理想之地。据此推断，外星人选中了这个最佳地点，将一种秘密信号系统埋设在海底，以此向宇宙空间定时发射无线电信号，导引飞碟在地球上着陆。这种无线电信号系统不仅能严重干扰和破坏机、船上的导航仪和驾驶员生理器官的功能，还能将其神奇般地摧毁。

（10）海底飞碟基地说。

研究人通过观测并根据大量迹象推断，这里的海底很可能建有一个外星人的飞碟基地。因为在 1965 年 7 月至 1977 年 7 月的 12 年里，许多飞机和船只上的数百名驾驶员和乘客发现过飞碟频繁出没于百慕大群岛区的空域和海域，此时也正是海难空难事件多发期。

美公布火星脸新照片疑为外星人残留废墟

北京时间 2007 年 5 月 14 日消息，美国的"火星侦察卫星"号探测器借助随机携带的"高清晰度科学实验成像"照相机于 4 月 5 日拍下了颇具争议的"火星脸"的最新图片。

此前，美宇航局的"海盗 1 号"飞船就拍摄到"火星脸"的照片，照片中央的巨大岩石看起来就像是一张人脸，科学家称这是由于光影给人们造成了它具有眼睛、鼻子和嘴的错觉。

而这次拍摄到的火星系列照片则是使用最先进的探测器和高清晰度照相机。

另外美国发射的"火星奥德赛"探测器也传回了"火星脸"的最新图片。在火星北半球的塞多尼亚地区有一个大约300米高的山丘，是从周围平原上突出出来的一大块岩石。美国科学家分析了"奥德赛"探测器上安装的热辐射传感器获取的火星地表图片，酷似一张"人脸"。科学家表示，这很可能是火星生命残留下的废墟。

美国出土恐龙化石意外发现外星人头盖骨

据报导，在一个偶然的机会，在美国俄克拉何马州竟然发现了一个怀疑是外星人的头盖骨。当时，出土了一个1.1亿年前的大型长颈龙的化石，据推断这只长颈龙有18米高。但更令人吃惊的是，在它的腹部竟然发现了一个神秘的头盖骨。

这个头盖骨的形状与人类十分相似，不过相当小，而且头顶部也比人类的往外突出了许多，眼窝呈杏仁状。

当然了，还没有足够的证据表明在长颈龙兴旺的时代就有人类生存的事实。这样一来，这个神秘的头盖骨就必然是一个类似人类而并非人类的生物的了。

据说这个头盖骨因此被送到了华盛顿德比特·波斯比博士的研究所里以供调查研究。据流传出来的消息说，这个头盖骨的主人很有可能是一个个子比人类小，拥有足以与现代人匹敌的高智能生物。

难道说，外星人的史前就已经访问过地球了？另外，迄今为止普遍都认为长颈龙是草食恐龙，但在这次的发现中，却发现它也有可能是食肉或是杂食恐龙。这个头盖骨的发现，不但外星人的存在学说，就连与恐龙有关的一些定论说不定也会因它而改变。

14. 哗众取宠——美国奇人自称来自"未来世界"

2008年，美国联邦调查人员逮获了纽约华尔街一名谜一般的股票投资者，据称此人仅靠800美元起家，在短短数月的时间内至少获利数千万美元！

美国调查人员相信他之所以能股市常胜，是因为非法获得了可靠的"证券内幕消息"，但当调查人员要求他透露"消息来源"时，此人竟破天荒地声称他是一名来自2256年的时间旅行者，他之所以炒股屡胜，只因为对21世纪初的美国股市涨跌行情"了如指掌"。

选股必涨赢利数千万

据美国安全证券交易委员会消息来源称，这名叫做安德鲁·卡尔森的44岁男子是在一系列的股市投资奇迹后于2008年被逮捕的。

2007年的美国股市大跳水，让许多美国投资者输了个倾家荡产，以泪洗面，痛不欲生，但卡尔森却接连投资多个股票，他投资的股票总是在购买后不久就开始大涨，在不到半年的时间内，卡尔森就购买了126次股票，几乎每股必涨，卡尔森至少赢利数千万美元。

调查人员发现卡尔森投入股市的第一笔资本仅800美元，他的异常成功引起了华尔街监督人员的注意，美国安全证券交易委员会调查人员相信，卡尔森的惊人成功，肯定与事先非法获得"证券内幕消息"有关。一名调查人员道："如果一个公司的股价因为合并或科技突破等原因即将上涨，那么此前肯定是一个秘密。但不知为什么，卡尔森却总能事先获知这个秘密。"

自称来自"未来世界"

当调查人员将卡尔森逮捕讯问的时候，得到了一个让他们瞠目结舌的回答，卡尔森破天荒地宣称，他是一名来自250年后"未来世界"的人，那个时代的人们人人都熟知21世纪初美国历史上最恶劣的股票跳水事件，任何一个懂点股票常识的人回到21世纪，都能通过炒股发一笔大财；而他正是乘坐"时间机器"返回21世纪梦想大赚一笔的。

卡尔森在一盘录像带中供认道："那是一个无法抵抗的巨大诱惑，我曾计划让我的投资显得更自然一些，譬如在这份股票上输一点，在那份股票上再输一点，使我的投资不至于显得太顺利——没想到我还是被逮住了。"

自称知道治疗艾滋病方法

据报道，卡尔森据称还愿意泄露一些"历史性的事实"来让自己的获释，譬如透露"奥萨马·本·拉登的下落"或治愈艾滋病的方法等。

他称自己目前唯一的愿望就是允许他乘坐自己的"时间机器"再返回未来，那些在21世纪赚来的钱他可以统统不要。

不过，当调查人员询问所谓的"时间机器"下落时，卡尔森却拒绝透露分毫，声称担心这项科技会落入"错误的人手里"。

没有该人任何记录

不过,调查人员压根儿就不相信卡尔森的"胡说八道",美国安全证券交易委员会一名消息人士道:"我们一点也不相信这个家伙编造的故事,他要么是一个疯子,要么是一个病态的撒谎家。"

不过联邦调查人员承认:"到目前为止,没有一个人能发现安德鲁·卡尔森在 2002 年 10 月以前存在的任何联邦记录。"

15. 惊世骇俗——美国航空航天局隐瞒在月球发现古文明事实

据俄罗斯《真理报》报道,NASA 实施"阿波罗登月计划"时的"月球接收实验室数据和图片控制部"前主管肯·约翰斯顿最近接连曝出猛料,他说美国宇航员在月球着陆时发现了月球上的人造古废墟,而且找到了一种此前闻所未闻的控制重力的技术。宇航员们拍下了他们看到的照片,但是接到命令毁掉这些图像。约翰斯顿没有依此命行事。40 多年来,美国政府一直将此列为机密。

约翰斯顿披露的这些惊世骇俗的"内幕",最近出现在一本名为《隐秘行动:美国航空航天局的秘密历史》的新书中,该书的作者是美国宇航局前顾问、CBS 科学部顾问里查德·霍格兰德和航空航天工程顾问迈克·巴拉。美国喷气推进实验所官员称,书中所披露的一些"内幕"确系出自约翰斯顿之口,他们已经为此要求约翰斯顿辞职。

《隐秘行动:美国宇航局的秘密历史》一书确实向读者展示了一些照片,比如建筑废墟、巨大的玻璃圆顶物体和石塔等,但是这些照片都拍摄的模糊不清。约翰斯顿在接受采访时表示:"我和高层大吵了一顿,我被解雇了。"

实际上,NASA 认为声称在月球上发现古文明的做法是不严肃的。约翰·肯尼迪总统亲自发起了与苏联的登月竞赛,他本人其实早就有意与苏联进行地外技术共享。1963 年 9 月,在联合国的一次讲话中,他提出愿意与苏联联合探月。霍格兰德认为,美国在沉寂了 30 年后,再次对于探测月球表示出极大的兴趣,主要是因为他们在月球上的发现,也就是他们保守了 40 年的秘密。最近,俄罗斯、中国、日本,甚至印度都公开宣布计划对月球进行探测。霍格兰德说,在这探测月球这个问题上,美国不想落在任何国家的后面。

NASA 宣布将于 2024 年前在月球的两极建立国际探测基地,俄罗斯的推进火箭制造商 Energia 更是雄心勃勃，表示要在 2015 年前在月球建立永久性人类基地。俄罗斯称，建立该基地主要是为实现氦 3 的工业规模生产。中国也计划在 2010 发起建设月球基地并对月球进行无人探测。

氦 3 是一种强大的非放射性燃料，6 吨氦 3 足以供一个欧洲大国作为一年的能源来使用。目前，德国、印度和中国都进行了大量的试验，研究如何提取氦 3。

霍格兰德和约翰斯顿所做的一切，另一个目的是想证明，NASA 实际上是美国的另一个国防部。它控制着大量重要的、秘密的科技数据，而且可以完全不受美国国会操控。霍格兰德称，宇航员可以秘密从月球向地球传输地外技术的样本，这必将掀起世界主要国家的探月竞赛。此次竞赛和此前美苏之间的竞赛不同，它将决定着地球上每个人的生活。

霍格兰德和约翰斯顿认为，美国有意频繁发射航天飞机，这样可以提前完成目前的太空探测计划，便于尽快开始启用新的"星群"号太空飞机，它可以让美国人重新登上月球。此外，两人还透露，NASA 曾经在火星表面发现细菌。

16. 人间蒸发——美国私人研发火箭发射后神秘失踪

据报道，位于美国加利福尼亚埃尔塞贡多的宇宙探索技术公司在马绍尔群岛发射了一枚私人研发的火箭，火箭在发射后的几秒钟内神秘失踪。

《纽约时报》报道说，发射数分钟后，火箭开始颤动，录像信号和其他信息传输全部中断。火箭和地面失去了联系，而且没有抵达预定轨道。

宇宙探索技术公司创始人埃隆·马斯克推测说，火箭运行未满一周后可能又进入了大气层。这枚火箭以液体氧和火箭用级别的煤油为燃料。

美天文学家推测外星人存在并且与人类相似

美国天文学家在对"斯匹哲"轨道望远镜所获取的资料进行研究后又有新发现——这一发现使得那些外星人好爱者兴奋不已。科学家们根据"斯匹哲"提供的资料推测，地球之外不但存在着外星人，而且他们在一定程度上与我们人类相类似，至少他们的身体也是由有机物质构成，而并不是由什么等离子体或其他外星物质构成的。

很早以前科学家们就得知，在广袤的宇宙空间与原始微粒和原子并存的还有有机分子。但天文学界一直苦于无法来证实这一点，如今，这一秘密终于被揭开了。而且，"斯匹哲"科学研究中心的天文学家们所取得的这些惊人的资料还显示，能构造有机生命的这些"砖块瓦片"比宇宙本身年轻不了多少。

据"斯匹哲"科研中心的科学家表示，他们在遥远的星系中发现了多环芳香烃（其分子平均由数百个原子组成）。红外线轨道望远镜"斯匹哲"灵敏的检测器帮助他们断定了这种物质。科学家们借助"斯匹哲"望远镜对100亿光年开外的八个星系进行观察后发现其中的两个星系中存在着多环芳香烃。

此外，这些物质几乎无处不在，甚至在正在发生"爆炸"并形成新恒星的星系中也不例外。只有在靠近黑洞的地方它们难以存活。据科学家表示："这些分子非常脆弱，在高温和强磁场环境中它们极易被破坏"。然而，最重要的是目前所看到的那些存在着烃分子的星系都有100多亿年的历史了——这一事实说明这种复杂的分子在很早以前就存在，这也正好证明在别的星球上存在生命的设想并不是一派胡言。他们还强调称："综上所述，作为一个负责任的科学家，我们可以说有这种'可能'"。

根据科学家们这一最新发现我们也可以对地球生命的诞生作出这样的判断：46亿年前，当围绕在太阳周围的尘埃云凝结成地球时，有机物质早已经广泛散布在宇宙空间了，而且它们完全可以担当"生命种子"的角色。可惜的是人们至今对地球生物始祖的看法仍然不一，甚至有人认为活动在银河系中心位置的由羟基乙醛构成的含糖彗星也是地球生物的始祖。但无论怎么说，造就一颗行星并非难事，但要在这颗行星上形成适合生命活下去的条件才是件真正的难事。

17. 危言耸听——墨西哥电厂闭露电视拍到外星人？

据墨西哥报纸报道，在 Altamira 新建的热能发电站的闭露电视中，拍摄到外星人出现。报纸刊出一格画面，展示了外星人的头。该报道片段令当地人惊慌，甚至有人相信外星人有基地，要入侵地球。不过现在很多还未看到片段。也不能排除是有人恶作剧，或是反对新建电厂的人所为。

18. 南极不寒——外星人建的不冻湖秘密基地？

南极是人迹罕至的冰雪世界，素有"白色大陆"之称。在南极，放眼望去，皑皑白雪、银光闪烁。这片 1 400 万平方千米的土地，几乎完全被几百至几千米厚的坚冰所覆盖，零下 60 度至 50 度的温度，使这里的一切都失去了活力，丧失了原有的功能。石油在这里像沥清似地凝固成黑色的固体，煤油在这里由于达不到燃点而变成了不可燃物。

然而，有趣的自然界却奇妙地向人们展示出它那魔术般的本领：在这极冷的世界里竟然奇迹般地存在着一个不冻湖。围绕不冻湖的问题，科学家提出了种种推测和猜想，然而到现在为止还没有一个科学家能拿出令人满意和信服的结论。这南极的不冻湖的确太神秘了，要早日揭开这层神秘的面纱，还需要做进一步的探索。

南极大陆覆盖着厚厚的冰层，是世界上最大的冰库。

不冻湖的奇怪现象

极洲绝大部分地方覆盖着很厚的冰层，大陆冰层的平均厚度为 1 880 米，许多地方冰层厚达 4 000 米以上，被称为"冰雪大陆"。南极大陆气候酷寒，年平均温度仅 –25℃，最低温度达到 –90℃，所以又被称为"世界寒极"。

然而，就在这片寒冷的冰天雪地上，却存在着不冻湖，实在令人费解。

1960 年，日本学者鸟居铁分析测量资料后发现，该湖表面薄冰层下的水温为 0℃ 左右，随着深度的增加，水温不断增高。16 米深处，水温升至 7.7℃。这个温度一直稳定地保持到 40 米深处。在 40 米以下，水温缓慢升高。至 50 米深处，水温升高的幅度突然加剧。至 66 米深的湖底，水温竟高达 25℃，与夏季东海表面水温相差无几。

在 1974 年至 1976 年间，从人造地球卫星多次拍回的照片中，科学家们发现在南极洲冰的世界中，有一个面积约 48.36 万平方公里的不冻湖。这个湖时隐时现。1981 年，苏联和美国派出由 26 人组成的南极考察队。他们按照人造卫星照片上显示湖所处的位置寻找，可没有找到。队员们只是在不冻湖水域冰层下发现无数气温较高的气泡。

为何南极洲存在着不冻湖

这一奇怪的现象一经揭示，引起科学家们的极大兴趣，他们对此进行了深入地考察，提出了各种各样的看法。

有的科学家提出这是气压和温度在特殊条件下交织在一起的结果。他们认为，在南极地区，由于 500 米深处的海水不直接与寒冷的空气接触，因此水温高于地面上的温度。这种温差作用使得海水产生垂直方向的运动，这样就形成一股漩涡。靠这股漩涡的力量，500 米深处的海水就被卷到海面上，形成了不冻湖。

另一种观点认为，在南极濒海地区，存在着一些奇特的咸水孔。这些咸水孔会散发热量，由此而凝结成巨大冰块。冰块的重量太大时，便会整块下沉至海底。在巨大冰块的挤压下，深层温度较高的海水上升到表面，于是形成不冻湖。湖水与寒冷空气接触一段时间后，湖水又结成大冰块，于是不冻湖又消失了。

很多科学家推测外星人在南极建立秘密基地

甚至还有一些科学家则认为：在南极的冰层下，极有可能存在着一个由外星人所建造的秘密基地，是他们在活动场所散发的热能将这里的冰融化了。还有的科学家指出：这是个温水湖，很有可能在这水下有个大温泉把这里的水温提高了，把冰给融化了。

对这个问题，还有许多不同的观点，目前还没有一个很有说服力的结论。

19. 离奇遭遇——清朝曾发生过飞碟绑架人质事件

所谓的"正史"，除了历朝历代朝廷中正式由史官记载的历史以外，由于中国的幅员辽阔，东南西北各地州、省、府、县，甚至一城一乡也都有著正式记载当地各种大事的历史，被称之为"地方志"（注："志"者，就是记载或纪录的意思）。这种地方志在州称为"州志"、在府称为"府志"、在县称为"县志"。这种"地方志"不但是由地方上正式的官员来主笔记载，随时要呈报给地方首长知道，而且如果发生了重大事件，还要层层上报，甚至启奏皇帝知晓，而其中发生在地方上特别重大的事件也会再次重复被记录在朝廷的正史之中；譬如重大的水、旱灾及地震等等的自然灾害。所以，中国历朝历代以来各地的"地方志"其中重要大事是可以和朝廷正史互相印证参考的，因而也属于正史的范围。

在中国正史中，特别是"天文志"中所记载的"不明飞行物事件"甚至几乎很明确的"飞碟事件"多达千件以上，但是，疑似飞碟绑架的事件却不算多，特别是一些人口的异常失踪事件即使伴随有"不明飞行物现象"的虽然也有，但是在古代科学不发达的时代，当然不会知道什么UFO、飞碟与外星人，因此对于这类疑似飞碟外星人的神秘绑架事件多半会和灵异鬼神之类产生联想，所以在正史中是绝不会列入"天文志"中，反而是列在"五行志"、"灾异志"之中，因此有时因为报告者或记载者主观的认知而当成灵异事件来处理，因而使我们后代之人已经很难从原始的文字记载中推敲出事件的原貌，也因而使我们无法肯定那是否确实是飞碟的绑架事件，只能暂时存疑。

从中国正史中所收集到的疑似飞碟绑架事件，比较明确的大概首推120前发生在湖北省松滋县境内的覃姓农人随飞碟飞天的离奇遭遇最具代表性。依据湖北省"松滋县志"上的记载，整个事件的经过如下：

原文："清朝，湖北松滋县志（清德宗光绪六年五月初八日）：西岩咀覃某，田家子也。"

"光绪六年五月初八，晨起信步往屋后山林，见丛薄间有一物，光彩异常，五色鲜艳。即往捕之，忽觉身自飘举，若在云端，耳旁飒飒有声，精神懵懂，身体不能自由，忽然自高坠下，乃一峻岭也，覃某如梦初醒，惊骇非常。移时来一樵者，询之，答曰：'余湖北松滋人也。'樵夫诧曰：'子胡为乎来哉？此贵州境内，去尔处千余里矣！'指其途径下山。覃丐而归，抵家已逾十八日矣。"

白话语译："公元1880年6月15日：湖北省松滋县境内的西岩嘴地方，有个姓覃的农人，早晨到屋后的山林中去散步，突然见到树林里有一个奇怪的物体，正发射出亮丽的五彩光芒。他立即上前想抓住它，却突然感到自己的身体飘离了地面，并飞上空中进入云里，且旁边不停的响起飒飒的风声，这时他感觉到神智有些模糊，身体也不太能自由动弹。一会儿，忽然从高空中坠下，落在一座高山上（身体没有受什么伤）。这姓覃的农人好像大梦初醒一般，十分害怕。后来遇到了一位樵夫，见到姓覃的农人既陌生又有些好奇，主动问他从何处来？姓覃的农人据实答说是湖北省松磁县的人。樵夫很诧异地说：'你怎么会来到这里呢？这里已是贵州省境了，离你的家乡有五六百公里远呢！'后来经过这位樵夫的指引，他才能顺利下山，并一路当乞丐沿途乞讨回去，经过十八天才终于回到家里。"

这是中国正史上最具代表性的"不明飞行物"事件，虽然，严格的说当事人并非被外星人计划性的绑架，而是主动去捕捉"不明飞行物"，不料却反而意外地被带往空中。以当时中国的科学发展状况，及当事人农夫的身份与知识水准，他没有加上神鬼妖怪的说法，反而据实的说出自己被"不明飞行物"带往空中，落于五六百公里外的另一省份，更增加了事件的真实性，非常具有参考及探讨的价值。

（1）现代可载人的飞机是1930年英国莱特兄弟发明的，所以这件1880年发生在中国境内的"飞碟绑架疑案"的当时，世界上还没有任何由人类发明的快速可载人飞行物，中国当然也不会有。

（2）根据原文记载中的描述，这位当事人可能没有进入"不明飞行物"的内部，只是附在外面而被意外的带上了高空，究竟他是被"勾"住或被某种力量"吸"住，或者是当事人自己以双手抓住了"不明飞行物"的某些突出物？文中并未说明。但可以肯定的是，在空中飞行的时间并不很长，而且"不明飞行物"内部的驾驶者对他并无恶意，这点由他最后从高空坠落下来一事可以证明，他绝非是从高空以自然落体的速度坠落地面，否则绝不可能不受伤或甚至会死亡。据此推断，他落下时可能是由"不明飞行物"的驾驶者以某种力量或某种方法使他坠落的速度减缓而能安然的由高空降下地面。这点需要推敲原文中的"忽然自高坠下"一句，显然不是"不明飞行物"刻意降到超低空，使他以不致受伤的高度如两三公尺高以内"抛下"的。此外，初发现时，所谓"有一物，光彩异常，五色鲜艳"而最后又能载著他飞入空中，一飞千里，显然与长久以来传闻中"飞碟"一样，否则也难有更好的解释了。

（3）从地图上来看，从湖北省的松滋县到贵州省境（注：原文中没有记载姓罩的农人确实降落的地点，所以只能自由心证的假设是贵州省东北方最接近湖北省的一带），直线的距离约五六百公里，而原文中那位樵夫说："此贵州境内，去尔处千余里矣！"。在距离上，他并没有说错，也不是夸张，因为中国古代是通用"华里"来计算距离，一公里等于二华里，因此五六百公里确实等于千余华里。

（4）原文中没有记载姓罩的农人究竟被不明飞行物载在空中飞行了多久时间才"坠下"，因此我们已经无法确知他究竟是在多少时间之内从家乡的湖北省松滋县境内"飞抵"贵州省境，但是，如果我们假设姓罩的农人真的是以双手抓住"不明飞行物"的某些突出物而意外的被载往天空，那么，以一个成年男子的体力来考量（包括他农夫的身分，应该有著壮健的体魄等因素也考虑进来），那么，他单靠双手抓住一些突出物而在空中高速飞行，应该顶多只能支撑个一二十分钟而不可能更久。

（5）如果以现代喷射客机的速度来计算，五六百公里的距离大约需要四、五十分钟的飞行时间，由第四点可以推想，那架"不明飞行物"的速度应该飞得比现代喷射客机的速度要快很多，但是，一个普通肉体的农人在这样高速下暴露在外的被载在空中飞行，如果"不明飞行物"当时的速度是时速二三千公里以上，相对的空气阻力（风速）也必是如此，他能承受得了吗？不会中途摔落下来吗？

（6）由第五点来推测：那架"不明飞行物"当时可能已经发现机体外有异状，所以并没有全速飞行，甚至刻意放慢速度，一方面是想摆脱这个不速之客，一方面又不想使他受到伤害，所以，最后终于让他安全的"坠下"，只不过坠下的地点已经是距离家乡五六百公里之遥的贵省境内了。

（7）搭乘过国际航线飞机的人就知道，一般喷射客机的巡航高度通常在三万英尺左右，这样高度中的气温可以低到摄氏零下三四十度左右，而且气压甚低，空气稀薄，一个常人在这样的气温下又承受高速飞行的风速，大概不到几分钟之内就会因失温而冻毙，所以依照原文的推测，姓覃的农人并没有提到"高处不胜寒"的感觉，可见当时那架"不明飞行物"并没有飞到高空，甚至为了无伤害性的摆脱姓覃的农人，甚至顶多只是飞到云端的高度，大概是一千公尺以内而已。

（8）不过，以上几种推测似乎都还存在着不少疑点，很难周延的来解释，因为如果姓覃的农人只是自己主动的抓住飞碟的突出物攀附其上而随之高速的飞往高空，不论他的身体是否能够承受，应该都不会发生如原文中："精神懵然，身体不能自由"的情形，是否有另一种可能，那就是：当时飞碟正要起飞，而且启动的是一种"空间转换"的接置，姓覃的农人扑到飞碟上去的时候，正好闯进了这个"空间转换"的范围之中，或者这架飞碟为了能做安全的"空间转换"，所以外围有一圈某种能量型态构成的无形"防护罩"，而姓覃的农人扑上飞碟后，飞碟的"防护罩"随即启动而正好将他一起包裹其中，因此他才会随著飞碟飞上空中，而且是不由自主的瞬间飞行了五六百公里，也因此才会感到"精神懵然，身体不能自由"，直到驾驶飞碟的外星人发觉异样而放下了他。

（9）姓覃的农人从家乡的湖北省松滋县境内"飞抵"贵州省境，而不是飞上空中之后又回到原地，可能从湖北省松滋县到贵州省境，此一路线原本就是飞碟原定航程的其中一小段。

（10）依据原文记载说到姓覃的农人最后沿路乞讨返乡，前后经过了十八天才到家，以地图上五六百公里的直线距离来推算，实际距离应该在七八百公里左右，以步行的方式前进，姓覃的农人每天大约要走上三四十公里，才能在十八天之后回到老家，这样的步行速度及每天的脚程可以算是相当合理的。

（11）也因为他幸好没有被飞碟外星人趁机抓住载往外太空，也幸好没有在数千公尺的高空摔下来成为肉饼，更没有在高空被冻成冰棒，或者在贵州的穷山峻岭中被野兽吃掉或迷路饿死，最后竟然还能平安返抵家门，也因此他个人的离奇遭遇才会被记载在正史的"地方志"之中；也才能为我们后世的飞碟研究者留下了一段精彩的纪录以供我们研究参考，这真的是相当难能可贵的一件个案。

（12）在此件个案分析中，不用"不明飞行物"这名词，反而直接认为是"飞碟"，这绝非武断的认定，因为在当时全球人类尚未发明飞机等快速载人飞行物的情形下，还有什么东西可以将人载入高空并且在瞬间飞到数百公里远的地方呢？如果要以灵异鬼神来解释，那是更为荒谬的见解。而且在中国这块大地上，非常近乎飞碟的正史记载，几千年来多不胜数，所以，认为此一事件是"飞碟"所为，应该是比较接近事实的推断。

20. 销声匿迹——全球最恐怖几万人瞬间神秘失踪案

1999 年 7 月 2 日，在中美洲的哥伦比亚约有 100 多名圣教徒，到阿尔里斯山的山顶去朝拜。这伙圣教徒相信 1999 年 8 月"世界末日"来临，他们上山去祈祷上帝的拯救。

谁知这伙教徒上山以后再没有下来，就此失踪了。此事惊动了哥伦比亚，他们派出了大批警察在阿尔里斯山顶四周大面积寻找，并出动了直升飞机。近一个月，整个内华达山区查遍，但不见一点踪影。

1915 年 12 月，英国与土耳其之间发生了一场战争，英军诺夫列克将军率领的第四军团准备进攻土耳其的达达尼尔海峡的军事重地加拉波利亚半岛。那天英军很英勇地一个一个爬上山岗，高举旗帜欢呼着登上山顶。

突然间，空中降下了一片云雾覆盖了一百多米长的山顶，在阳光下呈现淡红色，并射出耀眼的光芒，在山下用望远镜观看的指挥官们对此景观也很惊奇。过了片刻，云雾慢慢向空中升起，随即向北飘逝。指挥官们才惊奇地发现，山顶上的英军土兵们全部消失了。

更为惊奇的是 1978 年 5 月 20 日，在美国南方的新奥尔良城，在一所中学的操场上，体育老师巴可洛夫在教几个学生踢足球射门。14 岁的巴尔莱克突然一球射入球门，他高兴地跳起来一叫，然后当着众人的面，眨眼工夫就失去踪影。

1975 年的一天，莫斯科的地铁里发生了一件不可思议的失踪案。那天晚上 21 点 16 分，一列地铁列车从白俄罗斯站驶向布莱斯诺站。只需要 14 分钟列车就可抵达下一站，谁知这列地铁车在 14 分钟内，载着满车乘客突然消失得无影无踪。

列车与乘客的突然失踪迫使全线地铁暂停，警察和地铁管理人员在内务部派来的专家指挥下，对全莫斯科的地铁线展开了一场地毯式的搜索。但始终没有找到地铁和满列车的几百名乘客。这些人就在地铁轨道线上神奇地失踪了。

1990 年 9 月 9 日，在南美洲委内瑞拉的卡拉加机场控制塔上。人们突然发现一架早已淘汰了的"道格拉斯型"客机飞临机场，而机场上的雷达根本找不到这架飞机的存在。这架飞机降临机场时，立即被警卫人员包围。

驾驶员和乘客们走下飞机后，立即问："我们有什么不正常？这里是什么地方？"机场人员说："这里是委内瑞拉，你们从何方来？"飞行员听后惊叫道："天哪！我们是泛美航空公司914号班机，由纽约飞往佛罗里达的，怎么会飞到你们这里？误差2000多公里。"

接着他马上拿出飞行日记给机场人员看：该机是1955年7月2日起飞的，时隔35年！机场人员吃惊地说："这不可能！你们在编故事吧！"后经电传查证，914号班机确实在1955年7月2日从纽约起飞，飞往佛罗里达，突然途中失踪，一直找不到。当时认为该飞机掉入了大海里，机上的五十多名乘客全部赔偿了死亡保险金。这些人回到美国的家里，令他们家里大吃一惊。孩子们和亲人都老了，而他们仍和当年一样年轻。美国警方和科学家们专门确认了这些人的身份并给他们检查了身体，确认这不是闹剧，而是确凿的事实。

20世纪90年代的"泰坦尼克"号船长再现更是令人百思不解。"泰坦尼克"号是英国20世纪初制造的，当时堪称世界上最豪华的超级远洋游轮。1912年4月15日，它在首航北美地途中因触冰山而沉没，在航海史上酿成一起死亡，失踪1500多人的特大悲剧。

然而奇怪的是80年后，两名当时的幸存者分别在北大西洋的冰岛附近被救，一个是船长史密斯先生，另一个是女乘客文妮·考特。更令人惊奇的是二人毫无衰老迹象，而他们认为这80年只是一瞬间。科学家认为这80年他们在另一个时间隧道里。

在四川西南边陲一个小镇，贡川中心小学四年级学生陈冉和刘丹放学回来去草坡割草，明明看见有三头牛，忽然一头不见了，陈冉向牛吃草的地方跑去，谁知跑着跑着在刘丹的视线里消失了，至今下落不明，所有的解释都不能说明这一现象的原因。

20世纪70年代末，在埃及首都开罗郊区发生了一起"汽车和人突然失踪"的怪事，一位叫布木坭的年轻人和4个朋友练飞车绝技，轮到他时怪事发生了，人和车突然消失，连轮胎走过的痕迹也不见了。有人说被蒸发，有人说是被一股神力夺去藏到另一个世界里了。

在美国洛杉矶发生了一件怪事，一天早上，邮递员约翰汉森投送一封信到百货业区子洛克路夫的公馆，开门的是女仆妮艾。当女仆刚接过信的一瞬间，邮递员消失了。警方寻找了多年也没有结果。

大西洋的百慕大三角早已是举世皆知的神秘海域，神秘失踪的飞机和航船不计其数。无独有偶，在太平洋也有个危险海域，被称为"龙"三角，无数过往的船只到此就莫明其妙地消失了。

1980 年 6 月 5 日，我国著名科学家彭加木在罗布泊"八一"泉附近神秘失踪。出动了直升机，派出了解放军多处寻找，结果未见任何踪影。其实在彭加木失踪两年前，也就是 1978 年 5 月 18 日有一位当报务员的战士张小维也在罗布泊 36 号地失踪，令人不解。

21. 人间秘境——大青山神秘的"九缸十八锅"

这是发生在一个山顶上的探险，看这弯曲幽深的石道，很像武侠小说中看到的藏有武林秘笈的地方，实际上它就存在于这个自然世界里的，当地人们将其称之为九缸十八锅。

"九缸十八锅"，这个名字就让人感觉到似乎和这个油盐酱醋小买卖店是有关的，但这些缸或者像大缸一样的东西，它是镶嵌在花岗岩里的。而这个地方在内蒙古赤峰市克什克腾旗的大青山，关于这种像大缸一样的东西，当地有很多传闻，有些老人说这是一种神秘的力量，可以导致人死亡，也有人说，这恐怕是一种神秘的力量留下来的一些建筑符号或者是一种地标性的建筑。因此说这种流传的说法在当地已经传了很多年了，可是有两个小伙子天生就胆大好奇，决定对这些大缸一样的东西，一探究竟，但是没有想到啊，这一探究竟过程让他们感觉到谜底并不清楚，但是问题却越来越多。

内蒙古赤峰市克什克腾旗内有一座险峻的山峰，周围十里八村的人们都管它叫大青山，这里山崖陡峭，很少有人能走进这座大的深处，因此对于这座神秘莫测的高山，当地的人们充满了好奇和恐惧。

大青山确实神，有青羊洞老虎洞，六丈多深，进去寒风刺骨，谁也不敢进。

大青山的神秘传说也吸引了另外一个人，他就是克什克腾旗文化馆的干部侯锡文，他很早就听说过大青山"九缸十八锅"，不在阴坡在阳坡的说法，他还听说大青山顶上有更可怕的东西。

过去老一辈的人跟小孩们讲，说大青山谁也不能去，去了以后，顶上据说是有大虫，什么叫大虫呢，我们当地说是蟒，说是有大蟒，人到不了山顶去。

侯锡文很想了解这九缸十八锅到底是怎么一回事，他打听到一个叫河东村的地方，村里的一个老队长了解那里的情况。

梁凤桐老人在河东村生活了七十多年，说起当年老一辈人所经历的事情，还是满脸惊恐和疑惑。

梁凤桐说：据他爷爷讲，有一个姓荣的岁数挺大的老人，不听邪，就非上山去，上到半截儿，他也没上去，就悬悬乎乎晕晕乎乎地觉得不得劲儿，人就往回走，回到家里就病了，爷爷去看这个姓荣的人，他病得不行了，还指着爷爷，摆着手，告诉爷爷，别让人们上大青山去。

梁老汉还带着侯锡文到了村边一口废弃的老井旁，告诉他这口井离大青山最近，从荣老人死了以后就再也没出过水。

侯锡文从小生长在山里，爬过很多山，但从没有哪座山像大青山这样吸引着他。他和同伴商量好，一起到大青山去探险。

大青山素以奇和险著称，很难找到进山的路，侯锡文两人只有通过山谷间一个小路往上爬。

由于人迹罕至，一路上真有些阴森恐怖。虽然心里有些发毛，侯锡文他们仍然坚持向山顶爬去。

三个小时后，他们终于到达了山顶。

最令他们感到惊诧的是，山顶就像被修整过一样，地上大大小小的形似大缸样的石臼有十几个，难道这就是老人们所说的九缸十八锅吗？

这些石臼非常奇特，确实奇，圆的，滴溜圆，肚儿还大。

两个人仔细地打量着这巨大的石臼。

他们仔细看了那个大石坑，觉得不可思议，如果要是人为的话，得有凿的痕迹，但是四壁和底壁都是非常光滑的，这个东西挺神奇。

他们环顾四周，总觉得像有什么东西在窥视着他们，天渐渐黑了下来，两个人心里有些不安。他们两个点着了火把，从侧面的大石头中间下去。

沿着那条夹缝，他们很快又发现一个大缸，这个缸的底部有一个开口，而这个开口恰恰与他们来时的路是相通的，看到如此大的工程和巧妙的设计，他们真觉得不可思议。

关于这个石臼到底是它怎么来的，侯锡文百思不得其解。如果说是人造的，但哪些人出于什么样的目的，使用了什么样的工具，开凿出了这么多的石臼？但是人类说，我们人类掌握金属工具的年代不超过 5 000 年，假如说在 5 000 年前有一些原始先民出于种种目的，但估计出于他们宗教的目的可能性比较大，来开凿这个石臼的话，那应该说现在人们还能够依稀在这些石臼上面找到一些人工雕刻的痕迹，但很可惜这些痕迹找不到，那么这些石臼时怎么出现的呢？他们也查阅了大量的资料，包括历史文献地方县志等等，可惜没有找到任何的线索，就在这个时候恰恰有一个老人提供了一个非常重要的线索，看起来似乎能够让谜底更近一步。

庆宁寺是克什克腾旗一座距今有四百多年的寺庙，这里收藏了很多经卷，也记述了很多当地的故事，侯锡文他们希望能够在这里找到一些有关大青山的说法。

侯锡文去访了庙里一个叫莫和玛特的喇嘛，跟他并了解一些大青山的情况。

莫和玛特喇嘛非常热情的接待了他们，并拿出经卷开始寻找相关的内容。

在经卷中并没有找到关于大青山"九缸十八锅"的记载，这使他们感到更加困惑。

从庆宁寺里回来后，侯锡文他们把照片和整理后的材料寄到了当地的报社，这时他们又听到了这样一个令人匪夷所思的消息！

当地的一家报社的摄影记者几年前曾经到大青山不远的一个乡采访，正当他准备拍摄一张环境照片时，突然发现一个虚实变换，像碟子一样的飞行物从头顶飞过，很短的时间这个不明飞行物就消失在大青山方向。

这件事引起了当地人们的揣测和议论，这会不会跟大青山顶上的九缸十八锅有关呢？当他们要寻找这名记者时，报社的主编告诉他们这名记者已经因病去世了。但他当时看过那张不太清楚的照片。这个当时照的是黑白片，白底儿有这么个黑圈子，因为当时对报纸没用，那就给人自己保存了。

这个线索的确非常重要，侯锡文也想按图索骥，按照这个线索提供的种种内容去分析它，但非常可惜，过去了这么多年了，这个照片真的是找不到了，所以又有人又根据当地的一些条件判断，有没有可能说是天文现象引发的这种奇观，比如说大规模的陨石撞击活动。陨石落到地面的时候，毫无疑问肯定和地面发生猛烈的碰撞，从而可能会形成陨石坑，但是我们看到的比较明显的陨石坑，一般都是在荒漠、在戈壁、在高山，能够形成很明显的一个大的撞击坑，撞击坑肯定都是底部要小一些，开口比较大，而且会有熔融态的玻璃晶体啊，或者使一些烧灼的痕迹，但是我们在看大青山这些石坑呢，它都不具备这个特点，因此说陨石撞击说，基本上我们说没有大的可能，那么这"九缸十八锅"到底是怎么来的呢？

"九缸十八锅没"没有找到答案，却节外生枝了不少其他线索，这更增加了大青山的神秘感。于是侯锡文他们把照片和写好的说明材料又寄到了中国地质科学院地质研究所。

中国地质科学院地质研究所的教授在接到侯锡文先生拍到很多的照片，很快韩同林、田明中等一批地质专家分别来到克什克腾旗的大青山进行考察。

他们发现，大青山的"九缸十八锅"是在花岗岩上形成的，如此坚硬的花岗岩为什么在这个地方却发生了这样巨大的变化呢？是什么力量使它们呈现出这种奇特的造型呢？

中国地质大学教授田明中认为，因为花岗岩的矿物颗粒比较粗大，尤其在这个干旱、半干旱地区，它遭受物理风化，也就是风吹日晒这种作用是最强烈的，所以说它时间一长，花岗岩的颗粒一点点就往下掉，久而久之，它就形成了各种奇特的这样一些现象。这就是它的雏形，最早形成的阶段，就是大大小小的小坑。田教授还告诉他们，自然界对岩石的剥蚀作用是很强的，这种作用下形成的自然景观往往会超出人们的想像。在地质学上的年龄来说，形成一个完整的东西，要1万年左右。当然了现在还有一些正在形成的，也可能就是一年、两年，就根据它的大小不同而确定的。

风成学说是解释"九缸十八锅"形成的另一个观点。理由是大青山处于盛行的西风带，这里一年有五六级的大风百余天，这个风带长年累月会对花岗岩的表面进行剥蚀，对此韩同林教授有自己的看法。

他认为，因为风蚀作用是水平流动的，压力差产生水平流动，那么风蚀的作用最强烈的地方，就是迎风面，风顶着那面最容易侵蚀，现在人们看这个洞穴都是垂直于地面的，所以也可以认为，风不可能形成这个东西。

经过调查，海拔1 600米的大青山并没有水淹的痕迹，那也就是说，从它造山的那一刻起就没有被水淹的历史。那么又该如何解释这种神秘的力量呢？

很多人都有疑问，在离大青山不远处，有一个叫阿斯哈图的地方，这里也有巨型石林，但与大青山的构造完全不同，在这里的石林中也发现了小型的石臼。专家们在仔细分析后，提出了另一个说法。

田明中认为，阿斯阿图地区和这儿有几个相同点，它相同的是同一个时代的花岗岩，同一个时期抬到相同的高度，那么不同的是，阿斯阿图地区形成的石林比较丰富，它两边这个成因上的东西也很相似，有很多相同的地方，都是现代一些小型冰川作用所造成的结果。

地质专家们注意到，大青山周围有不少U字形的山谷，山顶上有很多突出的、边缘光滑的巨石，这种情形为九缸十八锅的成因提出了另外一种说法：是冰川造就了"九缸十八锅"，那就是冰川学说。

"九缸十八锅"这么大，在坚硬岩石上这么多垂直的洞穴，怎么形成的呢。说明这个地区曾经在二三百万年以前，曾经被厚厚的一层冰川所覆盖，就像现在的南极那样，冰层可以达到几公里厚的冰层。这冰层假定山顶上有裂缝，冰川的顶部融化的水沿着裂缝往下冲击的话，那就完全不用很长的时间，就可以对这种很坚硬的岩石，冲出很多垂直岩面的洞穴出来。

科学研究发现，早在几亿年前地球就出现过大规模的冰川活动，只有它才能积蓄这样猛烈的能量，创造出了这样的奇观。一个奇特的地质现象的成因可能对于不同的人而言，会从不同的角度出发去考虑它，也会有不同的解释，但是地质年代离人们这个时代实在是太遥远了，现在所能对它进行的推论，无非是在掌握的知识体系之下，我们对远古的发生事情产生的一个科学的判断，但是随着时代的发展，随着新的理论的不断加入，人们对于过去的地质现象也许会有一些新的认识，目前仅就这个石臼而言呢？可能很多人还是认同于冰川学说的，但是还有不少的专家持反对的态度。至于说它到底是怎么形成的，也许真的需要我们不断地思考下去，而且还要经过大量艰苦细致的调查。但不管怎么样，现在当我们普通的人遇到类似的事情都可以用科学的角度去思考它的话，这也是一件非常好的事情。

22. 玄衣使者——神秘卫星"黑王子""窥视"地球

据俄罗斯《真理报》报道，苏联科幻小说家亚历山大·卡赞采夫曾经说过有一颗名为"黑王子"的神秘外星探测器，一直在地球附近不停旋转。一开始人们不以为然，后来有一些人包括科学家都开始关注起来，越来越多的证据能证明它的存在。它真的是外星生命派来的使者吗？它真能成为人类与外太空文明交流的纽带吗？

科幻小说家的预言

苏联科幻小说家亚历山大·卡赞采夫曾经说过，有一颗名叫"黑王子"的神秘卫星，正在绕着地球不停旋转。他认为这个物体是一个外星探测器，是外太空文明的使者。虽然起初没什么人相信，渐渐地包括科学家在内的许多人都开始注意这个物体。

科学家们的不懈努力

第一个认真对待这种假说的科学家，是美国的天体物理学家罗纳德·布雷斯韦尔。1960 年，他发表了一项研究，用无线电工程的实际数据支持他的结论。根据数据显示，发射过程中出现了一些奇怪的现象。布雷斯韦尔相信，正是外太空文明试图与地球居民联系引起了这种现象。

根据布雷斯韦尔的观点，这种在地球附近的探测已经有一段时间了。如果我们注意到它的话，探测器就会发信号回去，只不过会有一段延迟期（大约 200 年）。与他们的控制中心取得联系后，探测器会把有价值的信息传回地球。这样，我们或许就真的能够建立起一条文明的纽带，每过一段时间后，互相交流一次。

美国亚利桑那州一个业余的天文学家史蒂文·萨拉顿在 1958 年发表了对"黑王子"的观测。当他用自己的天文望远镜观察月球时，他发现高空有一个黑色的球形物体滑过天空。这个物体沿着直线运动，到达月球一端后就消失不见了。这个物体很反常。

军方从萨拉顿那里取得了这个飞行物的信息，可是用他们的雷达搜索却什么也看不到。高尔基市的报纸报道说，撒拉顿可能只是看到一颗流星飞过月球而已。这则新闻在 20 年后引起了当地对神秘飞行物的另一波热潮。高尔基市的天文学家用最新的灵敏器材探测这个物体。结果非常惊人：这个物体的表面温度竟高达 200 摄氏度。传统设备则根本无法探测这个物体。

时光荏苒，10 年后，美国军事专家汤姆·埃里克森发表了他自己的研究结论：之所以无法用雷达探测"黑王子"，是因为它表面覆盖了一层石墨基涂料。

"好奇"的"黑王子"

另外，发生的一连串神秘现象似乎都与"黑王子"有关。1959 年，一颗美国通讯卫星突然从雷达屏幕上消失了，这颗卫星的轨道恰巧与黑王子的轨道很接近。据推测，它的消失是因为它与这个神秘的伙伴发生了冲突。1962 年 2 月，约翰·格伦看到了空中有三个这种物体在追他的船。几分钟后，这几个物体追上了船，然后就消失得无影无踪了。1978 年，苏联宇航员尤利·罗曼年科说他和乔治·格莱西考在执行 Dec77 号航天任务时，一起看到一个神秘物体正在追赶 Soyuz-6 航天器。

同年 8 月，四名苏德航天联队的成员看到一个大型物体飞过太空站。任务完成后，瓦雷里·彼科夫斯基说队员们的确看到了奇怪的东西，但是宇航员们拒绝对此详细描述。

23. 阴差阳错——美国核潜艇进入另外时空

2007 年 3 月 13 日晚 7 时至 14 日凌晨 5 时，一艘满载核武器的美国"圣胡安"号核攻击潜艇在著名的百慕大邻近水域突然神秘失踪，美国紧急出动航母战斗群展开搜救，同时向国际潜艇救援机构求助。美国国防部长及白宫高层被人从睡梦中唤醒，潜艇官兵的亲朋好友也被告知"做好最坏的准备"。就在各方陷入绝望之际，该潜艇又突然意外恢复与外界的联系，且人艇安好。整个事件显得似乎扑朔迷离。

有人指出，百慕大水域是一个多时空易交错地带。因此，该核潜艇意外失而复出，是阴差阳错地突然进入了另外时空后，又幸运的再次返回到我们这个时空。

红光闪过之后

据报道，当地时间 13 日清晨，百慕大以东，美国佛罗里达州杰克逊维尔海域，美国海军"洛杉矶"级"圣胡安"号核攻击潜艇与"企业"号航母战斗群展开了捉迷藏式的潜艇攻击与反潜科目训练。至 19 时，演习指挥部决定当天到此为止，但意外就在这一刻发生了——演习指挥部怎么也联络不上"圣胡安"号！一位参加演习的海军军官事后告诉美国广播公司的记者说："在演习中潜艇不让人瞧见真是一种能耐，可一旦演习结束，我们仍然瞧不见它们，那么就可能有麻烦了！"

当夜幕降临的时候，"企业"号航母战斗群多艘水面战舰不约而同地看到，"圣胡安"号活动的海域闪过一道耀眼的红光——这是潜艇遭遇特大事故时约定的求助信号！

当事故被上报后，美海军潜艇司令立即抄起紧急电话，直接打到海军作战部长麦克穆伦上将家中。据一位与穆伦上将关系熟稔的海军官员透露，穆伦语气急促地告诉他的顶头上司："'圣胡安'号联络不上，可能出事了！"穆伦后来告诉身边的人："这句话让我从头凉到底，有 5 秒钟说不出话来！"

穆伦上将一边往部长办公室赶，一边用加密电话向睡梦中的国防部长盖茨汇报"圣胡安"号长时间联络不上的情况，并要盖茨"可能做最坏打算"。

奇迹般恢复联络

事故在被上报的同时，杰克逊维尔海域上一派繁忙："企业"号航母战斗群所有的水面舰只、潜艇和舰载搜寻与救援飞机均进入"一级战备"状态，对"圣胡安"号可能作业的海域展开拉网式的搜寻。

海军作战部立即电告驻诺福克的"国际潜艇逃生与救援联络办公室"，要求后者尽最大的努力搜寻仍处于"失踪状态"的"圣胡安"号，并且命令潜艇搜救打捞舰的全体官兵立即登船，马上增援杰克逊维尔海域。"国际潜艇逃生与救援联络办公室"同时紧急联络英国、瑞典、挪威和日本的潜艇救援与打捞机构。

14日凌晨4时，美国康州格罗顿海军基地内，宪兵分头敲响了"圣胡安"号约140名官兵随军家属的家门。一位30岁的女性事后告诉记者说："当我看到站在门前的是两名宪兵，且表情很不自然的时候，我几乎瘫软在地！"最后，她在一名宪兵的搀扶下，登车来到基地的会议室。

此时，基地的会议室里挤满了神情十分严肃的随军家属。一名海军中校很沉痛地宣布："我们与'圣胡安'号失去联络已经有9个小时了，现在正在全力搜救。"这番话让已经猜想没有好消息的家属们一下子就崩溃了，许多人当场痛哭失声。

14日凌晨5时，"圣胡安"号与外界奇迹般地恢复了联络，告知潜艇和官兵一切安好。

事件似乎扑朔迷离

据美国海军潜艇司令部发言人克里斯·罗德曼中校表示，"'圣胡安'号眼下运行正常……他们不知道自己错过了联络时间……"潜艇没有发生机械故障。

然而，美国军方却高度重视这起事件：潜艇司令部和五角大楼都表示，他们一定要查清是什么导致潜艇错过联络时间，是什么造成各方误判潜艇沉没。

这起事件显得似乎扑朔迷离。美国媒体和军事观察家认为至少有四大谜团令外界感到困惑：第一，究竟是谁发射了神秘的红色信号；第二，核潜艇上的140名官兵怎么可能错过既定的联络时间长达10个小时而浑然不知；第三，在失踪的10个小时里潜艇上都发生了什么；第四，是否与被称为"魔鬼三角"的百慕大有关。

"圣胡安"号意外进入另外时空

有人指出，到目前为止，世界上已有不止一个科学家发表过有关宇宙中多时空存在的理论。而百慕大水域是一个多时空易交错地带。因此，美"圣胡安"号核潜艇是在那一刻阴差阳错地进入了一个与我们这个时空有极大差异的空间——即在那里一瞬间，在我们这儿已经过去了上十个小时。这就是"核潜艇上的140名官兵怎么可能错过既定的联络时间长达10个小时而茫然不知"的原因所在。

那艘潜艇失踪前"闪过一道耀眼的红光"并不是"红色信号"，而是时空交错过程中发出的光芒。非常幸运，该核潜艇与艇上140名官兵又阴差阳错地被

"推"回我们这个空间。否则，就像过去在那个"魔鬼三角"地带发生的那些飞机和船只失踪事件一样，"圣胡安"号的失踪又将成为一个有待人类科学进一步探索之迷。

24. 深水蔚蓝——史上最出名的三大神秘幽灵潜艇事件

20 世纪以前的水下幽灵

19 世纪初，英国货轮"海神"号，在几内亚湾附近海域，遇到了一个说不出来到底是什么东西的怪物，该怪物漂浮在"海神"号船头前方约 10 米处，体形庞大，发着炫目的光芒。当"海神"号船头前方约 100 米处，体形庞大，发着炫目的光芒。当"海神"号驶近时，漂浮着的怪物似是要躲避开，只见它轻飘飘地落到水面，并且没有溅起一点浪花，然后无声无息地潜入水底不见了。"海神"号上的人看得目瞪口呆，不知道那怪物到底是有生命还是无生命的。

19 世纪 70 年代，两个圆形的不明飞行物出现在正在太平洋航行的荷兰船只"珍·恩"号上空，它们中的一个发光，另一个不发光。后来，那个发光的物体发出剧烈的响声和强烈的闪光，落到了水面，紧接着又潜入了水中。而那个不发光的物体，稍后也突然一下子在空中消失了。"珍·恩"号船员目睹了整个过程，但当他们回国后把这件奇事向大家叙述时，谁都不相信他们说的是真话，认为他们是在集体撒谎，他们急得赌咒发誓也无济于事。

其实，在整个 19 世纪，相类似的报道还有许多。在这些报道中，对不明潜水物的描述都是圆形的；都能垂直不动地悬浮在空中，然后突然跌进水中并消失在深处；它们悬浮在空中和潜入水里时，几乎都是悄无声息的，没有听到类似于人类所制造的动力系统的轰鸣声。不同之处在于，有的不明潜水物落到水面时，会溅起巨大的浪花；有的却犹如鸿毛一样，落水时轻飘飘地一点水花也没有。值得一提的是，19 世纪离人类制造出潜水艇尚有好长的一段时间，而且这些不明潜水物与潜水艇的模样也相去甚远。

二战中的幽灵潜艇

在沉寂了相当长的一段时间后，到了 20 世纪的第二次世界大战期间，不明潜水物又频繁地出现了，不同的是，这时的不明潜水物的外形已大大异于上个世纪的那些不明潜水物，它们和现代人类制造的潜水艇已非常相似。

1942年6月，在太平洋中途岛海战中，日本的联合舰队和美国的航空母舰"小鹰"号进行了激战，在这一过程中，一直有一艘神秘的潜艇在旁边悄悄地观战。可当它被双方发现并误以为是敌方的舰只，都对其进行攻击时，它却又一下子消失得无影无踪了。到了美日舰只在马里亚纳群岛激战时，这艘神秘莫测的潜艇又出现了，但它还只"坐壁上观"，不支持任何一方。更奇怪的事情还在后面：当一艘日本舰只中弹着火爆炸，水手纷纷跳海逃生时，这艘神秘的潜艇马上驶近现场，救捞起了许多官兵。然后，它开到稍远的地方，让这些官兵坐在两条救生艇里，把艇子放下海，才悄悄地开走。让这些被救官兵感到更迷惑不解的是，在整个过程中，他们始终都没有见到潜艇上的人，只有一个出自喇叭的声音在指挥着他们该这么做该那么做。而且，这艘潜艇的速度和其他各种性能，是当时所有最先进的舰只也难以比拟的。

战争结束后，美国的情报部门曾专门就此事展开调查，却没有什么结果，当时有潜水艇的只有美国和德国、日本等寥寥几个国家，但德国和日本都否认曾派遣过潜艇到这些个海战现场。

搜寻幽灵潜艇

由于潜水艇在海战中神出鬼没的特殊功能，在第二次世界大战后，许多国家都竞相研制常规潜水艇和核潜艇。美国和苏联在这方面更是遥遥领先。但它们也知道，无论它们研制出的潜艇再怎么先进，都远远比不上幽灵潜艇。为了研究和借鉴幽灵潜艇的先进之处，美国和苏联先后展开了一场对幽灵潜艇的追踪搜寻。

美国海军曾多次动用太平洋舰队几乎全部的潜艇、猎潜艇和其他战舰，还有飞机，在南太平洋海域四次大规模地开展搜寻"幽灵潜艇"的行动。前苏联海军也不甘落后，派出了大批的舰艇和飞机，在太平洋、大西洋进行仔细搜索。搜索行动前前后后历时1年，结果却犹如海底捞针，一无所获，并且，两个国家还为此付出了极大的代价，它们分别有2艘和3艘先进的潜艇失踪。

到了20世纪60年代初，幽灵潜艇更是频频出没于太平洋与大西洋的广阔海域，跟踪美国、前苏联的乃至其他国家的军舰。一次，美国"企业"号核动力航空母舰在南太平洋发现被跟踪，正待作出反应，对方就很快消失在声纳和检测仪的定位之外了。"企业"号派出数架反潜直升机到处搜寻，并投下了多枚深水炸弹，但最终一无所获。前苏联的舰队也遇到过类似的情况。

有一阵子，美国和苏联甚至怀疑幽灵潜艇为对方所造，但又不相信对方的技术能达到这么高的水平，超越己方这么多。

最令人费解的事发生于 1990 年，当时北约的数十只军舰正在北大西洋进行军事演习。突然，有人又发现了幽灵潜艇。这些军舰立即中断了原定的演习计划，全力以赴地投入到猎捕幽灵潜艇的行动中。它们向幽灵潜艇发射了大量的鱼雷和深水炸弹，但是，奇怪的是，这些炸弹根本靠近不了幽灵潜艇的身，它们一接近它时，便鬼使神差地拐向一边，冲向了远处。而当毫发无损的幽灵潜艇浮出水面时，所有军舰上的雷达、声纳及其他通讯系统全都奇怪地失灵，直到它离开后，这些系统才恢复正常。

幽灵潜艇来自何方

幽灵潜艇究竟从何而来？又是谁建造的呢？

有人根本就不相信幽灵潜艇的存在，认为所见到的那些物体其实只不过是一些体形非常巨大的鱼类。也有人认为，这些幽灵潜艇其实是来自外太空。而有人则认为这些智慧生物可能从古至今就一直生活在海底中，它们同我们人类一样，是地球智慧生命的一支。持这种观点的人强调说，人类起源于海洋，当人类进化时，很可能一部分上了岸，一部分则仍留在水中，并且发展出了比陆地上的同类更先进的文明。

幽灵潜艇到底是什么？海底人类到底存不存在？这些谜团可能还会在相当长的一段时间内困扰着我们。但我们相信，随着科学的发展，这些神秘的幽灵潜艇一定会现出它们的"真相"。

25. 世界之谜——"幽灵船"

据报道，澳大利亚海岸警卫队在澳大利亚著名的大堡礁附近海域发现了一艘"幽灵船"。据说，当时船的发动机还在转动，一台手提电脑也开着，全球定位系统也在运行，但船上的人却失踪了。

这则报道让人疑惑："幽灵船"从何而来呢？

其实，关于"幽灵船"的传说及目击久已有之。1885 年 2 月 28 日，英国船员驾驶"马拉顿"号帆船在大西洋上航行，前往美国。突然，他们遇见了一艘标志为"切斯莱尔"号的美国帆船。这艘船在洋面上随浪漂泊着，却不见一名船员。奇怪的是，它的船体完好，丝毫看不到搏斗过的痕迹，船上的淡水和食物也特别充足。

"切斯莱尔"号上的人到哪儿去了呢?"马拉顿"号的船员决定把"切斯莱尔"号拖回美国弄个清楚。结果,他们到达美国后才知道,"切斯莱尔"号上的船员已经失踪很久了。

这件事轰动了英美两国及整个西方世界,人们难解其谜,便将"切斯莱尔"号称为"幽灵船"。

实际上,在"切斯莱尔"号之前,类似的"幽灵船"曾经多次出现。

1880年,美国纽波特市附近的海面上出现了一艘名叫"西贝尔德"号的帆船,船上一切完好,船长室里摆放着丰盛的午餐,葡萄酒瓶的盖子也已经打开,然而船上却一个人也没有。

1881年,美国"爱伦·奥斯汀"号帆船在北大西洋上也发现了一艘无人船。无人船船体完好,船上有食物和淡水,还有啤酒,但就是没有一个人。

同是在1881年,英国国王乔治五世也曾看见过"幽灵船"。当时他是皇家海军舰艇"巴克斯"号上的一名海军少尉,他在大西洋执行任务时,与"幽灵船"不期而遇。关于这件事情,他在日记中清楚地写道:"清晨4点,'幽灵船'横穿我们的船头,望台的监视员和观测员均看到'幽灵船'穿过船头……船上无人,船上奇怪的红色灯光照亮了船桅、桅杆和船帆。距离两百码,好像它真的如此近。"一共有13名船员目睹了这一场景。这件事发生后七小时,最先看到"幽灵船"的人跌进海里死了。

20世纪,有关发现"幽灵船"的消息,仍然不时传来。

1911年1月,苏格兰捕鲸艇"奥克尼·百丽"号遇到了"幽灵船"。据目击船员说,"幽灵船"的船帆在无风的天气里飘动,当其驶过时,可以清楚地看到船上空无一人,但各种器具摆设井井有条。"幽灵船"上响了三声钟,向右舷方向开过,消失在雾中。

1939年3月,人们在南非的福斯海湾也看到了"幽灵船",当时它正往斯坦德夫的沙滩开去。当年的《南非年刊》记载了此事:"'幽灵船'行驶得很稳健,村民们站着讨论这艘船的由来和去向,正当人们达到兴奋高潮时,这艘神秘的船消失在薄薄的雾气中,就像它出现时那样奇怪。"

1959年,荷兰货船"麦杰森"号则遭遇了"幽灵船"的"攻击"。当时"麦杰森"号正在海上航行,一艘无人驾驶的船突然出现,直冲过来。猛然遇袭的"麦杰森"号没有机会作出反应,情况十分危急,但就当两船快要相撞时,无人船却倏忽不见了。

形形色色的"幽灵船"事件,带有着浓厚的神秘色彩,人们不禁要问:世界上为什么会有这么多奇怪的没有人驾驶的漂船呢?

对此，人们提出了种种猜测。

有人说，这些无人船可能是在航行中遇到了龙卷风或海啸，船员们在这些灾难面前弃船逃生，但终被大海吞没，只留空船漂行。只是，倘若果真如此，在骇人的龙卷风或海啸面前，无人船本身又怎么会完好无损地保存下来呢？

也有人说，无人船也许是遇到了次声波。在海上，风暴的作用会在波浪的表面产生强烈的次声。如果是大风暴，次声波的功率可达数十千瓦。当海船遇到这种强能量的次声波时，次声波会对人体造成辐射现象，使人们惊恐万状、情绪失控，因而仓促离舱，弃船而去，最终导致人员失踪。然而这种说法迄今为止，并没有发现确切的例证。

还有人说，也许无人船遇到了外星人——外星人把船员劫走了。问题是，这种说法太有些耸人听闻了吧。

看来，世界之谜"幽灵船"，其谜底的揭开还需时日。

26. 死亡地带——四川黑竹沟人畜神秘失踪

黑竹沟古木参天，箭竹丛生，但却是一个令世人望而却步的恐怖地带。听说闯进峡谷的人畜都会神秘失踪。

我们这个世界虽不乏景色秀丽的人间天堂，但也有不少令人闻之色变、避之不及的恐怖地方。这些恐怖的地方以其独特的诡异怒视着人类，怒视着一切生灵，它们随时准备吞噬进入它们领地的一切。位于中国四川盆地西南的小凉山北坡的黑竹沟便是这样一个令世人望而却步的恐怖地带。

黑竹沟古木参天，箭竹丛生，一道清泉奔泻而出。传说在沟前有一个叫关门石的峡口，一声人语或犬吠，都会惊动山神魔朗吐出阵阵毒物，把闯进峡谷的人畜卷走。传说不足让人信服，而现实中发生的一桩桩奇事却令人大惑不解。

峡谷地带，两侧悬崖绝壁，四周云雾弥漫，阴气习习，大部分地段至今尚无人涉足。

1950年年初，国民党胡宗南部队的半个连，仗着武器精良，准备穿越黑竹沟逃窜。可谁知进入沟后，一个人也没出来。是被巨蛇吞吃了，还是被其他东西夺去了生命？无人知晓。1995年6月，中国人民解放军测绘兵某部的两名战士，取道黑竹沟运粮，结果也神秘失踪了。部队出动两个排搜索寻找，最终一无所获。

1997年7月，中国四川省林业厅森林勘探设计一大队来到黑竹沟勘测，宿营于关门石附近。身强力壮的高个子技术员老陈和助手小李主动承担了闯关门石的任务。他俩背起测绘包，每人用纸包上两个馒头便朝关门石内走去。可是到了深夜，依然不见他俩回归的踪影。从次日开始，寻找失踪者的队伍逐渐扩大。川南林业局与邻近县组成了百余人的寻找失踪者的队伍也赶来了。他们踏遍青山，找遍幽谷，除两张包馒头用过的纸外，再也没有发现任何蛛丝马迹。

9年后，川南林业局和邻近县再次组成二类森林资源调查队进入黑竹沟。因有前车之鉴，调查队作了充分的物资和精神准备，除必须品之外还装备了武器和通信联络设备。由于森林面积大，调查队入沟后仍然只能分组定点作业。副队长任怀带领的小组一行人，一直推进到关门石前约两千米处。

这次，他们请来了两名彝族猎手做向导。当关门石出现在眼前时，两位猎手不愿再往前走。大家好说歹说，队员郭盛富自告奋勇打头阵，他俩才勉强继续前行。及至峡口，他俩便死活不肯再跨前一步。副队长任怀不忍心再勉强他们。经过耐心细致的说服，副队长好容易才与他们达成一个折衷的协议：将他俩带来的两只猎犬放进沟去试探试探。第一只猎犬灵活得像猴一样，一纵身就消失在峡谷深处。可半个小时过去了，猎犬杳如黄鹤。第二只黑毛犬前往寻找伙伴，结果也神秘地消失在茫茫峡谷中。

两位彝族同胞急了，不得不违背沟中不能高声吆喝的祖训，大声呼唤他们的爱犬。顿时，遮天盖地的茫茫大雾不知从何处神话般地涌出，人们尽管近在咫尺，彼此却无法看见。惊慌和恐惧使他们冷汗淋漓，大气不敢出。副队长任怀只好一再传话："切勿乱走！"五六分钟过后，浓雾又奇迹般消退。顿时玉宇澄清，眼前依然古木参天，箭竹婆娑。队员们如同做了一场噩梦。面对可怕的险象，为确保安全，队员们只好返回。

黑竹沟，至今仍笼罩在神秘之中，或许只有消失在期间的人才知道它的谜底。

第二节　奇异现象——待解密的外星人"足迹"

1. 大自然"纵火犯"——屋内"鬼火四起"自燃30余次

2006年10月至11月底，四川省青神县河坝子镇玉蟾村一居民房内，棉被、雨伞、毛裤、油布等多种物品莫名被烧30余次。火灾将主人杨明林右手腕烧伤，毁坏两间卧室以及室内的桌、椅家具，造成直接经济损失两万多元。一时间，村里人心惶惶，议论纷纷，"鬼火"之说四起。

目击：满地狼藉房屋被毁两间

玉蟾村坐落在离眉山市青神县河坝子镇政府 1 公里左右的地方，四面环山，风景宜人。村里有 28 家农户，发生"鬼火"的一家在村子中部，主人叫杨明林，5 间瓦房修建于 1982 年。

2007 年 12 月 26 日上午，记者一行经过一个多小时颠簸才到达河坝子镇。由于车开不进村，只好沿着一条两旁长满毛竹的机耕道步行。

杨明林家坐落在一块高出平地七八米的空地上。院子四个角落堆放着被烧坏的各种桌椅、油布和棉絮。5 间瓦房被烧毁两间，瓦片散落一地，几根尚未完全烧坏的长木横亘在屋顶，两三根被烧焦的电线从房上悬下来。

讲述：不到两月"惊魂"30 余次

去年 10 月初的一天晚上，老杨夫妇听见房子上有"砰砰"的声音，像是砖块或石头扔在房上。天亮了，夫妇俩爬到房上一看，呵，好家伙！房上尽是未燃烧过的煤炭和砖块。这样的情况持续了两个晚上，第三天中午，"天外飞石"再次出现。当时家里有十多个人正在打牌，以为有人故意搞恶作剧，大伙立即跑出来追寻。但找遍整个后山，没见一个人影。

怪象之油布自燃

房上出现异常后没几天，杨明林和老伴梅淑蓉、邻居高吉洲在池子里捉牛蛙。邻居高吉洲突然发现池边的小棚子在冒烟，一会儿火苗就出来了，不停往上蹿，眨眼功夫就把棚子上的油布烧了个脸盆般的缺口。3 人赶紧从池子里打来水将火扑灭。怪象之棉絮自燃没想到两天之后，更奇怪的事情发生了。"那天我家收谷子，很多人都看到的。"杨明林回忆说，当天傍晚收完谷子后，村里来帮忙的邻居都在院子里吃饭。突然，一位村民闻到一阵焦臭。"不得了，铺盖燃了！"儿媳妇一开卧室门就发现被子正在燃烧，而且火势越来越大。邻居见状，赶紧七手八脚将火扑灭。

怪象之衣服自燃

杨明林的老伴梅淑蓉说，11 月初的一天，她看见丈夫前年买的一套西装有点潮湿，便拿出来晾晒在院子里，然后进厨房做饭。

半个小时后，她到厨房门口摘菜，发现衣服已经烧了一半。她赶紧舀水将衣服上的火扑灭。"不可能是人点的火。"老伴梅淑蓉肯定地说。

怪象之房顶烧穿

11月31日，村里有人结婚，杨明林夫妇去吃喜酒。

半个多小时后，杨明林担心家里没人看守，便转身回家。还没走到家门口，杨明林就闻到阵阵焦臭味，抬头一看，家里浓烟滚滚。杨明林赶紧大声呼救，附近村民赶过来一边帮他灭火，一边报警。火灾造成损失2万余元。

警方初断：家人不慎失火

火灾发生后，河坝子镇政府曾两次派人前往调查，但没有查出火灾原因。"他家的口碑很好，没有与人结过仇，就算结过，别人也不敢烧几十次。"一镇领导说，在这种情况下，政府排除了"仇家"纵火的可能。

"我们现在的初步判断是家人不慎失火引起的。"民警袁仲祥表示，因为杨明林平常爱抽烟，完全可能由于烟火不慎引燃衣服或被子。而且，烧毁的两间房屋紧邻厨房，起火原因也可能是未熄灭的火星引起的。

专家推测："纵火犯"是大自然

西华大学化学实验中心主任马梦林说，如果杨明林所讲的情况属实，真正的"纵火犯"有可能是大自然中磷化氢气体。

据他介绍，这种易燃气体随处可见，多为地下冒出，是含有磷酸钙的动物骨骼、鱼鳞片或蛋壳等物品，在缺氧情况下沉积产生的。由于老房的地面年久后会产生裂缝，或者被老鼠咬出很多洞，导致气体从地下溢出进入屋内，而杨家人可能经常不开窗通风，造成了磷化氢气体在屋内大量囤积。加之他家厨房旁边有个水池和两块养牛蛙的水塘，还可能会产生大量甲烷。

2. 第四类接触——神秘的外星人劫持事件

许多美国人相信自己曾被外星人劫持

人类被外星人带到不明飞行物上的经历，也被称为第四类接触，在过去的

30 年里，有数以千计的迷案等待揭晓。外星人劫持是 20 世纪最引人关注的现象之一。

一名伐木工人声称，他在树林里被外星人劫持并在 5 天后在路边被人发现。一位来自美国纽约的演员声称，他被劫持到巨大的飞碟上，而未婚妻却坐在车里一动也不能动。在催眠状态下，一对夫妇回忆起一段可怕的经历，他们曾眼睁睁看着一些体型很小的灰色生物将女儿从摇篮中带走。还有一名农场上的妇女说，她曾被外星人挖出眼球。

没有确切的证据表明这些事件的真实性，但还是有数以千计的美国人在讲述类似的故事。有人说他们在说谎，也有人说这是他们的幻觉。但是对于大多数人来说，这是我们这个时代最神秘的事件，是人类的未解之谜。

1975 年伐木工人特拉维斯·沃顿被劫持

所有事件中，最广为人知，也最有争议的就是 1975 年 11 月 5 日，发生在美国亚利桑那州斯诺弗莱克市附近的劫持事件。当时关于外星人劫持的报道还不多。

这一天，伐木工人特拉维斯·沃顿所在的伐木小组一直工作到日落时分。工作结束后，沃顿、麦克和其他的五名伐木工人挤进一辆卡车里，他们要驾车返回镇子。但是，奇怪的事情发生了。

沃顿说，他看见在距他们不到 100 英尺的地方有一个飞碟盘旋。他们来到树丛的另一面，迅速被眼前的景象惊呆了。

麦克、罗格斯谁都没有下车，只有沃顿一个人下去了。

沃顿说："开始，我就是想在他们面前炫耀一下。我觉得这东西一定会在我靠近之前飞走。但是我走近以后，发现它根本不像要飞走的样子。我已经决定立刻离开。我站起来，转身往回跑。这时，有什么东西击中了我。"

这东西下面射出的物体击中了他的头部和胸部。那是一束光，但是不是普通的光，而是像一种爆炸的光。后来他就不省人事，什么也不知道了。

同伴们受到惊吓，纷纷逃走。几分钟后，他们回到事发地点，发现不明飞行物已经消失。于是，他们开始寻找沃顿。可是，他们没能找到沃顿。

第二天，镇上都知道了他们的事，于是全镇的人在树林进行地毯式搜寻。搜寻无果而终，没有发现丝毫沃顿的踪迹。治安官马林·格里斯派开始怀疑这是一件谋杀案。

当地人开始怀疑麦克和伐木小组的其他工人。为了证实清白，他们同意做测谎测试。有五个人通过了测试，但第六个人的测谎结果无法确定。

沃顿说，他在失踪5天后苏醒过来，距离失踪地点仅几英里远。他挣扎着走到一个电话亭，给家里拨通电话。沃顿说："这是我一生中见过的最可怕的景象。他们长得有点像人类，也有两条胳膊、两条腿。虽然外形相似，但我知道他们不是人类。他们紧盯着我，冷漠的目光让人不寒而栗。"

沃顿讲述，他被带进一个圆顶的房间里，这个房间就像一个天文馆。他按下椅子上的一个按钮，就能看到璀璨的星空，仿佛置身太空。一个人形生物出现了，把他带到另一个房间，那里也有几个同样的怪物。他被带到一个停有三艘较小飞船的巨大挂架。"我的天啊！"他想，"地球可能远在几百万英里以外。"

那次外星人劫持事件后的20多年里，除了迫于媒体压力或者有人付钱让他们改口，这些伐木工的描述一直都没有变。但是，疑点依然存在。布莱恩说："我看到他试图引导他们。他不会让被催眠的人说一些他们不想说的话。很多人认为催眠师对实施催眠是为了取悦自己，或者干脆他们自己在编故事，但是我看到的不是这样。"

3. 大西国之谜——遗失在海底的外星人

亨利·谢里曼这位考古学家没有因循守旧的陋习。要不是这样的话，他绝不可能发现希腊古城特洛伊。否则，古希腊史诗《伊利亚特》中描写的这座城池至今也许仍然是神话传说中的事。

谢里曼相信，在每一个神话传说后面都有一部分事实作为其依据。因此，他对传说中的亚特兰提斯发生了兴趣，并着手进行了调查。

在其去世前不久，谢里曼叫人找来了一位朋友，亲手交给他一个信封，上面写着："此信只能由我家的一名成员拆看，而这名成员必须发誓将自己的一生献给信中大致描绘的那个研究事业。"

临死前一个小时，考古学家让人给他拿来纸和笔，用他那颤抖的手写下了最后几个字："对密封的信封里补充一个神秘的内容。请敲碎鹰头瓦罐，仔细查看罐内之物。在塞依斯寺院废墟东面的查卡纳山谷墓地里。很重要。你将找到证明我的理论的证据。黑夜已经来临，永别了。"

这封信又送到了那位朋友的手里。

当其祖父在那不勒斯奄奄一息的时候，保罗·谢里曼正在俄国学习。他接着回到了德国，随后又到东方继续自己的学业，直到1906年。

在这一年，亨利·谢里曼的那位朋友找到了年轻的保罗·谢里曼。他想这时该是把保罗的祖父委托给他的东西交给这位青年人的时候了。保罗·谢里曼接过东西感到十分奇怪，他庄重地撕开了信封，里面是一些照片和几份材料。

第一份材料这样写道："打开这个信封的人，必须正式发誓继续我的未竟事业。我已经得出了结论：亚特兰提斯不仅是美洲同非洲和欧洲西海岸之间的一块大片陆地，而且它还是我们全部文明的发祥地。专家们对此已有过多次争论。一些人认为，有关亚特兰提斯的传说仅仅是诗歌里想象的东西，其根据只是关于公元前几十万年以前发生的那场洪水的片断材料。另一些人则认为，这个传说是有历史的真实性的，不过还无法拿出证据来。"

"在信袋里，有一些文件、笔记、文章和文字证据，我认为这些东西都同亚特兰提斯有关。仔细阅读这些材料的人必须保证，接过我的研究工作，尽一切可能争取拿出有决定意义的成果来。首先，他可以运用我在此交给他的一切材料。其次，他不应忘记宣布，我是这些新发现的真正发起人。法兰西银行里有一笔款子，谁能拿出最后结论，谁就可以领取这笔钱，估计它能偿付一切调查研究之费用。愿上帝为这项重大的工作提供方便。亨利·谢里曼。"

考古学家亨利·谢里曼从不盲目相信任何书本或考古学家的理论，他总是喜欢亲临现场，获得第一手材料，他相信"一切事实胜于雄辩"。正是他这种严谨的态度，使他发现了希腊古城特洛伊，从而名声大噪。

国际科学界认为保罗·谢里曼的言论是一场骗局

在信袋装着的材料里，亨利·谢里曼说在挖掘特洛伊古城时发现了特洛伊王的"宝物"，那是一个青铜罐，里面有一些物件，都用腓尼基语写着：属亚特兰提斯克诺斯国王。

1883 年，亨利·谢里曼在法国卢浮宫又发现了一些来自中美洲的帝华纳科古城的发掘物。他吃惊地看到，这些东西的材料和形状同特洛伊王的"宝物"中的物件一模一样。

亨利·谢里曼进行了深入的调查研究。这位考古学家请人对特洛伊王的宝物作了一次化学分析，结果表明，这些东西是用某种黏土制作的，但在腓尼基和中美洲都找不到这种黏土。

特洛伊王的宝物中还有几件金属制品。通过化验证明，金属是由白金、铝、铜组成的，换句话说，这是一种合金，但在迄今考古学家们发掘到的古代物品中，这样的合金是从未见过的。这会不会就是有名的亚特兰提斯人的"奥利萨尔克"——古希腊传说中的青铜呢？

　　亨利·谢里曼没有就此止步。他着手研究了玛雅文化，看看它同欧洲的其他古文化有没有共同之处。经过分析，他出乎意料地发现了许多重要的共同特点，这是他所不敢想象的。

　　他发现有一种文化同玛雅文化具有惊人的相似之处，这就是埃及文化。欧洲人是不可能到美洲去的，而玛雅人也是不可能到欧洲来的，因为他们都不是出色的航海家。

　　因此亨利·谢里曼得出结论：应该是传说中所说的那样，从前，在我们所说的新大陆和旧大陆之间，一定有一块宽阔的陆地作为两个大陆之间的桥梁。这块陆地不是别的，恰恰就是亚特兰提斯，这里的居民曾向埃及和中美洲迁移。

　　这就是保罗·谢里曼从祖父手中接到的奇怪的遗产。当他明白了这一切情况后，他就遵照祖父的遗愿，走上了寻找亚特兰提斯的征途。

　　一连6年，保罗·谢里曼走遍了埃及、中美洲和南美洲，并仔细地参观了许多博物馆。之后于1912年，他在《纽约美洲报》上发表了一篇文章，题目为：《我是怎样发现一切文明的发祥地亚特兰提斯的》。

　　可以想见，这篇文章一发表，立即轰动了国际科学界。那么，该文揭开了谜底没有呢？没有。

　　保罗·谢里曼在这篇文章中只是介绍了上面说的那些情况，即他祖父的发现以及他接受"遗产"的传奇般的经过。当然，他也讲到了在埃及的考察以及他在塞依斯寺院废墟旁的发掘情况。

　　据说他在废墟附近发现了两枚金属货币，其材料同特洛伊王的宝物的合金完全一样。另外还有传说说，保罗·谢里曼在非洲还发现了一个用同样合金制成的儿童的头。最后还得指出，据说他发现了两本极其惊人的手稿。

　　第一本是玛雅文手写本，珍藏在不列颠博物馆。这本东西叙述说，在公元前8000年的一个叫做"穆鲁克11"的日子里，忽然发生了剧烈的地震。震区遭到严重的破坏，几百万居民同这块陆地一起一夜之间沉入了大海。另一本东西是古老的迦勒底文本。

　　值得指出的是，在前后两个手稿中都出现神秘的"穆"字。由此可以断定它们有一个共同的起源。

　　保罗·谢里曼的文章没有提供更多的细节，不过这位考古学家宣布，他将出版一部著作，公布他有关这些问题的全部证据。

　　但是，此后多年，非但这部著作没有问世，连保罗·谢里曼自己也销声匿迹了。他的名字再也没有人提起过。国际科学界认为保罗·谢里曼的言论是一场骗局，甚至还说，《纽约美洲报》上的那篇文章里所论及的种种新发现没有一个是真的。保罗·谢里曼闹了一场恶作剧，然后感到这个闹剧持续得太久了，因此就隐匿了起来。

保罗·谢里曼搞这么大的笑话对他有什么好处呢？如果不是想努力完成祖父留下的事业的话，他花了6年的时间奔波于埃及、南美、非洲一带又是为了什么呢？要不是为了寻找亨利·谢里曼有关亚特兰提斯理论的证据，他跑遍世界各地的博物馆又何苦呢？

有人认为他没有扯谎，深信他做出了某些关键性的发现，也许还可以说他的发现太重要了，因此人们不准他发表自己的研究成果。保罗·谢里曼的发现是不应该透露的，有人下了这道命令。那么是谁下了这道命令的呢？

大西国的地理位置之争

大西国，也就是亚特兰提斯，是一块岛屿。最先提到亚特兰提斯的柏拉图对它的叙述可以归纳为这样几句话：

在昔日被人称为"海格力斯擎天柱"的直布罗陀海峡的海面上，即在西班牙和摩洛哥海岸之间，横展着一块陆地，叫做亚特兰提斯。它由一个大岛和一系列小岛组成。亚特兰提斯人把首都设在陆地的东南海岸波塞多尼亚，那里有为该国缔造者建立的寺院、王宫、壮丽的建筑物。

从柏拉图以后，有关大西国的书数以千计，其中大部分纯属空论。不过，有一些书籍是有科学根据的。随着时间的推移，越来越多的真正的科学发现使大西国这块消失了的陆地逐渐摆脱了神话的色彩，成了历史中更引人入胜的事实。

立志探索大西国奥秘的严肃的研究者遇到的第一个问题同大西国的地理位置有关。

1675年，瑞典人鲁布德克认为这个被水淹没的陆地就在他的国家里。另有一些人说它在今天的巴勒斯坦的位置上。德国人博克认为南非一带是大西国的地方，而法国人德利尔·德萨尔则提出高加索就是从前的大西国。后来，1779年，法国资产阶级大革命时期成为巴黎市长的巴伊曾断言，大西国在现在的斯匹次卑尔根群岛。

1855年，雅克布·克鲁格自认为解决了这个问题，说大西国就是北美洲。然而这种观点遭到贝利乌的反对，后者在1874年发表的著作《大西国人》中说，大西国这块陆地的位置应该在目前的北非这个地方。

他的这个观点受到了大家的重视，于1893年被德国人克内泰尔多次援引，并得到了他的发展。后来，这一观点还启发了皮埃尔·伯努瓦，给了他写出《大西国》这部著名小说的灵感。

到了1926年，博查特说得更为确切，说大西国就在突尼斯的盐湖地带。他的说法博得了阿尔贝特·赫尔曼的支持，此人于1927年说，博查特的假设使他完全信服。

1929年，巴托利和拉特埃宣布说，大西国不在别的什么地方，就是希腊！还有一些理论认为大西国在西班牙南部，在非洲西海岸，在西尔特，在大洋洲，甚至有人还说在南太平洋……

这座梦幻中的大陆是沉入大西洋？

这最后一种假设是1946年由伯德探险队的考古学家们提出来的，他们在南美洲的西边太平洋底发现了一片陆地。

可20世纪50年代初，一位名叫于尔根·施帕努特的年轻牧师声称，他在赫尔戈兰岛附近北海水域发现了消失陆地的遗迹。

若相信柏拉图的记述，那么大西国应该是沉没于直布罗陀海峡的外侧，亦即这座梦幻中的大陆是沉入大西洋。

可是，若无视柏拉图的记述的话，那么大西国应该也有可能处于大西洋以外的地域。有人统计过，那大概有1 700余处。而其中最有可能的是地中海的克里特岛和爱琴海的桑多里尼岛。

1900年，英国的考古学家亚瑟·艾邦斯，在荷马视为丰饶岛屿的克里特岛上着手挖掘，而他们果真也挖掘到与猜想相符的米诺亚王大宫殿。

这座宫殿面积为4 000平方公尺，是栋3层楼的建筑物。内部除了有石柱支撑的天花板和楼梯之外，还有巨大的武器库、战车库、粮食仓库、国王的宝车，及塞满了记载着文字的黏土板的古文室等等。极富变化的各个大厅中都用壁画、彩色的浮雕装饰着。毫无疑问，这里就是米诺亚文明的中心地。

可是，克里特岛虽被岩石所埋没，但并未沉没于海中。1967年，希腊考古学家史匹利顿·马利那托斯挖掘出了可解决此矛盾现象的新遗迹。那就是位于克里特岛往北约120公里处的桑多里尼岛。

虽然今天的桑多里尼岛只不过是个由3座小岛所组成的火山岛，可是在以前它是个直径达18公里以上的圆形岛屿。原来的桑多里尼岛因公元前1490年左右火山的一场大爆发，使得岛的中央部位炸毁，所以才变成今日的3座小岛。

从厚达 50 公尺以上的火山灰下所发现的亚克若提利遗迹，确实与克里特岛相同，全都有雄伟壮观的石造建筑物、壁画、壶等等，而且也残留着米诺亚文明的痕迹。可是，它是否就是大西国，却还有许多值得争议之处。

德国的学者尤更·休邦特主张，大西国位于易北河河口海面的海格兰特岛附近，亦即位于北海。此说的最大根据是荷马的叙事诗《奥德赛》中的记述。奥德赛前往卡力布索，并从卡力布索朝东北航行了 18 日。据休邦特所言，此记述正是暗示大西国的位置，而卡力布索乃指亚德雷斯群岛之意，再者，航行 18 日后所抵达之处也一定是指海格兰特岛。

北海周围是于公元前 12 世纪左右因发生大地震和大洪水而大为改观的。可是，若是公元前 12 世纪的话，那就与柏拉图的记述有极大的差异。他认为柏拉图所说的 9 000 年前，应该是 9 000 个月之误，因为埃及的历法是以月份计算的。对此，有些历史学家也认同有这种可能性。

除此之外，休邦特也指责柏拉图误解了梭伦所叙述的故事。柏拉图述说的亚特兰提斯"被从北方吹来的风保护着"，应该被译为亚特兰提斯位于"北海的方位"才是正确无误的。

虽然休邦特的研究成果应受到极高的评价，但是，若欲将他的发现立即和亚特兰提斯结合在一起的话，他的资料似乎还不甚齐全。

就消失的陆地的地理位置而言，柏拉图的著作已说得再清楚不过的了："在海格力斯擎天柱那一边"，这就是说在直布罗陀海峡那一边。换句话说，在大西洋里。伟大的哲学家已经说得如此明确，我们何苦到别的地方去寻找呢？

科学的证据

第一次提出亚速尔群岛和加那利群岛是大西国遗迹这个理论的，是一位名叫阿塔那斯·柯切尔的神甫。那是 1665 年的事。这位圣职人员的看法是正确的，后来几个世纪的发现都一一证实了他的设想。

1898 年夏，有一条船在布雷斯特同科德角之间敷设电缆。突然间海底电缆发生断裂，船上的工人马上投入了紧张的抢修工作。出事地点是北纬 47°，巴黎以西西经 29°40′，在亚速尔群岛之前 900 公里处，那里的水深达 3 100 米。

在打捞的时候，人们奇怪地看到海底具有陆地山脉的特点，其表面除谷底外没有淤泥，岩石顶端呈锋利的尖状。船员们带回了一块岩石，这块"玄武玻璃"一直保存在矿业学院。

"玄武玻璃"引起了一位法国地质学家的极大兴趣。这位学者就是皮埃尔·

泰尔米埃。这块玄武岩石在水中一直没有能变硬，而拿到岸上在空气中它却坚硬起来了。

因此泰尔米埃得出结论：从 3 100 米深水中采来的这块石头曾受到过大气的压力，因为在这个地方，过去曾同周围地区一样一度露出水面；显然，不久以前发生的地壳激变（这里的"不久以前"，应该从地质学角度来理解）使这里下陷了 3 000 米；欧洲同美洲之间有过一块陆地，这块陆地在激烈的地质变动时不见了。

泰尔米埃对大西洋诸岛——特别是亚速尔群岛——进行了深入的考察和研究，结果发现这些岛屿的特点恰好同柏拉图所描写的完全相符。

此外，泰尔米埃还发现有两条纵向海沟，一条沿欧非大陆，另一条则沿着新大陆。这说明，如果这里是陆地的话，它极有可能是连接欧洲和美洲的"桥梁"。

实际上，泰尔米埃的地质假设在没有提出之前似乎就早已为人们证实了。

早在 16 世纪，西班牙人就十分吃惊地在墨西哥发现了希伯莱和埃及式的建筑物，墨西哥的土著人讲的是希伯莱立法者摩西的同胞所操的语言，这似乎说明，这些同胞中有些人没有跟随其他人向红海迁移，而是穿过非洲，向西走上了柏拉图所说的那块土地，最后来到了阿兹特克人的国度里，即墨西哥。

1952 年，一位专门研究寄生物的学者乔克十分吃惊地发现南美鸵鸟同非洲鸵鸟极为相似。它们不仅形态相似，而且鸵鸟身上的寄生虫也一样，这是其他动物所没有的现象。因此，只有一种可能性才能使两岸出现同一现象，即鸵鸟曾经从非洲"迁移"到美洲，或从美洲"迁移"到非洲。

另一位学者马雷兹教授研究了新旧大陆间某些昆虫的迁徙，特别是研究了叶蜂的迁徙活动。可是要知道，这些昆虫是没有那么大的力气飞越浩瀚的大西洋的。因此，它们似乎确实借助过今天已经沉没的一块大陆。

应当看到，能证明大西国位于大西洋的不仅仅是地质学和生物学。在这方面，人类学和人种学也有其发言权。

我们的祖先来自宇宙

在《我们的祖先来自宇宙》一书中，夏特兰写过这样一段话：

"最近，人们发现约 2 900 年前墨西哥东海岸就有一批种植麻和棉花的印度和腓尼基的农业移民，同时还发现了开采铜和锡的苏美尔和腓尼基的矿业移民，这些移民也许还开采金和银，不过年代要早一些，大约在 4 300 多年以前，地点也不是墨西哥，而是秘鲁和玻利维亚的山区。另外，在亚马逊河流域的石崖上，人们还找到了古希腊克里特人的线状文字，这表明那些移民越过大西洋，顺亚马逊河逆流而上。"

伯利茨是著名的国际语言学院创办者的孙子，因此他最有条件研究新旧大陆居民之间所存在的语言共性。他在有关大西国的专著中写道：

"极其明显……在美洲印第安人的语言中很多词汇的宗教含义同大西洋另一岸古代语言中的一些词汇十分相似。"

此外，生物学、人类学和人种学也不断提供新的证据，证明从前在旧大陆同新大陆之间确实存在着一座"桥梁"。今天，许多地质学家和史前史学者认为，大西国曾经存在是个历史事实。

地球物理学也从自己的角度告诉人们，很久以前曾发生过一系列冰川袭击，结果造成了大西洋中一连串的下陷。这个下陷过程贯穿了整个冰川消退时期，也就是说，从公元前 6500 年一直持续到公元前 1950 年，这一年代同柏拉图书中的年代是完全一致的。

然而，直至最近几年，我们还缺乏一种科学的证据来确证大西国的曾经存在，而整个科学界都希望找到这样的证据。现在我们可以说，当人们在 1967 年至 1968 年发现了比米尼大墙之后，考古学在大西国的问题上已经摆脱了从前默默无闻的状态了……

南美洲的一些偏僻山区里生活着一些纯粹的亚洲长相的人。有人说他们来自蒙古，然而在几乎没有交通工具的情况下绕半个地球，从蒙古来到南美洲这可能吗？

比米尼大墙：古文明的遗迹

罗伯特·布拉什是个飞机驾驶员，同时，他又是一个酷爱海底考古的人。1967 年，他曾飞越过百慕大地区巴哈马群岛中的安德罗斯岛和比米尼岛。在飞行途中，他发现在水面下几米深的地方有一个长方形的灰色物体，它的几何图形十分完整，布拉什立即意识到这是人类的建筑物，于是他拍下了不少照片。

过不多久，他把这些照片送到了法国人迪米特里·勒彼科夫手里。后者原籍为俄国，是专门研究海底摄影的大学者，他发明了许多摄影器材，其中有电子闪光灯。

布拉什的照片引起了勒彼科夫的极大兴趣，但没有使他感到过分的吃惊，因为他自己从飞机上也看到同一海域里有一个约 400 米长的长方形的东西，另外，他还见到有一些笔直的线条以及圆形和形状规则的物体。勒彼科夫带着布拉什的照片找到了在迈阿密科学博物馆工作的朋友曼森·瓦伦丁。

曼森·瓦伦丁曾是耶鲁大学的教授，同时他又是研究哥伦布发现新大陆以前的美洲文化的专家。他看到照片后，毫不犹豫地当即组织了一支探险队奔赴现场考察。探险队乘一架水上飞机在安德罗斯岛海域上空来回盘旋搜寻。

在巴哈马群岛的大礁带，水并不太深，因此水面下隐藏的东西比较容易看清。探测队的队员们果然找到了罗伯特·布拉什照片上的那个物体：一道 30 厘米厚的"墙"，周围积满了泥沙，看上去是一座长 30 米、宽 25 米的建筑物的地基。

为了仔细观察这道"墙"，迪米特里·勒彼科夫把自己设计的一个航行器交给了一支专门的小组使用。对比米尼岛写过一部材料十分丰富的著作的皮埃尔·卡纳克把这个航行器称做为"M114E"，这是一架名副其实的潜水飞机，配备有广角镜自动摄影机。

有了这样的装备，探索工作才能够真正顺利地进行了。探测工作持续了好几个月，不少著名人士参加了这项工作，其中有宇航员埃德加·米切尔和法国潜水员雅克·马约尔。

大西国，外星人在地球上的基地？

有很多人怀疑，那些无法解释的"古代超级文明"遗迹是外星智慧的杰作，而大西国上的人就是外星人，那么，大西国就是外星人在地球上的基地。

如果从这个假设出发，摆在我们面前的很多无法解释的谜就更加耐人寻味了，比如，为什么世界上各种文明中神话里的神，从天上下凡后都在某一天到海里？为什么美洲大陆的神总是来自东方，而欧洲大陆的神总来自西方？这表明，也许有一个共同的大西洋起源。

古人类学家们推测，可能存在过一个大西种族，包括爱尔兰人、威尔士人、布列塔尼人、巴斯克人、安达卢西亚人以及柏柏尔人等。这些人具有共同的伦理，讲的是一种相似的喉音重的方言。

方言中某些音在希腊-拉丁语系中没有，然而可以在尤卡坦的玛雅语中找到这些同样的古怪的音。有些 UFO 学家认为，这些人的最初祖先来自外星，后来在海底洞内过穴居生活。

两位英国人曾在 1952 年对 5 具在秘鲁库斯科发现的印加干尸做了血液分析。其中一具属于 C—E—C 型（即 RH），这种血型的人在世界其他地方从未见过；

另一具属于 D—C 型，这种血型在美洲印第安人中极其稀少。

由此可见，大西洋一侧的印加人，另一侧的巴斯克人和埃及人，血型都与周围民族不同。这会不会就是假设中的来自外星的大西国人的血型呢？

大西国的存在是可以肯定的，但它是否是外星在地球上的基地，这恐怕还有待进一步的考证，然而从宇宙的观点出发去解释神秘莫测的世界，已成为当今时代的时髦之举。

若是真的在过去的几千年之间曾有过生物来访地球，那么我们今天可能还会面对来自太空的智慧生物新的来访。

卡尔·萨根认为，地球在地质时期曾经有过上万次银河系文明来访过。一位瑞士科学家曾在意大利北部地区找到了被掩埋的类人物骷髅的残骸。他认为这已有 1 000 万年的历史。

在澳大利亚的岩画上有一些奇怪的生物图案，那些生物好像不是来自地球上的，而且身上仿佛穿着酷似现代宇航服一样的东西。难道在很久以前，就是地外生物穿着宇航服来到澳大利亚，在岩石上留下了它们的标记吗？

在美国内华达州孔特利贝尔什深峡谷地层内，人们曾发现一个鞋底的痕迹，其清晰程度乃至粗线条纹路都看得十分清楚。估计这一鞋底的印迹已有 1 500 万年的历史。

在智利的热带丛林中曾找到过一个金属球，其直径有 1 米，重量约有 3 吨。而且它的成分是谁也不知道的化合物。奇怪的是金属球光滑的表面无论用火烧，用酸液浸，还是用刀切削都毫无影响。

智利科学院院长拉莫斯·泰尔杰茨博士认为，这一金属球是地外文明代表有意留下的。他们在远古的时代就可能到过我们星球，也可能在我们的时代也拜访了我们的星球。

在法国和意大利的许多岩洞的壁上刻画着许多奇怪的标记，样子同飞碟的形状相仿。专家们已知的类似岩洞有拉兹卡岩洞、阿尔塔米拉岩洞及埃比斯岩洞等。这些地方至今已发现有近 2 000 多个类似的标记，都是石器时代（公元前30 000～10 000 万年）留下的。

最为知名的阿尔塔米拉岩洞中有字母形状的地方长达 200 米。在此洞内能找到 3 种不同的标记，主要是在洞的顶壁。

考古学家莲高曾明确提出大西国居民是外星人。这是他根据在乌拉尔找到的金质图表来认定的。这些金质图表在美国保密局存放至今。

在这些图上刻有密码符号并标有两处位置。一处标出如何从埃及到达大西洲帝王坟墓的方位。在图上明显地标出始帝和末代皇帝的陵墓，墓地的位置只能是大致的，它距尼罗河有 20～30 日的里程。这表明整个墓地位于阿斯旺及西部沙漠绿洲之间。

在金质的图表中还表明 15 000 年前大西洲上曾有过宇宙飞船着陆，其上面有高度发达的类似地球人的生物。

在古代的日本画上绘有称之为"Kanno"的生物。据说公元 700～800 年前众多日本人士在日本见到过此种生物。

根据日本的古老传说，此类生物在河床中、沼泽地带活动。划水时不穿任何衣服，伸出长长的爪子。头很小，有嘴，有长长的鼻子。大耳朵能自由活动，三角眼睛深深地凹陷。头是圆盘，上面竖有 4 根刺，其中一只耳朵有小小的耳甲。背上有类似贝壳的大东西，一直同嘴相连。嘴则与盘绕的绳子相似。

日本的幸村教授称这正是对外星来客的描绘。外星人脸上的东西正是呼吸面罩，有软管同背后的气罐相接。所谓头上圆盘状的东西，看样子是 4 根天线。日本古代所称此物生活在大的壳里面，不仅能在水中行走，同时还会升空，以高速飞行。

考古学家挖掘出的古生物化石。这些化石的样子奇形怪状，实在看不出它们是由什么生物的骨骼演化而成的。难道是什么外星的智慧生物？如果它们曾经在远古时代造访过地球，那么它们还会来的。我们期待着它们的光临。

4. 天南地北——幽浮与外星人

外星人可分为八大类，一百多种，从巨人至侏儒均有。

如果说中国陕西省西安市临潼县出土的秦始皇兵马俑，是 20 世纪最重大的考古发现，则幽浮与外星人是 21 世纪最大的奥秘。

超自然现象（又称超常现象）探讨三大领域：

（1）世界古文明：指已灭绝的文明，并非专指上古时代的文明。

（2）幽浮学。

（3）灵异现象：涉及宗教术数问题。

地球在浩瀚的宇宙中犹如一粒微尘，六十多亿的人类就像依附其上的细菌。

我们不可能是宇宙间唯一的高等生命，但星球之间难以想象的辽阔距离，无法让短命的人类越雷池一步。天文学源自占星学，尚可上溯至占星术。远古蛮荒时期虽茹毛饮血，却对天文历法的认知异常进步。

原始人类虽未留下文字，但在岩画上遗留许多造型奇特的直立状生物，以及飞行器的图像，后从宗教经典（如《圣经》）、史籍（如《资治通鉴》）、地方志和神话传说中，随处可见相关的蛛丝马迹。畴昔将幽浮案件列入灵异现象，学院派学者自信十足，以为可以诠释全天下事，今日观之，不啻为知识的傲慢。

爱因斯坦曾言："没有宗教的科学是跛子，没有科学的宗教是瞎子"。

宗教坚持绝对真理，科学则追求相对真理，互补作用实大於互害。人们对不可知的事物常深怀恐惧，此为看相算命的江湖术士得以永续生存的主因。而幽浮个案一如灵异现象，十之七八均有合理的解释，意即误判的比例极高，假如目睹什么就相信什么，易被心术不正者所操纵。

圣经飞碟学可能会成为21世纪的显学之一

幽浮可能有三大来源：

（1）外太空：指地球以外的大宇宙。

（2）内太空：指地球本身。

（3）未来世界：指未来的飞行器探本溯源回到过去（即现在），观察其祖先的形象，牵涉神秘的时光隧道问题。

地球是个中继站和实验场，创造论持直线史观，认为人的灵魂和天地万物均来自造物主，却无法解释反覆的行为及历史会重演的现象。循环论持循环史观，认为每一秒钟是开始也是结束，生老病死、成住坏空均在同一时限中发生，却无法解释创新与变化，"日光之下常有新鲜的事物"（如"911事件"）。演化论与创造论均能自圆其说，却都有无法克服的盲点。

上帝在无神论者面前显现，无神论者竟曰："眼见不足为凭"，而予以否认，群神与冥顽不灵者当面争辩亦无功效。晚近出现迁移论，自神话、传说、考古发现，拼凑出人类可能是来自其他星球高科技生物的后裔，这些外星人通常被当作神明崇拜，遗留许多不应在当时出现的物品（如：电池、机械装置、水晶骷髅头、核子反应炉）。幽浮与外星人多造访世界先进国家，彼等似乎甚为了解地球，依据国外抽样统计，目击及接触个案以男性居多，地点则以居家周围和乡村公路机率最大，时间则集中在夜间9点、11点及午夜3点。

犹记曾有一群基督徒，在某大报纸头版刊登半版广告，呼吁教会的牧师应站出来，澄清"耶稣是外星人"的"异端邪说"，为维护教会的清誉和权益，不可保持沉默。但在意料之中毫无回音，神职人员熟稔道德教条，对奇迹背后的意涵几乎一无所知。一位死后会复活的人是人吗？

所有掌握幽浮与外星人 X 档案的政府，只能逐步解密，以免会动摇人类的传统观念，部分惊世骇俗的资料必将被带进坟墓，永远封存。1969 年，人类登陆月球成功之后，嫦娥奔月的神话即已幻灭。假如各大宗教的创教者确定是外星人，则千百年的传统信仰必土崩瓦解。

幽浮学者将幽浮分类成120 余种，其中较独特者为钻石型，应会令女性目击者心中小鹿乱撞，另有会改变形状和色彩的变形虫型，是否为太空生物？最巨大者为长达 2 000 公尺的飞行母船型，12 生肖中见首不见尾的龙，是否就是太空站？

C 型外星人是最神秘的外星人，因为人类很容易会失去与他们接触过程的记忆。

而外星人可分为八大类，一百多种，从巨人至侏儒均有，较奇特者有恐怖的蜥蜴人、类似金发美女的金星人（金星名 Venus）、会飞翔的蛾人（mothman）。俗称的黑衣人（M. I. B.，Man in Black），通常被视为混在人群之中卧底的外星人，一年四季均喜欢穿黑衣，喜怒哀乐不形於色，拥有高智商，各位看官，不妨留意周围有无此等人物出没。

1957 年，苏联发射人类史上第一颗人造卫星"Sputnik"，太空时代来临，随认知领域的持续扩大，知识体系和价值体系当作适度的调整。昨非今是与昨是今非纠结，如何在无垠的时间和无限的空间之中安身立命？是自认为有正确生涯规划者无法逃避的"大哉问"。

待幽浮与外星人公开正式的亮相，必定会轰动武林，鬼哭神嚎，教科书将用相当的篇幅讨论，大学或许会创设幽浮学系或幽浮学研究所，彼等将与地球人互设大使馆，但要提防发生星际大战。未来的世界将十分热闹，厌世和企图自杀的朋友，请顺延片刻，且让咱们拭目以待。

5. 火灾之谜——外星人测试武器引燃意大利小村怪火

几年前，意大利西西里岛的坎尼托·迪·卡罗尼亚村成了世人关注的中心，因为该村很多居民家中每天都会发生一些无法解释的怪事：他们的电冰箱、电视机、手机或家具总会无缘无故地起火燃烧，哪怕那些电器压根就没接上电源。意大利政府对这一系列"怪火"事件展开调查。日前，一份调查报告不慎曝光，这份政府报告竟宣称这些神秘的火灾是"外星人的杰作"。这一调查报告曝光后，在意大利引起了轩然大波。

几年前，意大利西西里岛北海岸的坎尼托·迪·卡罗尼亚村发生了一系列的怪事，该村居民家中的许多电器——包括电冰箱、电视机和手机常会无缘无故地起火燃烧，哪怕它们根本就没有插上电源；此外，当地居民家中的其他物品，包括一堆结婚礼物、一些家具也会无缘无故起火，烧成灰烬，这就好像是科幻剧《X档案》中的场景一样。

在那段时间中，坎尼托·迪·卡罗尼亚村几乎每天都会发生无法解释的家庭用品起火事件。该村村长皮德罗·斯平纳托当时对记者说："我们别无选择，只有选择将村民疏散出村子。我们请电子工程师检查了所有电线电缆，但他们找不到任何原因。因为不仅是电子物品，就连普通家具也会毫无理由地起火。"

为了解开这些神秘火灾之谜，意大利政府聘请了数十名专家前往坎尼托·迪·卡罗尼亚村展开调查，其中包括物理科学家、电子工程师、军事专家以及一名美国 NASA 科学家。一名科学家震惊地宣称，他在坎尼托·迪·卡罗尼亚村调查时，亲眼看到一根没有插上电源的电线突然起火，被火苗烧焦。

对于这些神秘的火灾原因，科学家基本排除了人为纵火的可能性。意大利政府调查这些神秘火灾总共花费了 100 万英镑，但最后并没有给村民一个满意合理的回答。

当地村民认为这些火灾是由超自然力量引发的，而当地教会牧师干脆将这些神秘火灾称为是"地狱之火"。在科学家展开调查期间，当地电力公司已经切断了该村的所有电源，但火灾仍然在不断发生。调查人员后来更换了该村的所有电线，结果火灾终于停止了，但调查人员压根无法解释原因，只能认为更换电线和火灾停止只是一个时间巧合。

政府调查报告泄露："外星人"测试秘密武器

然而日前，意大利市民保护局的一份秘密调查报告却不慎泄露了，这份政府调查报告将许多意大利人惊得目瞪口呆。因为这份报告的复印件竟显示，坎尼托·迪·卡罗尼亚村的神秘火灾是由外星人"试验秘密武器引起的"！这份报告写道："这些火灾是由强大的电磁辐射引起的，它们高达 120 亿到 150 亿瓦特，显然不是人类能够制造出来的。"

这份政府调查报告还显示，事故发生期间，坎尼托·迪·卡罗尼亚村附近还可能发生过 UFO 着陆事件，"因为调查人员在一块田地中发现了一些无法解释的烧灼烙印。"

政府报告惹争议：火山岩浆是真祸首

这份泄露的政府调查报告在意大利引起了轩然大波，针对人们的质问，参与火灾调查的西西里岛市民保护局现任局长弗朗西斯科·曼蒂格纳·维尼兰多解释说："我们并没有说是火星上来的小绿人放了这些火，但一个有能力制造强大电磁能的超自然力量显然是罪魁祸首。当然这只是一种可能性，我们还试图探索另一种可能性，那就是一个我们尚不清楚的未知力量在测试一种高级秘密武器，他们同样有能力释放出如此巨大的能量。"维尼兰多最后补充说："这并不是最后的报告，我们仍然在继续研究，可这份报告内容却泄露了。"

当地居民接受采访时称，在这些火灾发生期间，他们的确曾在天空中看到不明飞行物。当地泽·马利娅旅馆的老板皮埃特罗·伊姆布罗迪诺说："我一直怀疑是某种超自然力量制造了这些火灾，尽管我没有看到任何小绿人，但我知道一些人的确看到了 UFO。"

不过，对于这些神秘火灾事件，还有一种理论认为，从附近埃特纳火山沿着地下通道扩散的岩浆可能释放出了一些易燃气体，它泄漏出了地表，并引发了这些火灾。

6. 来历不明——水晶头骨

相传古时候有 13 个失踪的头骨与通常人的头骨一般大小，下巴可以活动，能说话，会唱歌。

水晶头骨真实来历遭质疑

米歇尔·黑吉斯水晶头骨聚集了种种神秘现象和不解之谜，使得人们对它的猜测也越来越离奇，但实际上，这颗头骨并不是第一个也不是唯一被发现的头骨。

到目前为止，世界上总共发现了大约十几颗水晶头骨，其中有 3 颗保存在博物馆或研究机构内，其余都被私人收藏。

而且，这十几颗水晶头骨也不全是玛雅人的遗物。但是在所有的这些头骨中，米歇尔·黑吉斯头骨无疑是纯度最高、最完美也最神奇的一个。

也许正因为这颗头骨太完美了，以至于遭到了人类的妒嫉，让人怀疑起它的真实来历。尤其是这个水晶头骨的具体出土时间，安娜本人竟有不同的说法。她在 1962 年接受采访时说，水晶头骨是在 20 世纪 30 年代末，由她的父亲在一次挖掘玛雅遗址的时候发现的；1968 年，她给一个研究水晶头骨的专家写信时又说头骨是在 1926 年发现的；1982 年，她回答学者尼克尔的询问时，又变成是

1924 年；在 1995 年出版的《水晶头骨之谜》里面，又说水晶头骨是在安娜 17 岁生日那一天发现的。

这些都不得不让人怀疑米歇尔·黑吉斯水晶头骨的真实来历。

一切也许都是谎言

调查者还发现，在印第安人中，只有古阿兹特克人有雕刻头骨的习惯，而古代玛雅人并没有这样的习惯，这就更使得笼罩在这颗头骨上的神秘光环显得越来越虚假了。

科学家们认为，水晶是一种神奇的东西，很容易令人着迷，另外，头骨也很容易让人联想到死神和死亡，用水晶来雕刻头骨，这种催眠的作用一下子就加倍了，所以容易受到暗示的人就会被它催眠，产生幻听、幻觉。

2005 年 1 月，一起震惊考古界的事件发生了：英国大英博物馆的墨西哥古阿兹特克人的水晶头骨被科学家正式鉴定为赝品，考古界为之哗然。

与此同时，人们对米歇尔·黑吉斯头骨也提出全面质疑。

这两颗头骨虽然来源不同，但总体形状却非常相似，而且都是以一具女性头骨为模型，不同的是，大英博物馆的头骨是一整块水晶，而米歇尔·黑吉斯头骨的下颌则是独立的，可以拆下，做工更为精致，但是两颗头骨的惊人相似，让人很难相信它们是独立制作的。

英国大英博物馆所珍藏的那块水晶头骨，最早据称是在墨西哥古阿兹特克人遗址上被发现的。而科学家发现这个水晶头骨是用轮式工具打磨并且切割的，而这种技术在当时的美洲大陆根本就不存在。毫无疑问，现在人们更有理由怀疑米歇尔·黑吉斯水晶头骨的真实性了。

有一部分科学家倾向于它不是玛雅人的遗物，而是 19 世纪现代人的产物。但是，这种百分之百纯净透明的水晶，就算它不是一件文物，其价值也无法估量。谁会用它来制作一件冒充文物呢？如今，安娜已经拒绝对水晶头骨再做任何科学鉴定，因此，它究竟是不是现代人制作的赝品，科学家们还不能论断。

但人们还是愿意相信，终有一天，现代科技会把水晶头骨上的神秘彻底揭去，让真相浮出水面，事实大白于天下。

7. 令人狐疑——外星人监视人类登月

随着各国最新一轮登月计划纷纷出炉，月球探索重新进入人们的视野。作为世界上第一个登上月球的国家，美国的行动备受瞩目。但是近日俄罗斯专家称，美国当年在外星人的干预下草草结束了登月计划。

美国宇航员尼尔·阿姆斯特朗登上月球的情景外星人暗中监视美国人

30多年前，美国宇航员曾数次登上月球，就在马上就要揭开月球秘密的时候，美国突然停止了登月计划，并大幅调整太空计划。这是为什么呢？

最近，俄罗斯国家电视及电台广播公司播放了一部解密纪录片。在片中，一位天文学家和不明飞行物专家称，在美国实施阿波罗计划的时候，外星球文明一直给予了持续的关注，当美国人登上月球后，那些已经在月球上登陆的绿色外星人警告美国人离开月球，最终导致美国终止阿波罗计划。

制作这部纪录片的是俄罗斯莫斯科大学数学教授兼物理学家弗拉基米尔·阿札札和天文学家叶夫根尼。他们表示，地外文明一直暗中监视美国阿波罗飞船的行动。比如纪录片中显示，一个发光物体紧紧跟随在一艘美国太空船的后面。

警告美国人"回家去"

据俄《真理报》报道，美国阿波罗计划的宇航员看到外星人的巨大采矿机器以及外星船，并拍下照片。另外，在登月后原本美国政府授意宇航员宣布：月球属于我们（即美国），但是两位宇航员却莫名其妙地说成我们是为了和平而来。根据多年后一位宇航员的说法，是因为感受到停泊在那里的外星船的威胁而改变了说法。

《真理报》称，当美国人的月球登陆车破坏月球弹坑时，生活在月球上的"生物"开始显示它们对美国人的愤怒。绿色的月球生物警告美国人"回家去"，因为它们想保持隐藏在月球地下用来观测地球生命的秘密基地。美国国家航空航天局害怕与高级文明发生冲突，立即停止了所有探月行动。

美国刻意隐瞒真相

这部纪录片还出现了美国宣称已经丢失的一些场景，比如宇航员登陆月球时的情景，第一位登上月球的美国宇航员尼尔·阿姆斯特朗在月球表面行走的场景等。

20世纪70年代末，美国国家档案局将纪录片移送到国家航空航天局，随后就失去踪影，航空航天局最后只找到10部纪录片。俄罗斯专家认为，这实际是中情局想要遮掩美国宇航员与外星文明联系的伎俩。

8. 地外智慧——外星人开启了地球文明史

一直被那些坚信"外星宇航员"理论的人当作是证据的秘鲁纳斯卡平原上的巨大动物形图案，或许是早期人类乘热气球飞行的遗迹。国际探险家协会曾利用当地原始材料制成"神鹰一号"气球，成功地完成了试飞实验。

"子不语怪力乱神"，然而，"怪力乱神"却并没有因此从人们的头脑中消失。相反，或矜持或不屑一顾或谨小慎微所带来的沉默，却让"怪力乱神"日益显示出了"魅力"，而这些"神怪"的最新版本之一，便是"外星人"。甚至有人断言，是"外星人开启了地球的文明史"。尽管 2000 年的到来，戳破了1999 人类大劫难的"预言"，"人神大师"就此成了过气的小丑，被弃置一边，但各式版本"外星智慧"却仍旧享受着畅销书的风光。

所有这一切，来自于人们的好奇和困惑。科学的进步，使人类有能力精心探寻世界的每一个角落、捡拾那些远古时代遗留下的文明碎片，于是，复活节岛上的巨型石像到印加人让人目瞪口呆的精确历法，岩洞中的绘画到纳斯卡荒原上的巨幅图案，让人吃惊。更有许多类似近代才被人们掌握的技术、使用的工具，混杂在年代久远的文物中依稀可辨。如何解释？越来越多的发现带给人们越来越多的困惑。各种假说纷至沓来，而其中最流行的说法是：地球上曾经拥有过一个今天已经"失落的文明"，而"史前时期造访地球的外星宇航员"正是这一文明的启蒙者。"外星人"的介入，让一切得以顺理成章，但是，缺乏科学证据的假说，除了能够激发无穷的想象力以外，有多大的价值？人们将信将疑，陷入了更深的困惑。

对此，《世界古代发明》一书的观点十分明确："只有在我们无端诋毁古代文明民族的智慧与能力时，这种'古人—宇航员'理论才有其貌似真实的一面。"该书作者，英国古代史和职业作家彼得·詹姆斯和史前史考古学家尼克·索普坚信，所谓"神秘的文明"是人类祖先凭借自身的聪明才智创造的奇迹，之所以今天的人们会对此感到神秘，是因为我们对古代祖先的知之甚少和由此产生了对祖先的一种"歧视"。为此，他们梳理、发掘了大量被忽视、散落于各处的科学与考古文献，通过大量的例证，试图揭开那些困扰人们的关于古代文明的疑问。该书记录了公元 1492 年——哥伦布发现西印度群岛的那一年——之前，人类所取得的部分令人叹为观止的科学与技术成就，内容涉及医学、交通、高技术、军事、生活等各个方面。

　　《世界古代发明》一书充满了神奇的"发现"：在古代秘鲁，在为印加人所做的214例钻孔开颅手术中，有55%的病人术后完全康复，只有28%的人没有留下痊愈痕迹便死去，而1870年到1877年间，伦敦两家医院在总共32例类似手术中，存活率只有25%；公元1世纪，亚历山大古城的神庙前，已经出现了只要投币就会流出洗涤"圣水"的"老虎机"，世界上第一台蒸汽机也在当时问世；在当时的罗马行省，高卢人已经开始使用收割机，而此后，这一机械直到1843年，才在澳大利亚被"重新发明"；在公元3世纪中国古墓中，发现了铝制的金属饰带，而众所周知，1827年铝才"首次"被分离出来，直到1889年才开始大规模生产……书中引用了大量的插图，以为佐证。全书透过时间的迷雾，带给人们对于古代人类的全新认识。当我们为今天所拥有的精巧机械、高效率的装置、辉煌的工程和先进技术而沾沾自喜的时候，作者却告诉我们，人类许多最重要和最令人吃惊的发明其实是在数千年前完成的。因此，我们不必为那些奇妙的"发现"而感到震惊，因为单就才智而言，古人并不逊色于现代人。"现代人所取得的成就，不过是得益于数千年知识和实验结果的积累，而并非是因为智慧的提高。"

　　另一个问题随之而来：既然我们的祖先在很早就发明了这些技术，为什么在上千年的时间里，它们一直未能发挥像今天这样的效力，反而默默无闻，甚至失传以致于人类不得不"再次发明"呢？对此，《世界古代发明》根据不同的情况，作出了分析。例如铝，他们引用中国科技史家李约瑟的说法，认为它可能是由古代炼金术士偶然制造出来的，而发现这一秘密的术士从未将它传授给他人，因此而失传。有蒸汽机和喷气发动机雏形的机械之所以只是被当作新颖的玩艺儿，而未能实现其工业革命时代所起到的巨大作用，并非因为古代工程师的才智不济，而是因为当时奴隶制经济的局限：既然奴隶市场可以提供大批的现成劳力，能够替代百人劳动的蒸汽机就变得并不重要，更何况奴隶主们甚至惧怕技术的改革，因为，假如奴隶被机械所取代，将会大大提高社会动荡的机率。同样，收割机也经历了类似的命运，直到19世纪中叶，一位伦敦青年移居澳大利亚，有感于劳力的极度短缺，才在高卢收割机的启发下发明了自己的收割机。此外，《世界古代发明》在大量的事实基础上，还得出了一个发人深省的结论：除了古代文化交流受客观条件制约外，那些曾经雄霸一时而又自认为高人一等的民族对其他民族文化精华的漠视与轻蔑，同样导致了许多发明成就的最终湮灭无闻。

　　诚然，这本研究古代世界发明的著作并不能解开所有的人类文化谜团，但是，作者为此付出了艰苦努力，书中所体现的实证精神，是那些随手拈来"外星智慧"以自圆其说的"理论"所无法比拟的。至少，它提醒我们，在对"外星智慧"顶礼膜拜甚至感激涕零之前，我们真的有必要重新认识一下，我们人类自身曾经在这个星球上创造了哪些奇迹。

这个有 4 000 年历史的颅骨出土于英格兰，带有作过外科钻孔手术的确凿痕迹。那块圆形颅骨是用石制工具从患者头部切割下来的。骨组织重新生长的情况清楚地表明，患者恢复了健康。

奴隶制经济使古代工程师设计的这个带有蒸汽机和喷气发动机雏形的机械只是被当作新颖的玩艺儿。

9. 秘而不宣——外星人遗留在地球上尸体

数以万计的外星人操纵着飞碟在地球上空飞行、考察，有时还降临地球作实地考察。在这些频繁的飞行中，他们的星际交通工具飞碟即使非常先进，他不可能绝对完美无缺，因此，在某些时候部有飞碟失事的可能，这就难免有飞碟残骸和外星人的尸体甚至活外星人降临地球。

很明显，飞碟残骸和外星人的尸体对地球人的研究是极为重要的。因此，不论在地球的任何地方，只要发现飞碟的残骸或外星人的尸体，那里的政府和研究人员都在极为保密的情况下进行回收，而回收以后的研究情况又从来都是秘而不宣的。

地球人最早记载的回收外星人尸体的事件至少可以追溯到 1950 年。1950 年12 月 7 日，美国空军上校威廉·克哈姆和上尉巴金斯，就在与美国临界的墨西哥境内亲自目睹了美国军方回收一个坠毁飞碟的情况，在这个飞碟的残骸中就有一个外星人的尸体，这个坠毁的飞碟和外星人的尸体都被运到了美国。

美国回收飞碟和外星人尸体的事件在世界各国是最多的，但由丁这涉及高度的军事和科技机密，美国政府总是想尽办法掩盖事情的真相，这本来也是可以理解的。日本的著名作家矢追纯一先生花了大量的时间和精力，在美国各地拜访了许多与回收外星人尸体有关的人员，获得了大量的资料。在此基础上，他在 1989 的出版了一部引起世界飞碟研究界高度重视的著作《外星人尸体之谜》。在这本书中，他详细记载了自己在美国调查访问的情况。他记录的这些年来美国回收飞碟和外星人尸体的事件竟有 46 起之多，现在还有数十具外星人的尸体存在美国，他们被冷冻在地下室的秘密器皿中，美国还解剖过外星人的尸体，等等。

在世界其他许多地方也发现、回收过外星人的尸体，甚至还捉住过活着的外星人。

1950 年，在阿根廷荒芜人烟的潘帕斯草原曾经坠毁过一个飞碟。这个飞碟的圆盘直径约为 10 米，高约 4 米，有舷窗，座舱高约 2 米，表面光亮严整。

一家房产公司的建筑师博士塔博驱车行驶在潘帕斯草原的公路上，他发现路旁草地上静静地停着一个盘状的金属物体。出于强烈的好奇心，他停车走近物体。他从圆形物体的舷窗往内看，发现舱内有四张座椅。其中三张座椅上各坐着一个小矮人，他们纹丝不动，肌肉却已僵硬，显然已经死了。这些小矮人样子与地球人差不多，有眼睛、鼻子和嘴巴，棕色的头发不长不短，皮肤黝黑，全身套着铝灰色的服装。第四张座椅则空着。

博塔博士发现，舱内有灯，有各种仪表，还有电视荧光屏，但看不出有电线和导管。他被眼前的景象惊呆了。他知道这一定是一艘坠毁的外星人的飞船。于是赶紧驾车逃到旅馆，把他的奇遇告诉了他的两个朋友。第二天，他和他的朋友驾车赶回原地，但地上只剩下了一堆烫手的灰烬。他的一个朋友抓起了一把灰，手马上就变紫了。后来，博塔博士得了怪病，连续数月高烧不退，皮肤也像干涸的土地一样破裂了，谁也治不好他。

这三个外星人的尸体被人们发现却未能回收到。是不是第四张座椅上的外星人的飞碟坠毁时幸免于难，最后不得已把飞碟和三个外星人的尸体一同销毁了？

类似的情况在意大利也曾发生过。

据意大利飞碟专家阿·别列格收集的材料介绍，一位名叫艾·波萨的建筑师有一天驱车外出旅行，在一个荒芜人烟的地区，他发现离公路不远的地方倾斜着一个圆盘状物体。出于好奇，他走近这个物体，发现上面有一个打开的舱口。波萨从舱口走进了物体内。他发现在直径 6 米的圆舱里，有三个黑色物体，黑色物体中有一个外星人尸体，他马上通知了美国军方。

设在法国巴黎的"UFO 报告真实性科学协会"主席狄盖瓦曾经在喜马拉雅山峰的冰雪中找到了一飞碟残骸，其中还有六个外星人的遗体。

回收外星人遗体和飞碟残骸的工作得到政府的大力援助，回收工作持续了数月之久。在回收过程中，人们发现这些外星人大约只有 1 米高，脑袋和眼睛显得特别大，而四肢则异常瘦弱。他们还收集到许多金属残片，大的有 2～3 平方米，而这些金属在地球上从来没有出现过。

使人感到奇怪的是，除了六具外星人尸体外，他们还发现了马、牛、狗等牲畜，甚至还有一头大象，还有鱼和几百个鸟蛋。他们失事的年月不可考查，因为这些残骸被冰雪封冻起来了，难以考察其失事的变化，也许这事发生在几年前，也有可能发生几千年甚至上万年以前。

前苏联科学家杜朗诺克博士曾在南斯拉夫透露，1987 年 11 月，苏联一支考察队在茫茫的戈壁沙海中，发现了一个被埋于沙丘中的碟形飞行器，其直径为 22.87 米。苏联科学家们认为，这个飞碟的坠毁距今已有上千年历史了，包括引擎在内的各种装置仍保存完好。在这个飞碟的舱内，科学家们还发现了 14 具已变成干尸的外星人遗骸。

10. 险恶阴谋——外星人怎样给地球人洗脑

美国不明飞行物共同组织类人生命体研究组有一份报告记载着世界各地著名的劫持事件，共 166 起。

这些事件的 10% 与不明飞行物直接有关。该研究组的一位负责人是戴维·韦布，他是位物理学家，他在谈到这类劫持事件的某些特点时说："不明飞行物乘员会在飞行物内对被劫持的人进行医学检查，他们往往使被检查的人患上健忘症，他们在劫持者与被劫持者之间进行着一种难以理解的联系，使被劫持者全身瘫痪。"

从地理角度来看，拥有可靠证据的劫持事件的半数发生在美国，其次是巴西（20%）和阿根廷（6%）。在这些事件中，除了几起分别发生在 1915 年、1921 年和 1942 年外，其他的事件都发生于现代，即 1947 年之后。从 1965 年起，这类事件奇怪地增多了。美国不明飞行物共同组织收集到的案例，都发生在 1970 年至 1975 年。这 5 年当中共 80 多起，占总数的 53%。

但是，令人更加感到震惊的，是这类已知的事件仅仅是劫持事件中的一小部分。

那么，为什么许多劫持事件没有被披露出来呢？一个重要的原因是，大多数被劫持的人（人们通常称他们为"被接触者"）事后都回忆不起自己的那段不平常的遭遇了。当这些人能够神志清醒地回忆起自己曾经看到过一个不明飞行物时，他们头脑中的"劫持情节"却奇怪地总是处于一种潜意识的状态，即他们总是依稀觉得劫持的情节好像故意从他们头脑中消失掉似的。他们所能记起的和意识到的，只是无法解释的时间上的"漏洞"，即有几分钟或几天时间，他们也不知道自己呆在了什么地方。著名的特拉维斯·沃尔顿劫持案发生于 1975 年 11 月 5 日美国亚利桑那州的希伯，在这次事件中，被劫持者失踪了 5 天。

随着时间的推移，一些"被接触者"往往在突然清醒或梦幻中想起了自己遭遇中的某些情节。当这些人意识到自己的确与非地球人"接触"过并因此在精神上受到创伤时，他们中的大多数人都会马上去找心理学家或不明飞行物学家。然而，也有不少人对自己奇怪的经历守口如瓶：他们或是由于害怕，或是由于无动于衷，即他们不想让别人仔细地分析一下自己所经历的时间"漏洞"到底是怎么回事。

科学家们认为，这些人的健忘是由于某种形式的洗脑引起的。因此，人们可以采用医学催眠术来使这种人回忆起以前发生的事情，这种方法叫做"时间倒退法"。在大多数情况下，用这种方法都会获得令人满意的效果。目前，学者们在调查劫持事件时，一般都要对"被接触者"进行催眠术（除去卡斯蒂略和安东尼奥这仅有的少数例外），哈德博士经常使用这种方法，他是用催眠术来调查不明飞行劫持事件的前驱，也是有幸于 1968 年 7 月在美国科学与宇宙航行学委员会上阐述不明飞行物问题的 6 名科学家之一。

此外，美国怀俄明大学（拉腊米）的心理学副教授利奥斯普林科尔博士也是位著名的使用催眠术来研究这类动力持事件的学者。这位学者曾调查过不明飞行物史上两起重大的劫持事件：一起是赫布·希尔默警官事伯（1967 年 12 月 3 日发生在美国内布拉斯加的阿希兰），另一起是猎人卡尔·希格登事件（1974 年 10 月发生在美国怀俄明州的罗林斯）。斯普林科尔博士曾率领一支由私人与官方资助的调查组对以上两案进行了调查。从 1962 年起，这位博士成为康登委员会的不明现象研究会研究顾问。

哈德博士和斯普林科尔博士认为，使用催眠术的时间倒退法是最有效的方法，是目前唤起被抑制的记忆和证明目击者报告真实性最为要靠的方法。哈德博士在谈到使用催眠术来获得准确的信息时可能会遇到的困难时说：

"首先，许多曾见到过不明飞行物乘员的人会忘记自己的那段经历。有时，一种不真实的回忆会取代真实的回忆。例如，一位接受催眠术的人说，有人曾指给他看动力装置，对他说这个装置是靠'锂晶体'来转动的。当时，我马上想到这种解释与电视片《星牛》中的情节相同。我们没有任何理由认为，锂晶体会在真正的不明飞行物理学发动系统中起作用……但是，如果几位接受催眠术的目击者回忆起来的情节都一样的话，我们就应当认真对待了。因为处于催眠术状态的目击者的心理是不可能欺骗得了反询问的……我不相信，在催眠状态下，我所怀疑的撒谎的人能欺骗我。"

哈德博士不认为被劫持的人都是些具有专门特长的人，他说："看来，各个民族的各个人种都有'被接触者'……然而，一般地说，被劫持者的智能要比普通人略微强一些。根据我个人的经验，这些人似乎都比大多数人更'通灵'。"

至于那些出现在地球人面前的非地球人的态度，差别很大。这位博士说："有些人态度很友好，像是在帮助人；另一些则冷冰冰的，态度冷淡。"

可以说，除了个别的事件外，这些来自另一个星球的客人并不凶残粗暴或咄咄逼人。

那么，这些为人生命体将地球人劫持到不明飞行物上后，为什么要对他们进行各种各样的医学检查呢？对这个问题，有些学者认为，不明飞行物乘员中这种可疑的"诊断"行为是极令人费解的。但他们认为，对这类一件进行研究是我们研究人类有其环境不可缺少的一部分。

类人生命体的这些怪异的行动，不禁使我们想到了我们地球人为监视正在消亡的生命体的运动和行为制定的"预防"计划。我们是否可以认为，不明飞行物把我们地球人看成了银河系中受到威胁的人类呢？

然而，这些类人一命体对被劫持者进行身体检查使之丧失记忆的事实（同样除去卡斯蒂略和安东尼奥），使另一些研究人员倾向于这种观点，即也许在劫持的后面，隐藏着更加险恶的阴谋吧。这些研究人员的论据是：1）被劫持者被类人生命体抽了血（一般都是抽淋巴液和关节的血）；2）一些奇怪的物质被注射进劫持者的静脉之中。

持这种"险恶阴谋"理论最有名的学者是约翰·A.基尔，他在自己的论述中写道："如果不明飞行物乘员对我们淋巴系统和人体的其他保护组织感兴趣的话，我们对出现在夜空中的奇异光芒感到忐忑不安是完全有理由的。"

基尔甚至认为，有些"被接触者"也许被类人生命体用外科手术改变了性格。他写道："我们知道，洗脑技术在同不明飞行物乘员接触的事件中是占有重要地位的。我们还知道，许多目击者能清楚地回忆起深深印刻在自己脑海中的伪造的情节，这显然是这些乘员想把事实真要掩盖起来，这的确是很可怕的。"

日前，世界各地的研究人员收集到的大量证据说明，许多目击者的性格突然发生了变化，他们的生活方式也发生了变化。这些行为上的骤变清楚地说明，被接触者的大脑被施以了某种形式的大手术。"

在这人问题上，人们不能排除这样一种可能性：这些行为变化属于正常的心理变化，而这些心理变化又是由对生活意义的新解释和领悟到地外生命的真实性引起的。

11. 动人传说——外星人曾修改地球人类基因

据俄罗斯媒体报道，俄罗斯一名数学家弗拉德近日宣称，外星人曾经到达过地球并且给人类文明留下了他们的历法和讯息。弗拉德表示他的这一发现并非偶然，而是他多年搜寻查证的成果。

很多研究人员都注意到，在人类的传奇和小说上，有一些同时出现相似的事件。这些事件说明外星球的文明曾经在远古时代访问地球。

有人认为，对于人类来说想要追踪到外星人的足迹相当困难。地球上三分之二的面积是海洋，南北两极被冰雪覆盖，其余的地方也有着广袤的沙漠和森林。有学者表示，如果外星人真的到地球了，他们也会考虑：究竟在那里留怎样的信息能够历经数千年后仍然保存。

弗拉德表示外星人大概决定将他们的历法留给地球。举例来说，当埃及法老继承王位的时候，他通常会发一个非常奇特的誓言：他们答应绝对不对立法作出丝毫的更改。

很多古代的文献透露古代两个智慧之神的名字：透特（埃及神话中的月神）和赫耳墨斯（为众神传信并掌管商业、道路、科学、发明、口才、幸运等的神）。传说中称神在返回天上的之前将某些书藏了起来。有的学者预言这种神的智慧之书是历经百年而不灭的。而且神也不希望人类找到并阅读书中的内容。

索非亚矩阵是密钥所在

人类不需要阅读外星人遗留在地球上的知识和科技，但是后者的确是存在于地球上。例如在乌克兰基辅索非亚大教堂中发现的永恒历法矩阵。这种矩阵使得你很容易解决任何年份的计日问题。而现在科学家将这一立法矩阵作为研究古代密码的起点。

圣索非亚博物馆是基辅的标志，也是传统的东正教的主要圣所之一。在12世纪早期，圣索非亚教堂在建筑群附近的别列斯托瓦村建成。教堂建设在乌克兰文化发展中有着重要意义。

外星生命什么样？

虽然科学家迄今为止还未在另一个世界发现生命，但一些科学家还是相信，在银河系的边缘可能存在生命。他们为"国家地理"电视频道撰稿，特别节目"外星生命"于2007年5月30日首播。

美国航空航天局、搜寻外星智慧研究所和英国天文学界、生物学界的科学家们用计算机模拟出了两个可能在银河系中存在，并可能孕育着生命的外星天体。

它们分别被命名为"奥里里亚"和"蓝月亮"。

根据科学家的推测，"蓝月亮"一天有240个小时，围绕着一颗巨大的行星运转。

"蓝月亮"的大气密度是地球大气密度的4倍。在"蓝月亮"上，由于高密度的大气层和地心引力小，使得飞行变得轻而易举。因此，科学家根据相关数据设想，可能会有"飞鲸"不断在天空中飞翔。"蓝月亮"上二氧化碳的浓度是地球的30倍，从而使得一种"宝塔树"可长到1.6公里高。

在天文学家设想的奥里里亚行星上，没有季节、白天和黑夜，它黑暗的一面被冰层覆盖，而发光的一面，由于存在生命所需要的大气层，则有广阔的河流和平原。据科学家推测，该行星上最主要的动物应该是一种犰狳状的生物，它们在湖中大量存在。

天文学家塞思·索斯塔克说："我们了解得越多，就越相信宇宙中存在着外星生物。"截止目前，科学家只发现了上百颗天外行星，但天文学家们相信，在我们的银河系中，未被发现的行星至少有数百亿颗。

据悉，美国航空航天局2008年正式启动凯普勒计划，该计划将允许科学家搜寻围绕其他恒星运行的类似地球大小的行星。

12. 画中奥秘——文艺复兴时代名画证实存在地外文明

文艺复兴时代作品竟存在"地外文明"？

古代是否有不明飞行物到过地球，这是个众说纷纭的话题。

怀疑论者断言，这种事找不出任何证据。持乐观态度的人却说：怎么能说没有证据？选说着，他们中有人还会找出一些古画和圣像，更加振振有词地说："人们可是在上面画了飞碟、激光和一些反常现象……"

意大利的艺术理论博士迭戈·库奥吉对外星人理论的支持者给予了严厉的抨击。他找来那些被认为画上地外世界飞碟之类东西的古代名画，在逐个进行仔细分析后得出结论，那根本就不是什么不明飞行物，而绝大多数当代"研究异常现象的专家"简直是知识匮乏到极点，可恨的是他们还振振有词地来愚弄世上的那些老实人。

（1）有关"圣母马利亚和耶稣、施洗者以及两艘地外星球飞碟"之说。

《圣母马利亚同婴儿和施洗约翰》那幅画的作者不详，但有专家认为，这幅画出自佛罗伦萨画派15世纪末至16世纪初的多梅尼科·基尔兰代奥之手。这大概是中世纪最著名的一幅画，画家在上面画了好几个据认为是不明飞行物。画在左上角的"母飞船"放出 3 个探测器，而在马利亚右肩上方可以见到一个圆盘装置，一个男子正在仰望天空，一心一意注视着那个圆盘。

可实际上呢？据福音书的说法，画面左上方的那艘"母飞船"是耶稣诞生之夜照亮了半边天的伯利恒星，而在它下方的 3 颗小星星是古代的基督教象征，代表圣母马利亚的"3 次"童贞：受孕前、怀孕过程和产后。顺便说说，虽说画家不知名，历史上却有这幅画认购人的名字，他就是佛罗伦萨的著名宗教界人士菲利普·涅里。涅里一家是个殷实之家，特别敬重圣母，所以在他们的家族徽章上也画上了这 3 颗小星星。那时候，马利亚画像必须画上的标志物还有仰头望天的牧人。画家们参照了路加福音中有关耶稣降生那天夜里的情景：在伯利恒的野地里有牧羊的人，夜间按着更次看守羊群。有主的使者突然站在他们的身边，主的荣光四面照着他们。

在有牧人的画上还同时往往画有狗，几乎在所有的画上牧人都是用手挡住天光。而那团耀眼的云彩就是天使。因为当时都认为，天使绝不会以人形，而是以一团亮闪闪的云彩出现。

迭戈·库奥吉对此的结论是："很多研究奇异现象的专家错误地认为，画家们可以随意画上他们想表现的东西，比如说马利亚肩头上方的不明飞行物。实际上并非如此。因为中世纪的画家往往画什么都和认购人订有严格的合同，随意添加东西都有可能取消合同，丧失自己的信誉，有时甚至生命。"

（2）是谁在向圣母马利亚施放激光束。

卡罗·克里维利 1486 年画的《天使报喜》收藏在伦敦国家画廊，画中有一个圆盘似的东西在向马利亚头冠施放一条微细的光线。这幅画也引起了外星人崇拜者的极大兴趣，如今在有关飞碟的书籍和网站反复出现一张翻印得很差的画，可真正见过这幅画的人不会存在任何怀疑。经过细看，便可以发现那圆盘似的东西实际上是由小天使画组成的两个圆圈。对中世纪而言，这是天国的标准画法，光线也是在画天使带给圣母马利亚消息，说她要产下耶稣的方法。

（3）科索沃的外星人。

有人认为，在科索沃杰恰内东正教教堂的水彩壁画《耶稣受难》上画有两艘宇宙飞船。第一艘里的人手握着"操纵杆"，在回头张望。这给人一种印象，仿佛"宇航员"在注视着同伴的飞行……两艘"飞船"都是流线型的，"宇航员"像传统的天使。画上还能清楚看到"喷射"的气流，表示飞行速度之快。

可这幅水彩壁画只会让那些不熟悉世界文化史的人感到吃惊。十字架上方的两艘飞行器实际上是太阳和月球。东正教教堂里的这幅壁画属于拜占庭艺术传统，类似的画不少。

如果要溯其源,这种风格先是在古希腊,然后在罗马可以看到,那时候一般都把阿波罗神(太阳)和狄安娜神(月亮)画成这个样子。在拜占庭,把太阳画在基督的右上方,把月球画在左上方是合乎教义经典的。最后迭戈·库奥吉得出结论:之所以会有这种误会,完全是无知造成的,现代人已经对过去的艺术知道得不多了,通解古希腊、罗马文学的人已经越来越少,对圣经的研究更是一片空白。所以,中世纪画家在画上常用的象征手段一般人已经看不懂,反认为神秘得不可捉摸,结果他们只好去相信那些提出古时候已有星际来往等奇谈怪论的飞碟问题专家。

13. 五岳之谜——外星人光临过泰山

五岳指的是中国的五座名山:东岳泰山、西岳华山、南岳衡山、北岳恒山和中岳嵩山。它们不但是大自然鬼斧神工的杰作,更是中华民族精神的圣地、文明的摇篮,也是中华民族的象征。千百年来,关于五岳的历史、传说、典故数不胜数,为五岳增添了神秘的色彩和独特的人文魅力。《五岳探秘》对发生在五岳的未解之谜作了梳理和探源,揭示了五岳所蕴涵的深厚的文化底蕴和精神特质。

外星人光临过泰山

随着越来越多的关于外星人光临地球的报道的出现,我们身边也有了不少发现外星人踪迹的传闻,其中一个流传较广的说法,是说在东岳泰山,曾有外星人光临,古人并为此留下了文字记载。

查阅古书,发现记载这一事件的是《墨子》和《礼记》,里面分别有"泰颠来宾"和"山出器车"这两则记载。《墨子》和《礼记》是古代较为严肃的著作,按正常道理看,它不会凭空虚构飘渺虚幻的事情,这就意味着,一种来自宇宙深处的地外文明在人类史前时代或许访问过地球,而且他们的着陆点之一就在我国的东岳泰山。

虽然《墨子》一书中有一些神鬼之说,但它所记载的"泰颠来宾"还是应该引起我们的特别注意,不能与其他神鬼之说混为一谈。同时,《礼记》中提到的"山出器车",为"泰颠来宾"提供了很好的佐证。

泰山历史上传说:在远古时期的某一天,泰山周围的人们都在忙着自己手中的事情。一抬头,忽然发现空中飞来一个圆溜溜、光闪闪的怪物,不偏不斜,正好落到泰山顶上。这怪物浑身像铁制的东西，在山上的乱石和丛林间行走自如。人们看到了这些，一个个都惊恐不已。些许时候，这怪物从这个山头行走到那个山头，然后就神秘地消失了。人们对这件事百思不得其解，纷纷相传，最终形成了"泰颠来宾"和"山出器车"这样简略的文字记载。

泰山具有独特而引人瞩目的地理位置以及巍峨高大的形象。它的主峰海拔高度虽然只有 1 524 米，但却傲然矗立在茫茫平原上，看上去是那样的突出、醒目。正如有关泰山的资料中所形容的："山势突兀挺拔，上接云天，下临平川，俯视黄河，远望大海，有拔地通天之势，擎天捧日之姿，形象伟岸高大。"所以，假如地外文明真的光临地球，他们选择泰山作为着陆和勘察地球的地点，也就在情理之中了。

也许在不远的将来，人类就会解开"泰颠来宾"和"山出器车"之谜。

14. 罕见云团——夜光云图首次公布

美国宇航局近日首次公布了一组在太空拍摄的"夜光云"影像。这种笼罩在地球表面的罕见云团，其成因一直是科学界一大谜团。

这就是卫星从太空中捕捉到的夜光云图象。这团覆盖在地球外表的紫色云团，正不断变化着形态。从地球上看，夜光云就像是天空中流淌着的海水，它柔和的色彩和神秘的外形，让人仿佛置身于超现实空间。

夜光云通常形成于离地面 80 公里左右的中间层，一般在大气中最寒冷的地方生成，只有在地球上的高纬地区才能用肉眼观测到。但近年来，夜光云开始向低纬地区移动，一些科学家认为，这可能与大量排放的温室气体导致大气顶层温度下降有关。夜光云最早是在 1885 年由一位天文爱好者首次发现的。尽管又过了一百多年，但它的形成原因对科学界来说，仍然是一个无法解释的难题。

15. 暗藏玄机——月球背面的秘密

人类虽然已登上月球，而没有发现什么"月亮人"，但从美宇航局在登月前公布的科学家多年记录的 597 起月球怪异现象，如突然发光、磁场变异、奇怪阴影、不明飞行物活动、几何图形的出现与消失等和宇航员登月后的亲眼所见月球仍有许多扑朔迷离的现象没有揭开。

发现月球金字塔

美国人于 1966 年 11 月 20 日发射的"月球轨道环行器"2 号,在月球表面上发现了一些像金字塔的建筑物,也有点像华盛顿纪念碑。

它们的建筑角度明显运用了几何学原理。排列方式与埃及三座大金字塔顶点的排列方式完全一样。

月球曾经人工改造

从"阿波罗"宇航员拍摄的一些月面环形山的照片发现,环形山上分明留有人工改造过的痕迹。例如,在戈克莱纽环形山的内部,可以看出有一个直角,每个边长为 25 公里,在地面及环壁上,还有明显的整修痕迹。

更为独特的是另一座环形山,它们边缘平滑,过于完整,环内呈几何图形,有仿佛是划出来的平分线,在圆周的几何中心部位,有墙壁及其投影。该山外侧有一倾斜的坡面,其形状有如完整的正方形,在正方形内有一个十字,把正方形等分成对称的各部分。

月背发现飞碟基地和城市

1968 年 12 月 25 日,当"阿波罗 8 号"飞船载着指令长弗拉克·鲍曼及两名助手进入月球背面用肉眼探察时,曾发现飞碟降落而拍过照片。后因"保密需要",长期没有对外透露。直至 20 世纪 80 年代,由于疏忽才公之于众。照片是在月球背面离地表 100 千米处用望远镜头拍摄的。

从照片上可以清楚地看出:一个巨大的飞碟正在向左下方的月面降落,飞碟的舷窗清晰可见(西方一些科学家声称,近几年来飞碟从月球背面飞出有十多次)。在飞碟行将着陆的月面上,有酷似起重机般高高竖起的吊臂,吊臂下矗立着一排纺锤形物体,高度一致,等距排列,类似机场跑道两旁的标志塔。

有一座长约 3 公里、高约 1 500 公尺的"桥",有 2 处像旗子样的东西和一处像人物塑像似的东西,有三根巨大的平行管道通向火山口,地面上还矗立着许多圆的或是方的形状奇特的建筑物。这一照片的公布,不仅证明月球背面确有飞碟起降基地,而且也证实月球背面建有城市。

完全印证了瑞典科学杂志报导的苏联早在 1964 年发射的"月球"9 号宇宙飞船就已在月球背面拍摄到"一个飞碟基地和由形状奇特的高大建筑物组成的城

市"的真实可靠。一位名叫伊凡。

桑托森的苏联科学家认为："照片中一些类似机场跑道标志塔的建筑物是引导宇宙飞船起降或将外星飞船引向月球内部的标志。"苏《宇宙》杂志编辑维里斯博士说："苏联政府之所以决定不发表这一惊人的发现，是为了不想把自己掌握的情报让别国知道。"

月面发现新鲜人类赤脚印

据《香港文汇报》和《家庭主妇报》透露：1969 年美国"阿波罗 11 号"宇宙飞船首次着陆月球时，宇航员在月球的表面共发现了 23 个人类赤脚印，于是用照相机拍摄下来。在过去的 27 年中，美国当局对此一直保密。

直至最近，在一批飞碟研究人员的要求下才公开了这一秘密。美国天体物理学家康姆庞对美国新闻媒体说："显然，在月球上发现人类的赤脚印是令人吃惊的，说明有人在美国之前已登上月球，而且不穿宇航服"。

康姆庞还说："据登上月球的宇航员称：这些脚印毫无疑问是属于人类的，而且留下的时间不久。"而常识告诉我们，地球人是不可能赤着脚登上月球的，也不可能不靠运载工具而自行飞月球，而美国"阿波罗"11 号首次登月宇航员始终穿着宇航服和登月靴，那么留下这些脚印的只能是地球以外的"人"了。

月背发现美"二战"失踪轰炸机

1987 年 3 月苏联人造卫星从月球背面发回的传真照片显示，有一架"二战"时期的美制老式轰炸机，停放在月球的陨石坑边，机身机翼都有明显的美国空军标志，有人推测可能是外星人掳到月球上去的。

苏美两国科学家曾打算成立一个特别小组进行秘密调查，可是前苏联卫星于 1988 年 7 月再次扫瞄该地时，飞机已神秘消失，暗中监控的美国专家承认该架飞机是 7 月 22 日从月面失踪的。

综上所述，疑点不少，月球如从未有过生命，金字塔是谁造的？

赤脚印是谁留下的？山岩壁的人工改造又是谁干的？二战的美国旧轰炸机又是怎样来到月球的？月背的地面建筑究竟是月球原居民留下的，还是外星飞碟客建造的？

所有这些谜底都还有待人类进一步加以研究探索。

16. 世外杰作——我国岳阳发现7300年前的星云图

岳阳市博物馆考古专家陈湘源在岳阳市君山岛西部发现一处岩画，他判定为新石器时代的星云图。岩画的形状、布局以及岩石的质地，都与被称为"东方天书"的连云港市将军岩画惊人相似。

应是7300年前所遗留

岩画位于乌龙尾新石器遗址附近的岩石上，记者在现场看到，平地中突出了一块约2平方米的黄白相间的石英岩，岩石质地非常坚硬。岩上刻有许多⊙◎○·等图案，刻痕深约1厘米，部分漫漶，但整个图象依然清晰可辨。其右上方有3个⊙成品字形排列，其余为重圈、三圈或者点状图案。

据陈湘源介绍，早在2000年，岳阳市文物工作队在此处进行科学发掘时，发现了距今7300年的皂市下层文化和距今4500年的屈家岭文化，并出土了大量文物。这说明早在7300年前，原始先民就在这块土地上繁衍生息，这块岩画应该是他们的遗留。

与"东方天书"如出一辙

江苏省连云港市锦屏山南麓断崖处被称为"东方天书"的将军崖岩画银河图，也是由大量圆形及同心圆、点状图案等符号或图像组成，与君山岛上的岩画如出一辙。将军崖岩画中心位置原有3块巨石，大的长4.2米，宽2.6米，重达数万公斤，专家们认为是由外力搬运而来。

2004年3月9日年下午，连云港市旅游局与江苏汤沟酒业有关负责人联合在京宣布：悬赏百万元破译"东方天书"——将军崖岩画。而在这个新闻发布会上，以专家身份出席的历史学家白化文当场泼冷水："以目前的科技水平不大可能破译'天书'。"

当地人认为是外星人杰作

君山的这块岩画与连云港的星云图有何渊源？在交通闭塞的原始社会，为何会出现这极其相似的星云图？图中有什么寓意？该岩石的硬度很高，在青铜器还没有发明的新石器时代，先民们又是用什么器具刻下了这经历几千年风雨侵蚀，至今仍清晰可辨的图案呢？对许多难以解答的疑问，当地许多人认为，可能是外星人留下的史前文明吧！

17. 精彩世界——科学家眼中的外星人"家园"

在某个红矮星的轨道附近，有一颗很特别的行星。它的一半是黑暗的冰封世界，另一半则永远充满阳光。这是一个没有日落的国度。空气中回响着奇怪的心跳声。这里的植物已经变成了动物。环礁湖中，聚集着大批致命的掠食动物。这是幻想吗？未必。科学家相信，人类在10年之内就能找到这样的星球。科学家正在为未来可能获得的发现做准备。

外星生物存在吗？当然存在。美国国家航空航天局迈克尔·迈耶教授说，很难相信宇宙中没有其他生物，关键是人类能不能发现它们。

银河系中约有1 000亿颗恒星，也有至少同样多的行星。它的范围极大，以光速前进也要花十万年、才能从一端到另一端。但宇宙中有超过1 000亿个与它类似的星系。而我们只知道一个行星上有生命。它就是地球。

美国国家航空航天局将在未来10年内发射"类地行星发现者"。它的倍率超过以前所有的太空望远镜，科学家将用它来寻找银河系中环绕恒星的、大小和地球一样的行星。

他们的首要目标是小而暗淡的红矮星。红矮星的光线强度只有太阳的十分之一。"类地行星发现者"将会探测到距离地球不到50光年的恒星。有趣的是，这类恒星中有百分之八十都是红矮星。因此科学家们相信，发现的第一批适合生物生存的行星就在红矮星附近。

天文学家描绘的另一个世界

你即将看到一个天文学家认为可能存在的世界。在距离地球40光年以外的地方，一颗红矮星在太空深处闪耀。一个地球大小的行星围绕它运转。这颗行星很接近它的太阳，因此表面有液态水，但太靠近太阳也有坏处。它被恒星的引力锁定、停止了自转。它的一半处于永久的白昼之中，另一半则永远是黑夜。过去人们认为，环绕红矮星的行星不适合生物居住。因为它背阳面的大气会被冻结，而向阳面的大气会蒸发掉。但在最近的创新研究中，科学家决定调查这种行星是否适合生存。

英国气象办公室马诺奥·乔希博士用计算机大气模型做了深入的研究，进行了一些基本测试，了解大气在哪些情况下会冻结，在哪些情况下不会。所有细节都被输入到模型的程序中，接着就让模型自行运转。我们第一次模拟出了环绕某个恒星的行星的详细天气状况，在地球上我们就是这样预测天气的。他们证明了这个新行星上可能有大气和生命不可或缺的液态水。一颗新的行星诞生了，他们将它命名为"奥丽莉亚星"。

"奥丽莉亚星"适合生物生存吗？它的黑暗面是一大片冰冻的荒原，永远处于黑暗之中。那里没有光线，温度在冰点以下，生物将难以在此立足。在它的亮面，最接近太阳的地方，气候模型预测会有一个永不消失的大气旋。这里有横扫大地的飓风和永不停止的倾盆大雨。但在风暴区和黑暗面之间，计算机模型预测，会有一个气候温暖稳定的地带。这里有海水和陆地，科学家认为，这里很可能会有生物。科学家兴奋的发现，连树都可以在这个温度范围内生存。

"奥丽莉亚星"，一个生机勃勃的世界。发源于风暴区的河流，呈扇形流过巨大的三角洲，为广大的环礁湖区带来生机。大批怪异的扇形生物，朝着红矮星的方向生长。这颗恒星永远不会移动、也不会落下。这里永远都是白昼。

扇形生物慢慢爬过泥地。它们的心跳声在森林中回荡着。水下，一位杀手正在苏醒。欢迎光临这个外星世界。一个科学家认为可能存在的世界——"奥丽莉亚星"。

"奥丽莉亚星"上的怪异生命

这里的一切都扑朔迷离。这些是刺扇。它们看起来像植物，其实却是会利用阳光的动物。它们慢慢爬过泥地，互相推挤，争夺阳光更充足的位置。它们的主要活动就是吸收阳光，如果阳光被挡住，它们就活不下去了。它们不能像树那样、长得比挡光的东西更高，只能慢慢地左右一点点移动，因此行动对它们非常重要。

它们就相当于"奥丽莉亚星"上的植物，高度超过 10 米，靠扇面吸收太阳能、产生糖。它们原始的心脏将养分输送到身体各处。在这个太阳从不移动的世界上，生物对阳光的争夺十分激烈。

刺扇看起来真的很诡异，它既是植物，又是动物。但在地球上，也有些同样特别的生物，例如珊瑚、水母，甚至蛞蝓之类的一些软体动物，某种意义上讲，它们都有不劳而获的本事，光合作用能提供它们所需要的部分养分，这就是共生。

"奥丽莉亚星"上的所有生物都最终依赖刺扇维生。但刺扇还不是这里唯一奇怪的生命形态。还有大胃猪。它是"奥丽莉亚星"上最大的食肉动物。大胃猪直立时有4米半高，体重跟水牛一样重。

外星生物绝对不像我们以前见过的任何生物。它们如何去感觉环境呢？它们如何活动？它们和地球生物一样是碳基生物吗？科学家开始依据人类对地球生物的了解、对这些问题进行探讨。

任何会移动的生物，感觉器官都应该靠近它身体的前端。眼、耳、嗅觉、味觉器官都应该靠近前端，因为那里是最先接触到环境的地方。它的头脑和计算区域也应该很靠近这些感觉器官。

它脖子很长，这样它就能让身体保持静止，只移动一小部分，就能用双眼锁定猎物，其他部分仍然静止不动。因此它可以出其不意地捕获猎物。它的肚子一定很大，而且应该处于一个很稳定的位置，大约在腿附近，行动快速的动物，腿一定要很轻很长。大胃猪遵循着动物身体结构的基本原则。

大胃猪是生物学家构想出来的掠食动物。它们靠探测地面来寻找猎物。它们有些很有趣的适应性特征，最突出的就是它们头骨前方的齿状结构。它会把这些齿插进地面，用这些十分敏感的器官、探测猎物的振动。它们的猎物，就是泥足虫。泥足虫目前还很安全，因为它们不在探测范围内。但大胃猪会从很远的地方找到它们。它们必须动用所有的感官才能生存。其中最重要的就是视觉。

任何有生命的地方，都会有些生物能够影响并永久改变地貌。只要有生物存在，不管在银河系的什么地方，就会有生态系统。"奥丽莉亚星"上有一个关键物种。它们就是泥足虫。

它们不知疲倦地搬运泥土，使刺扇倒下。它们是"奥丽莉亚星"的伟大工程师。它们修筑的水坝让大河流速变慢。它们创造了大片错综复杂的环礁湖，为外星生物提供了富饶的栖息地。它有六条腿和强壮的铲状头部，生来就是建造水坝的高手。

泥足虫会把泥巴推来推去、以改善环境，而且推泥巴需要强大的摩擦力。它有六条腿，因此在推东西时、仍有四只脚是着地的。所以说，六条腿的动物比四条腿的动物更擅长推东西。它们的水坝为不断移动的森林提供了新的土地，而刺扇也为泥足虫提供了丰富的食物。

泥足虫用爪子挖断刺扇，它的爪子是锯齿状的，这种适应了环境的爪子会不断生长，就像海狸的门牙会不断生长一样，所以它们能咬断树木，而且会始终不断地继续咬下去。刺扇的哀鸣在空气中回荡。

"奥丽莉亚星"上看不见的危机

　　"奥丽莉亚星"永远沐浴在阳光中。这里似乎是生物最理想的生存环境。但是，红矮星很不稳定。"奥丽莉亚星"的最大问题，就是所有红矮星实际上都是耀星。它会突然爆发耀斑，耀斑会在几分钟内达到最大亮度。耀斑的光芒会照射在行星的整个白昼半球上。

　　恒星会发射出强烈的紫外线。不出几分钟，"奥丽莉亚星"就会受到这些致命紫外线的强烈照射。空旷地区的泥足虫正曝露在危险中。它们薄薄的皮肤无法抵御紫外线的照射。"奥丽莉亚星"上的任何生物都必须对所有的耀斑活动作出应急反应。

　　大胃猪有一套预警系统，它头顶的第三只眼能探测到辐射。它们立刻躲在一棵倒下的刺扇后面。泥足虫的反应较慢。但它们一感觉到耀斑的强光，就会匆忙返回洞穴。

　　一只泥足虫闪动背鳍，警告其他同伴。但有只泥足虫在与大胃猪的争斗中受了伤。耀斑的光线越来越强。刺扇合上扇面，进行自我防护。受伤的泥足虫就快到达安全的洞穴了。但是耀斑活动现在达到了顶峰。致命的光线照射着泥足虫。它被活活烤熟了。

　　几分钟后，耀斑衰退。森林又恢复了生机。

　　紫外线会对碳基生物造成致命伤害，分解构成构成所有活细胞的碳原子。但其他行星上的生物也是由碳构成的吗？

　　碳是周期表上"人缘"最好的元素，因为碳原子最容易和其他原子结合形成化合物。碳最大的成就也许就是参与构成 DNA，这种复杂的生命特征标记，就是由碳化合物构成的。科学家们认为外星生物也可能是碳基的，这倒不是因为我们缺乏想象力，我们只是将已知的物理和化学法则应用到了未知的世界上。

　　在任何有生命的地方，生物都会无孔不入地扩散，演化成各种各样相互竞争的物种。各处生物都会经历繁殖、突变和自然选择的过程，它们会经历这种被称为达尔文进化论的演化过程。我认为，这个过程就像万有引力和相对论一样普遍。外星球上也有掠食动物，有猎手和猎物，猎食是地球生命进化的主导力量。在"奥丽莉亚星"上也是如此。

　　一个复杂的生物链出现了。每一种生物都要靠另一种生物维生。在陆地上，大胃猪是最高级的掠食动物。但环礁湖却是另一种致命生物的地盘——歇斯底里虫。这些小小的生物看起来很无辜，它们在水中盘旋，以微生物为食。一旦食物变得稀少，独居的歇斯底里虫就会进行可怕的变身。它们会聚集成百万大军，一个幽灵般的形体出现了，歇斯底里虫聚集得很紧密，形成了一个超级有机体。

现在，它们结合成了一台致命的杀戮机器。它能探测到猎物最微弱的气味。它们行动统一，能一直冲到陆地上追捕猎物。它的第一个猎物，一只疥蛞蝓，在几秒内就被分解了。但这个超级有机体还想找个更大的猎物，来满足它的食欲。它探测到了一种新的气味，盘旋的超级有机体不断逼近，它很快就抓住了下一个牺牲品。倒下的刺扇让大胃猪吓了一跳，它赶紧跑回猪群中。歇斯底里虫撤退了。但是，它迟早会抓到大胃猪。

谁将主宰"奥丽莉亚星"？

红矮星不仅能摧毁生命，也能孕育生命。红矮星的寿命虽然不算很长，但也是相当长的一段时间。它们可以长期存在，寿命比太阳还要长。所以这里必然成为生命的实验场，实验持续的时间几乎长得无法想象。

我们的太阳只有一百亿年的寿命。但"奥丽莉亚星"的太阳的寿命，却比我们的太阳长十倍。科学家构想出了它在五十亿岁时所拥有的生命形态。生命还有如此漫长的时间可以进化，未来会是怎样呢？

复杂的社会系统已经出现。大胃猪一生只能产下少数后代。组织起来的大胃猪群体更为强大，个体有了依靠，并能共同养育幼崽。这套有效的生存策略，让它们征服了行星的整个亮面。大胃猪很有可能会进化出智能。在未来的世代中，大胃猪也许会变得越来越聪明。

"奥丽莉亚星"还有一千亿年的进化时间，这里的生物或许会具备极高的智能。目前占据领先地位的是大胃猪。但环礁湖中有一种很成功的杀手，它们很可能会消灭并取代大胃猪。

大胃猪在不懈地追踪着泥足虫。一只大胃猪发现了一个满是泥足虫的洞穴。大胃猪首领的出现意味有矛盾即将发生。年轻的大胃猪不肯退让，这等于是在挑战首领的权威。它们比首般的角可能会造成致命的伤害。

环礁湖里，歇斯底里虫出动了。决斗的大胃猪打得难解难分。歇斯底里虫钻进大胃猪的脚，释放出一种麻醉性的毒液。年轻的大胃猪立刻死亡。歇斯底里虫聚集在它的体内，开始从内部消化它的肉。越聚越多的歇斯底里虫开始了它们最后的变身。它变成了一个装满卵的庞然大物。这是外星球上的生死故事。在这里，生命的伟大循环将持续数十亿年。

"类地行星发现者"是美国国家航空航天局的下一项重要任务，它将会对准太阳系附近类似太阳的数百颗恒星。既然与"奥丽莉亚星"类似的红矮星行星适合生物栖息，那么我们就有了数以千计的目标。寻找外星生物已不再是遥不可及的梦想，人类或许能够找到一个类似"奥丽莉亚星"的世界。

18. 与时俱进——外星人对地球进程的影响

第二次世界大战结束时，只有美国成功地研制出了原子弹。所以，外星人为了让美国停止使用核能而向地球派出了大量的 UFO。

也就是说外星人首先向美国政府显示了自己的存在。那么，美国的反应又是怎样的呢？

美国称第二次世界大战中出现的 UFO 为"不明飞行物"，怀疑其为敌国的秘密武器。但是，事实上哪一个国家也没有研制这种秘密武器。美国了解到这一点后，便发现这是从地球以外飞来的飞行物体。

未知的飞行物不仅比自己的战斗机快很多倍，而且飞行更灵活。

"如果掌握了这种技术，便可研制成一种划时代的新武器。"

美国当时多半是这样考虑的。所以，美国以研制新武器为军事目的，集中力量隐瞒 UFO 的情报。

美国对于太阳系某行星上居住着外星人这一情报的封锁是因为下述的原因，在此概要地介绍一下。

美国联邦通讯委员会成功地同太阳系中其他行星的居民进行了通讯交流。通过交流得知太阳系各行星上生活着地球人的朋友——外星人，他们的文明远远超出我们地球人。而且还了解到，他们的社会形态与美国的民主主义有着显著不同。他们那里没有货币经济，是一个人和人之间没有纷争的理想社会。如果向世人公布这一点，那么人人都会认为那是共产主义社会。

当时正值美苏冷战进入高潮，所以这样的情报对美国来说是极其不利的。所以，美国对太阳系其他星球的真相开始了保密工作。因此，美国不仅从军事目的出发，更为重要的是考虑到一旦让民众了解到太阳系的行星和月球上居住着比地球人更先进的外星人类，世界人民会受到巨大冲击，整个世界会陷入恐慌之中，于是，更加强化了对这起事件的保密工作。

外星人向白宫施加压力

外星人看到美国政府千方百计隐瞒真相，而彼此废除使用核能的谈判又很不如意。为了最终有所进展，他们向美国政府施加了压力。

1952年7月19日下午1点40分，华盛顿国际机场的两座雷达发现在安德鲁斯空军基地上空有8架来历不明的飞行物体，F－14战机立刻从安德鲁空军基地起飞并企图接近目标，但UFO迅速飞走了。

"在华盛顿上空出现的UFO在歼击机出击时就消失了。而当战机返航后再次重新出现。"这种双方重复无味的游戏在7月26日之后又持续了三天。许多市民亲眼目睹了这一事件，还拍了不少照片。

在这种重复游戏持续的过程中，杜鲁门总统曾打电话向爱因斯坦博士询问对策。爱因斯坦这样答道："这一定是地球以外的智慧生命体的飞船，目前我们的力量还远不能与之抗衡，请一定不要对其实行攻击。"

UFO在24小时戒严的首都华盛顿上空旁若无人地飞来飞去，对此空军显得无能为力。受到这一事件冲击的美国政府深感危机重重，但是并不与外星人对话，反而进一步隐瞒UFO的真相。

美国，前苏联宇宙开发初期的真相

"MJ－12"之父是艾森豪威尔总统和洛克菲勒财团总裁纳尔逊·洛克菲勒。

洛克菲勒可以说是"幕后世界政府"的首脑。当然，发展"MJ－12"的主导权在他的手里。更进一步说，这个计划无非是在"幕后世界政府"的操纵下让白宫隐瞒外星人及UFO的真相。

"MJ－12"的成员是以洛克菲家族成员阿兰。达莱斯为首的12个人。他们处理一切有关UFO的对策。情况和现在差不多，成员死亡后再重新挑选人选。这样"MJ－12"才得以持续至今。

发展"MJ－12"计划开始之后，艾森豪威尔总统和外星人进行了一次直接会面，时间是1954年2月20日，地点是现在作为宇宙飞船着陆基地的众所周知的加利福尼亚州的爱德华空军基地。

与艾森豪威尔会面的外星人当时显示了心灵感应对话，瞬间移动等各种超能力，并说他是从土星来的，说在太阳系的行星和月球上居住着高度文明的外星人，并强调希望在地球上中止核实验及原子能的利用。艾森豪威尔听到上述一番话后自然非常震惊。

"如果公布这些情况一定会引起恐慌，但是我所听到的是人类的重大问题，所以作为一国总统我不能隐瞒此事。"

艾森豪威尔写了会见外星人的演讲稿。但是，由于受到"幕后世界政府"

的压力，最终没有公布于世。

在次年，即 1955 年 7 月 18 日召开的四大国巨头会议上，艾森豪威尔秘密提出了外星人的这项要求。当时的四大国首脑分别是美国艾森豪威尔总统，英国的邱吉尔首相，法国的福露总统和苏联的布尔加宁总理。

会谈当天，日本《朝日新闻》在朝刊第三版的海外新闻中登载了题为《巨头会谈背景》的评论："世界行星协会发布了关于四巨头会谈的'秘密原因'，该协会向四巨头提交了一份备忘录，根据该协会总裁耐洪恩教授所述，这项秘密的原因是，有一个行星上的居民向地球发出警告，'要破坏英国、苏联的原子能工厂'，因此，四大国巨头进行讨论。备忘录中叙述了'行星上的居民早就意识到，即使和平利用原子能也会给宇宙带来危害'，所以避免遭受攻击的唯一办法就是放弃原子能。"

在备忘录中，耐洪恩教授不提"外星人"，只称其为"某行星的居民"，这是一种非常恰当的说法。因为至今还无法确认太阳系外的行星，所以"某行星的居民"当然指的是"太阳系行星上居住着的外星人。"

四大巨头会谈表面上是为了讨论减少军备开支，这当然是一般性报道。然而会谈几乎没有成效。但《朝日新闻》报道这次讨论的关键在于"对来自某行星居民警告的对策"。

会谈的前一年，艾森豪威尔会见了来自太阳系行星的外星人（土星人），得到了禁止利用原子能和从事一切核试验的要求。而在当时，致力于原子能研究的国家只有美，英，法，苏四国。

由此得出的结论只有一个，艾森豪威尔呼吁另外 3 个原子能研究国对于外星人的要求进行讨论。

我们这里还有进一步证明我们推测的证据：巨头会谈结束仅四天后，美国公布了其宇宙开发计划。第二天，苏联，英国也发表了此类计划。（正如大家所知，英国并没有实施计划。）

这不能说只是巧合！

那么这项行动的意图又是什么呢？他们已开始认识到"太阳系的行星和月球具备人类居住的条件，而且那儿已居住了高度进化的外星人。"这是真是假，必须尽快搞清楚。所以他们将外星人提出的中止原子能利用的要求放在一边，转而加速开发宇宙。

众所周知，美苏通过用火箭来探测月球，火星，金星等星球，并已经掌握了宇宙空间特别是太阳系的大量资料。这些存在水和空气的星球上拥有一个稳定的环境，另外还居住着高度进化的外星人。但是美苏却把这些真相隐瞒了起来。

从"货真价实"的接触者那里得来的外星人情报

他们提供的情报是怎样的呢？下面就是他们所述情报中的共同点。

（1）太阳系的行星和月球上都有水和空气，环境和地球一样。

（2）月球和所有太阳系行星上都居住着文明程度超过地球人的外星人。

（3）在太阳系的星球中只有地球是很落后的。

（4）地球危机四伏。

（5）地球经过包括地轴移动，地壳变动等大裂变之后，逐渐步入宇宙文明。

（6）外星人是为了告诉地球人的自身危机以及对地球人进行启蒙和援助而来。

（7）地球人不知道灵魂的存在。

（8）外星人了解宇宙的结构和法则，并遵循它而生活。所以他们比地球人更发达。

（9）外星人开发灵魂体掌握了各种超能力。

（10）外星人社会是一个没有疾病和战争，没有货币经济的理想社会。

（11）UFO是外星人的宇宙飞船，无需燃料，利用无尽的宇宙能飞行。

（12）太阳系里有12颗行星。

（13）太阳并非人类所认为的最热的星球。

外星人具有令人震惊的超常能力

（1）通过心灵感应进行信息交流。

（2）能领会对方所考虑的问题。

（3）远距离透视。

（4）远距离盗听。

（5）凭空移物。

（6）空中悬浮。

（7）自身瞬间移位。

（8）治病。

（9）"行为记录"的领会：在宇宙的高维世界，存在着自宇宙开辟以来所有事件的周期性记录，这就是行为记录。外星人能把自己的幽体脱离出来，去领会"行为记录"。

（10）在地球人出生之际，外星人能把自己的灵魂附在地球人身上出世。

（11）能给予地球人启示。

外星人的理想社会

太阳系的外星人无论是物质文明还是精神文明都远远超过地球人，并构造了一个远远不同于地球人社会的理想社会，接下来，我们介绍一些具体的实例。

（1）外星人生活方式是"调和万物与博爱人间"。

进化的外星人了解宇宙构造，宇宙真理，宇宙法则，也就是说，对于人来说，人的本体不是肉体而是灵魂，灵魂是永生的，并且人类是为提高灵格而活着的。

（2）外星人的社会"没有阶级差别，生来平等"。

外星人社会中的整个人类都是平等的，没有阶级制度的。他们是从某地区或某阶层中选出代表组成一个团体成为政府。一个星球只有一个政府，人民的公益事业都要经过这个代表团公正考虑。各种问题都能站在共同利益得到解决。此外，太阳系的行星中存在星际会议，届时由各行星代表参加协商各项事务，只有地球人一直还未参加这种会议。

（3）没有货币，实施每周2天工作制。

各人以生产必要物品为目的的进行劳动，然后与劳动相适应，得到生活及其他必要的物品，具体地说就是无偿的给予与索取，象商场一样，生活必需品琳琅满目，能随心所欲地拥有物品。而且免费利用取之不尽的能源也是货币经济不存在的原因之一。

由于外星人科学发达，当然机器人技术也很发达，那些重体力劳动几乎都由机器人承担。所以，一周只工作2天已经足够了。

（4）工业和农业"完全自动化和自然农业"。

为了生产出必要的生活用品，某些种类的工厂生产，提供生产工具，同时工厂实现自动化。另外，在农业方面进行和地球一样的农业生产，但是不使用农药和人工肥料。

（5）自然界的动植物中"不存在凶残的野兽"。

（6）都市和建筑物——"半圆形屋顶的建筑物"。

（7）交通——公共运输机制。

　　和宇宙飞船一样使用宇宙能。

（8）家族——地球的翻版。

　　家族构成和地球上一样，夫妇两人再加上3～4个孩子。

（9）语言——心灵感应对话。

（10）教育"以精神性为目的的尊重个性教育"。

教育从一出生就开始进行，在了解孩子们所想，所关心事物的基础上，进行观察以下例基本原则为基础进行教育：

a. 只希求日常生活的必要物品

b. 人人平等

c. 观察抑制自己思想，保持宇宙状态

d. 对所赐万物表示感谢

另外，还教授太阳系模型、望远镜观察及为便于宇宙旅行而应知道的各种宇宙结构，法则。教育不分年龄，人们只学习自己所关心的事物，谁也不会被迫学习自己不感兴趣的东西。这样，从幼儿开始就可以避免娇惯，再加上尊重教育，便可使其成为精神性很高有人。

（11）饮食"以蔬菜为主，一日二餐"。

太阳系中进化的外星人和我们地球人一样也需要进食。为了维持肉体和灵魂，据说一般保持一日二餐。食物以蔬菜为中心，另外还有草食动物的肉和鱼，水果也很丰富。

（12）生病和寿命——不知有病，平均寿命为 1 000～2 000 岁。

没有医院，药店等设施，极少得病，如果偶尔有病，治疗方法为宇宙能注入法。

（13）宗教——每人都拥有在地球上被称为宗教大师的灵魂。

因而没有教会，他们日常生活正如基督，释迦所教诲的生活方式。

（14）宇宙旅行——每人每年都有一次学习旅行。

（15）外星人日常能源——全部是取之不尽的宇宙能。

（16）宇宙飞船——UFO 分为三个种类。

大的母船，长度为 100 米到几公里不等，形状有叶卷型，球型，三日月型等；中等的直径在 10 米左右，可乘坐数个人，在迄今为止的目击事件中，这种标准的为数最多；小型的直径 30 厘米到 1 米，属于无人侦察机。此外，其图案也因星球不同而千差万别。

地球人不仅不知道宇宙能的存在，而且还不能理解作为宇宙四大基础能之一的共振电磁场。四大基础能指的是静磁场、静电场、电磁场、共振电磁场。

实行地球援助活动的宇宙联盟

太阳系的行星中只有地球人很落后。其原因正如开头所述，地球上最后才形成适于人类居住的环境。时间在太阳系行星中也最晚，因而地球最终成为收容那些由于不遵守宇宙法则而遭流放人的星球。

正因如此，作为邻居而进化了的外星人在几千年以前就开始向地球伸出了援助之手。地球上有联合国这样的组织，在宇宙中以太阳系的行星为中心也存在一个宇宙联盟的组织，宇宙联盟的外星人制订了地球人拯救计划，并以此为基础，直接或间接的进行各种援助活动。

但是，"幕后世界政府"因为害怕外星人的援助活动会破坏对自己有利的货币经济，所以千方百计地隐瞒"外星人真相"。

19. 谜海寻觅——人类在宇宙中的孤独

茫茫宇宙是否存在外星生命？UFO 是否外星人派来的使者？

我们在宇宙中是孤独的吗？

浩瀚宇宙，群星闪烁。仰望天空，人类对神秘的宇宙充满了幻想：是否存在外星生命？UFO 是否是外星人派来的使者？我们是宇宙中孤独的智慧生物？最近，接二连三地发现 UFO，再次唤起了人们对"外星人"的关注。

UFO 最近光临过的国家

2007 年 7 月 8 日早 6 时 50 分左右，中国长白山天池火山监测站监测员武成智在给他人拍照时，发现天池上空有一个椭圆形不明飞行物以弧形的运动方式朝北快速移动，几秒钟后消失。武成智迅速举起手中的相机拍下了这一瞬间。

2007 年 7 月 25 日白天，牙买加首都金斯敦一名妇女称她发现天空有银色的雪茄型物体。她当时正站在自家后面的草地上，看到天空出现长条型的物体。时间大概维持了 30 秒。

2007 年 8 月 1 日，3 个发光的物体由西向东滑过加拿大卡尔加里的上空，但很快消失，同时出现一颗流星。据目击者称，该物体体积有如飞机大小，形状像带有 3 个圆灯的毛虫，但那 3 盏灯并不发光。

这些不明飞行物体究竟是什么？科学家们有诸多的解释，有人认为是自然现象，有人认为是对已知物体的误认，有人认为是心理现象，而很多人，包括爱好者和科学家，更愿意相信，这是外星球的高度文明生命制造的航行工具。宇宙中真的有外星人吗？我们并不是宇宙唯一的智慧？

人类的外星人探索史

人类对外星人的外表及意图有不同的想像，一切都源于人类的头脑。保罗·戴维斯是物理学教授，他研究外星人在人类历史中的文化影响。多数人对外星人的看法相同，他们认为外星人的长相、思想、行为与我们类似，而且威力极大。天使、巨人、希腊神及故事中的人物，总是以人类或是类人的形态出现。他认为这是人类文化的需求，人们需要相信与地球人类似但更美好的东西存在。

研究外星人的科学家直接将天文望远镜瞄准邻近像太阳的恒星，那些恒星是太阳的亲戚，而且最可能有类似地球的行星环绕它们，科学家认为那些行星上可能有先进的文明世界。

我们探测的恒星都在一光年以外的地方，每个恒星都超过了30亿岁，就像太阳一样，这足以使有智慧的生物发展无线电科技，所以不排除外星人正在聆听地球讯号的可能性。

人类的外星人情结

俄罗斯一座古代遗址据说是外星人起降飞碟的航天中心。

在俄罗斯南乌拉尔地区车里雅宾斯克的古城遗址——阿尔卡伊姆这个神秘的地方，时钟会失灵，心脏跳动的频率、人的血压和体温都会发生突变，地球的电磁场也莫名其妙地降低，空气温度在5分钟内会忽然上升或下降5℃。俄考古学家认为，这里是地球上最神秘的地方之一。飞碟专家认为，很久以前这里或许是外星人起降飞碟的航天中心。

美国——给外星人打长途电话

在美国，登录 www.TalkToAliens.com 网站，网民就可以打一个"太空电话"，他们的电话信号将通过架设在美国康涅狄格州中部、一个直径为3.2米的发射器发送到太空。该网站的负责人说，如果遥远星球上有一个与直径超过300米的射电望远镜类似的接收器，就能"听"到来自地球的声音。地球人与外星人沟通将不再是幻想。

哪颗星球可能有外星人

火星是被认为最有可能有外星人居住的星球，1976年美国发送的"维京"

号登陆火星，找寻生命。"维京"号装载有探测生命、采集火星大气层内样本及分析干燥土壤的工具，但没有发现有外星生物。不过科学家认为"维京"号没有发现生命并不表示火星没有生命，生命可能存于地面或地底下。"维京"号拍摄了一张名为"火星上的脸"的奇怪照片引起众人的瞩目，有人认为这是其他文明世界想与人类接触的标志。

2006 年 5 月，科学家又在火星快车探测器最新拍摄的照片中发现一个火星地貌奇观：火星有类似于夏威夷黑沙滩的火山灰，火山灰形成了黑色波浪状的沙丘，看上去像一滴眼泪。

金星发现火星没有生命后，科学家把目光转移到金星上。即使火星上十分炎热，温度因温室效应而高达摄氏 500 度，看似并不适合生命居住，而且水是生命的起源，火星并不可能有水的存在。但是地球海底的温度和压力与金星相似，并不特别适合居住。

木星卫星最可能存在生命

外太阳系将近有 60 颗卫星，研究显示多数都不适合居住，但有两个例外，其一是土星最大的卫星——泰坦星。泰坦星就像早期冰封的地球，它有很多地球出现生命前所拥有的物质。另外一个是木星多岩石的卫星——欧罗芭。欧罗芭是外太阳系中最可能有生命的卫星。1996 年，伽利略号太空船带回了令人兴奋的证据——欧罗芭星有海洋，而且可能充满生命。拍摄的照片显示了地表的裂缝下可能有海洋。NASA 的科学家说："有水及正确有机组合生命的地方就有可能有生命，因此欧罗芭星的地底海洋可能提供生命适宜的住所。"

究竟有没有外星生命存在

怀疑者对外星生命存在持怀疑态度的科学家们认为，这个问题有太多的"如果"。正如物理学家恩里科·费密经常说的那样，如果宇宙中存在许许多多的外星生命，为什么我们至今没有收到他们的任何信息？

一些根本不相信有外星生命存在的科学家认为，关于外星人的种种谈论都是非常无知的。

古生物学家彼得·沃德和天文学家唐纳德·布朗利在《罕见的地球》一书中认为，在地球以外的大部分宇宙空间，辐射程度和温度都太高，适合生命生存的星球极少，而且宇宙轰击——类似 6500 万年前致使恐龙灭绝的那一次轰击——极为严重，即使有生命形式存在，也可能是生活在深层土壤中类似细菌的生物。他们认为，存在技术高度发展的社会的几率微乎其微。

信奉者但是这种悲观看法很可能只代表科学家中少数人的意见，射电天文学家弗兰克·德雷克说："在这个研究领域，你必须保持乐观。"

美国航天局认为，火星布满尘埃的表面，曾经有水流，水是生命之源；木星、卫星和木卫二星冰层下面可能存在着海洋中原始生命形式。

国外一些外星人研究者认为，外星人已经在地球上（或月球背面）建立了基地，最著名的有百慕大魔鬼三角区基地、喜马拉雅山基地、加勒比海域基地、阿根廷海域基地、戈壁滩基地、阿斯塔山基地以及南、北极基地。

敬　启

　　本书的编选，参阅了一些报刊和著作。由于联系上的困难，我们与部分入选文章的作者未能取得联系，谨致深深的歉意。敬请原作者见到本书后，及时与我们联系，以便我们按国家有关规定支付稿酬并赠送样书。